中国环境艺术设计学年奖

第八届全国高校环境艺术设计专业毕业设计竞赛获奖作品集

The Inter-University Annual Environmental Design Award of China

The Award-Winning Works of the 8th National Inter-University Competition of Graduation Projects in Environmental Design

中国环境艺术设计学年奖组织委员会　编

中国建筑工业出版社

图书在版编目(CIP)数据

中国环境艺术设计学年奖：第八届全国高校环境艺术设计专业毕业设计竞赛获奖作品集/中国环境艺术设计学年奖组织委员会编. —北京：中国建筑工业出版社，2010.11
ISBN 978-7-112-12613-2

Ⅰ.①中… Ⅱ.①中… Ⅲ. ①环境设计－作品集－中国－现代
Ⅳ.①TU-856

中国版本图书馆CIP数据核字（2010）第212750号

责任编辑：张　晶
责任设计：张　虹
责任校对：王雪竹

中国环境艺术设计学年奖
第八届全国高校环境艺术设计专业毕业设计竞赛获奖作品集
中国环境艺术设计学年奖组织委员会　编
*
中国建筑工业出版社出版、发行（北京西郊百万庄）
各地新华书店、建筑书店经销
北京嘉泰利德公司制版
北京方嘉彩色印刷有限责任公司印刷
*
开本：880×1230毫米　1/16　印张：15　字数：480千字
2010年11月第一版　2010年11月第一次印刷
定价：**128.00**元
ISBN 978-7-112-12613-2
(19937)

编委

前言

中国环境艺术设计学年奖在本届进行了奖项的调整，调整的思路以高等院校设计教育专业定位的转型为基础。按照学科与专业交叉融会的整合大趋势来设置。尽管在评奖的运行中，出现了这样或那样的问题，但从大的发展方向而言，应该符合当前高等院校设计学科建设的专业教学需求。

目前的架构还需经过一段时间的验证……

在这里，有必要重申这项活动的宗旨：

（1）通过此项活动推动中国各高校之间的环境艺术设计专业教学与学科建设，促进教学实践与学术交流；

（2）本活动是环境艺术设计教育创新人才培养与先进教育思想和教学理念交流的盛会；

（3）依据各院校教育和各地区经济、历史与文化的背景，探讨和挖掘不同的教学优势与特色，也是对我国高校不同学科背景下环境艺术设计专业的教学改革与实践成果的检阅；

（4）通过此项活动激发学生对本专业的学习热情，促进大学生坚实地迈入社会与市场，催生中国环境艺术设计专业创新人才，同时成为人才展示的盛会；

（5）通过本项活动对推动我国环境艺术设计教育发展、提升我国环境艺术设计领域整体水平产生积极影响；

（6）构建相关企业与高校环境艺术设计教育合作的教学互动平台。

按照这样的理念，环境艺术设计学年奖在中国各类开设建筑学、景观建筑学、园林设计、室内设计与装潢、环境艺术设计等专业的高校中推展。

环境艺术设计学年奖设立三类奖项。

第一类为专业奖，按照高等院校本科和高等职业院校高职高专分组设置。普通高等院校本科以上组：

（1）环境艺术设计建筑奖；

（2）环境艺术设计景观奖；

（3）环境艺术设计室内奖。

高等职业院校高职高专组：

（1）城市空间景观设计奖；

（2）建筑空间景观设计奖；

（3）公共建筑室内设计奖；

（4）居住建筑室内设计奖。

第二类为主题奖，按照建筑、景观、室内的专业主题分项设置。

第三类为指导与管理奖，设立优秀指导教师奖和优秀组织管理奖（院校）。

总之，环境艺术设计是中国高等院校一个极具国情特色的专业，跨学科的边缘性、多元性、综合性尤为突出。但从目前的教学运行情况来看，距离理想的专业境地，还有相当长的路要走。不要说创新的可持续设计理念，即使设计审美观的转换，也需要我们在教育中做出艰苦的努力。

18世纪后期，“美学”（Esthetic）成为美的哲学命名并获得世界的公认。而对美学的思考却可以追溯到希腊哲学家苏格拉底（Socratēs，前469—前399）的时代。从柏拉图（Platon，前427—前347）美是视听而达的快感；到亚里士多德（Aristotlēs, 前384—前322）美的三大形式：

秩序、匀称和明确[1]；再到托马斯·阿奎那（Thomas Aquinas，约 1225—1274）美的三要素：整一、比例和明晰[2]；一直到黑格尔（G. W. F. Hegel,1770—1831）指出：自然美与艺术美的区别[3]。

近代美学强烈批判古代美学中试图建立某种审美标准，而将其作为美的最好形式或关系的做法。费希纳（G.T.Fechner，1801—1887）认为，只有在一定的范围之内，这些形式或关系才能体现出美的价值与意义，永恒一成不变的美的形式并不存在。美学研究的主题由对“美”的形而上学探讨，转变到对审美心理、美感经验以及艺术中微观问题的关注。

在提倡生态主义的今天，对美的感知早已不仅仅停留在外观形态的层面，而是蔓延到一个更广大的范畴——环境。符合生态文明的美学观念是基于环境的审美，这是时空一体完整和谐的审美观。

真正的环境审美，具有融会于场所，时空一体的归属感。如同物理学“场”的概念：作为物质存在的一种基本形态，具有能量、动量和质量。实物之间的相互作用依靠有关的场来实现。这种“场”效应的氛围显现只有通过人的全部感官，与场所的全方位信息交互才能够实现。

环境审美不应该只通过一件单体的实物，而应该是能够调动起人的视、听、嗅、触，包括情感联想在内的全身心感受的环境体验场所。

环境美学观念的时代重构，在于从传统美学观到环境美学观的转换。

以静观为主的传统审美定位于空间的，视觉的，造型的，具有明确形象直观实体创造的反映；以动观为主的环境审美来自于虚拟的，联想的，抽象的，具有文学色彩环境氛围创造的反映。

如果按照以上的观点来衡量我们今天的设计，恐怕符合标准的不会很多。但是，这并不妨碍我们按照时代的高标准来进行教育和教学。因为今天的学生就是 30 年后中国设计的栋梁。今天的环境艺术设计专业的高校教师，应具备高于其他专业教师的思想境界，因为我们的专业是以“环境”冠名，理应有着可持续发展国家战略的超前意识和更多的社会责任。

郑曙旸
2010 年 11 月 1 日于清华大学美术学院

1 朱立元. 西方美学史. 上海：上海人民出版社，2009

2 Thomas Aquinas.Saint, *Summa Theologica*, Christian Classics Ethereal Library, 1947

3 黑格尔著, 朱光潜译. 美学. 北京: 商务出版社, 1996

目录

环境艺术设计建筑奖

金奖

广州气象科学中心——从半凝固液态引发的非随意性曲面建筑设计研究
广州美术学院设计学院建筑与环境艺术系　指导老师：许牧川　学生：杨杏华　吴素平　叶建雄　002

城市空间的结构重塑——南京城南地区改造与建筑设计
同济大学建筑与城市规划学院建筑系　指导老师：蔡永洁　学生：薛思雯　006

银奖

潭深云浅——增城市河大塘村山水画家工作室建筑设计方案
华南理工大学艺术学院艺术设计系　指导老师：梁明捷　李莉　郑莉　学生：丁建铭　高成　李晓婧　王宇亮　010

艺术设计学院概念设计
清华大学美术学院环境艺术设计系　指导老师：郑曙旸　学生：黄智勇　014

基础设施主义——南京城南地区更新
东南大学建筑学院　指导老师：龚恺　王建国　仲德崑　学生：罗海姣　陶匡义　孙明　杨宇　018

广州十三行潘氏建筑群保护与修复之潘家祠修复设计
华南理工大学建筑学院建筑系　指导老师：肖旻　张智敏　学生：刘伟庆　022

铜奖

农筑物——苏北乡村文化站适宜性设计研究
南京艺术学院设计学院　指导老师：卫东风　丁源　学生：成果　026

融会贯通——河南省高速公路服务区建筑设计（确山服务区）
广州美术学院设计学院建筑与环境艺术系　指导老师：杨岩　陈瀚　何夏昀　学生：陈永伦　郭韵明　郑景文　030

创意产业园区空间设计——南京城南地区改造与建筑设计
同济大学建筑与城市规划学院建筑系　指导老师：蔡永洁　学生：郑诗颖　龚思宁　032

如影 · 随形——南京城南地区更新
同济大学建筑与城市规划学院建筑系　指导老师：蔡永洁　袁烽　孙澄宇　学生：邓耘园　包恺　035

岳阳市体育中心游泳馆设计
哈尔滨工业大学建筑学院建筑系　指导老师：刘德明　学生：肖潇　039

浙江省旅游展示中心
东南大学建筑学院　指导老师：王幼芬　学生：汤梦捷　苏欣　041

Metropolitan Mixer（都市混合器）
清华大学美术学院环境艺术设计系　指导老师：梁雯　方晓风　学生：彭喆　贾萌飞　043

哈尔滨市文化艺术中心建筑设计
哈尔滨工业大学建筑学院建筑系　指导老师：刘大平　学生：边哲　045

环境艺术设计景观奖

金奖

运河5号——工业遗存变身创意产业园区改造设计
南京艺术学院设计学院　指导老师：韩巍　姚翔翔　金晶　学生：袁力　048

"Seven"灾后新农业生产、农村生活、农民生态——四川省彭州市小鱼洞镇太子村灾后新农村景观规划设计
四川大学建筑与环境学院建筑系　指导老师：罗谦　学生：鲍捷　马琳　053

银奖

滨水工业遗址公园景观设计方案
上海大学美术学院艺术设计系　指导老师：田云庆　学生：王珺　王嫣　057

RECYCLE的花园——景观设计学实验基地及生态温室设计
中国美术学院环境艺术系　指导老师：沈实现　学生：何洋　吴沈勰　晋亚日　061

侵华日军第七三一部队遗址公园规划与设计
哈尔滨工业大学建筑学院艺术设计系　指导老师：赵晓龙　邵龙　学生：魏铭　065

铜奖

足下的原风景——逸夫建筑艺术馆景观设计
合肥工业大学建筑与艺术学院艺术设计系　指导老师：陈刚　魏晶晶　学生：郑云　067

国家开发银行黑龙江省分行办公楼设计
哈尔滨工业大学建筑学院建筑系　指导老师：邵郁　学生：李宗渝　069

声——秦二世陵遗址公园环境景观与环境装饰雕塑设计
西北农林科技大学艺术系　指导老师：陈敏　刘艺杰　学生：王洋　071

铜奖
唐山市唐丰路街道景观环境艺术设计
哈尔滨工业大学建筑学院艺术设计系　指导老师：吕勤智　于稚男　学生：金梦　073
广州海事文化公园总体规划设计
广东工业大学艺术设计学院环境艺术设计系　指导老师：王萍　学生：程结成　075
深圳大学南区新校园景观规划设计——“时”与“思”
深圳大学设计学院环艺设计系　指导老师：蔡强　学生：张伟福　杨文龙　079
折纸博物馆广场景观与景观设施设计
西北农林科技大学艺术系　指导老师：陈敏　刘艺杰　学生：董洁　081
青岛小港湾滨海景观设计
江南大学设计学院建筑与环境艺术系　指导老师：史明　学生：李萌　083
竹·树——安吉竹博园景观规划
中国美术学院环境艺术系　指导老师：康胤　学生：杨洋　林墨洋　宋雯　087
时光·漫步——南通唐闸工业遗址景观设计
清华大学美术学院环境艺术设计系　指导老师：苏丹　郑宏　于历战　学生：吴尤　毛晨悦　091
深圳蛇口海上世界景观规划设计
华南理工大学建筑学院　指导老师：谢纯　萧蕾　李博勰　学生：刘浩然　095

环境艺术设计室内奖

金奖
壹佰迈——客运列车豪华包厢设计
福州大学厦门工艺美术学院环境艺术设计系　指导老师：卢永木　学生：任志远　100

银奖
意江南——杭州天都城度假村
广东工业大学艺术设计学院环境艺术设计系　指导老师：黄华明　刘怿　学生：陶成添　104
未已——晓洲艺术会馆
广州美院继续教育学院环境艺术设计　指导老师：李泰山　学生：高攀　106
南苑——寻找历史印迹之现代江南会所
广州美院继续教育学院环境艺术设计　指导老师：李泰山　学生：邓俐诗　张智健　109

铜奖
素俗馆
广州美院继续教育学院环境艺术设计　指导老师：李泰山　学生：黄华权　张欢欢　112
合院
广州美院继续教育学院环境艺术设计　指导老师：李泰山　学生：林华邦　薛雷增　张平军　黄国栋　116
报纸博物馆
广州美术学院美术教育系　指导老师：郑念军　雷鸣　学生：谢镇杰　吴鸿坚　120
东北大学图书馆室内设计更新
东北大学艺术学院艺术设计系　指导老师：单鹏宇　学生：夏凤慧　124
城市书柜
广东工业大学艺术设计学院环境艺术设计系　指导老师：吴傲冰　学生：卢伟庭　126

光与空间奖

金奖
树影婆娑——主题餐厅酒吧设计
广东轻工职业技术学院环境艺术系　指导老师：彭洁　学生：李柱明　130

银奖
2050长春未来城市主社区概念设计
东北师范大学美术学院环艺系　指导老师：王铁军　刘学文　刘治龙　宿一宁　学生：邢斐　133
水资源博物馆
广东轻工职业技术学院环境艺术系　指导老师：尹铂　学生：伍世柱　宋德强　136
莲花酒店景观及照明设计
清华大学美术学院环境艺术设计系　指导老师：杜异　学生：杜洁晶　139

铜奖

水色流光——杭州水疗会所空间设计
福州大学厦门工艺美术学院环境艺术设计系　指导老师：梁青　学生：王田生　142

敦煌艺术博物馆
广州美术学院美术教育系　指导老师：郑念军　雷鸣　学生：余胜钊　144

0°音域——空间概念馆
广东工业大学艺术设计学院环境艺术设计系　指导老师：胡林辉　学生：李焕玲　叶蓝萦　146

“素”来相“食”——禅意养生会馆
西南林业大学木质科学与装饰工程学院　指导老师：徐钊　李锐　夏冬　学生：唐忠　吴慎青　148

烟台经济技术开发区天马栈桥夜景照明规划设计
北京理工大学环境艺术设计　指导老师：马卫星　学生：计小莹　151

城市空间景观设计奖

金奖

古镇新生——松溉古镇景观修建性详细规划
重庆工商职业学院传媒艺术系　指导老师：陈一颖　徐江　刘更　学生：郑勇　李虹艳　王春燕　154

银奖

激活时空——重庆市牛滴路滨江公园景观规划设计
重庆工商职业学院传媒艺术系　指导老师：陈皞　徐江　张佳　学生：徐成　颜唯　江超燕　157

字水围合——重庆江北咀动漫基地城市设计
重庆工商职业学院传媒艺术系　指导老师：徐江　刘更　陈一颖　学生：郭明春　程爽　王小利　159

OPEN——顺德港概念规划
顺德职业技术学院设计学院　指导老师：周峻岭　谢凌峰　学生：孙楚文　161

铜奖

花浪谷森林公园景观规划设计
无锡工艺职业技术学院环境艺术系　指导老师：李兴振　学生：刘建敏　163

和·谐　运河人家——周家桥段聚居空间环境概念设计
浙江育英职业技术学院艺术设计与人文系　指导老师：俞烨钢　蔡静野　学生：沈嘉宾　165

珠海斗门灯笼水乡设计
顺德职业技术学院设计学院　指导老师：江芳　学生：周志杰　张金富　刘惠英　吴嘉煜　林嘉华　167

渗透·重建——探索城郊下古村落的发展途径
广东轻工职业技术学院环境艺术系　指导老师：黄帼虹　学生：蒋任　梁劲　169

瑞凯亚太植物研究观光园项目规划设计
南京交通职业技术学院建筑工程系　指导老师：孙薇　学生：李肖龙　171

建筑空间景观设计奖

金奖

模仿·链接·交流——重庆永川动物世界野生动物区改建工程
重庆工商职业学院传媒艺术系　指导老师：刘更　徐江　陈一颖　学生：李俊佚　向汉　杨舜宇　174

银奖

凸显·调合——杭州市重型机械厂景观改造
中国美术学院艺术设计职业技术学院　指导老师：黄晓菲
学生：林晨辰　方泓　郭辰　金俊丹　陈威韬　顾旭建　177

低碳行动概念馆
广东轻工职业技术学院环境艺术系　指导老师：赵飞乐　学生：王寅生　180

BOSS化妆品办公楼方案
广东轻工职业技术学院环境艺术系　指导老师：徐士福　学生：刘林生　183

铜奖

融城·融山·融水——杭州市重型机械厂景观提升改造
中国美术学院艺术设计职业技术学院　指导老师：黄晓菲
学生：韦杰航　易瑾　陈岑　沈煜磊　沈燕华　王慧琳　185

更新·再生——重庆市九龙创意产业园改扩建工程
重庆工商职业学院传媒艺术系　指导老师：徐江　陈一颖　刘更　学生：陈顺科　朱丹　罗强　187

铜奖

涸流之色——云南 · 曲靖市干旱创意概念园设计
广东轻工职业技术学院环境艺术系　指导老师：叶炽坚　学生：敖水泳　黄城添　罗美仪　189

低碳的呼唤——“再生艺术”博物馆
广东轻工职业技术学院环境艺术系　指导老师：尹杨坚　学生：关玉英　191

BOX.BOX——学生公寓景观规划设计
顺德职业技术学院园林景观　指导老师：周峻岭　谢凌峰　学生：李翠芬　李聘菊　193

公共建筑室内设计奖

金奖

树影婆娑——主题餐厅酒吧设计
广东轻工职业技术学院环境艺术系　指导老师：彭洁　学生：李柱明　130

银奖

海洋之谜——“TTF 珠宝”专卖店设计
深圳技师学院应用设计系　指导老师：王辰劼　余婕　学生：黄韵诗　196

丝带间的心动——TIFFANY & CO. 专卖店设计
深圳技师学院应用设计系　指导老师：王辰劼　余婕　学生：庄水旺　198

水资源博物馆
广东轻工职业技术学院环境艺术系　指导老师：尹铂　学生：伍世柱　宋德强　136

铜奖

影像 · 再靠近——“宝怡珠宝”展位设计
深圳技师学院应用设计系　指导老师：王辰劼　余婕　学生：许俊敏　200

城市轻轨车站
顺德职业技术学院设计学院　指导老师：张俊竹　汤强　学生：刘小龙　姚永辉　202

佛学——杭州京杭运河大兜路段历史保护复建工程
中国美术学院艺术设计职业技术学院　指导老师：孙洪涛　学生：项建福　刘荣倡　罗照辉　余巧利　204

记忆的沙漏——天鹅堡珠宝展位设计
深圳技师学院应用设计系　指导老师：王辰劼　余婕　学生：王国鸿　206

红线女艺术馆
顺德职业技术学院设计学院　指导老师：梁耀明　学生：李康第　208

居住建筑室内设计奖

金奖

雅素
江西环境工程职业学院艺术设计　指导老师：唐石琪　欧俊锋　黄金峰　学生：郭宋林　212

银奖

京基苑设计方案
江西环境工程职业学院艺术设计　指导老师：欧俊锋　唐石琪　黄金峰　学生：刘胜　214

“画家之家”——废旧工厂改建工程
重庆工商职业学院传媒艺术系　指导老师：陈一颖　徐江　刘更　学生：陈龙坤　216

雅居 · 无锡蠡湖别墅小区详细规划
无锡工艺职业技术学院环境艺术系　指导老师：李兴振　学生：闻君　218

铜奖

纯 · 低碳住宅
中国美术学院艺术设计职业技术学院　指导老师：陈琦　学生：徐雪薇　虞凯彬　林涛　220

凝 · 萃——校长办公楼改造方案设计
广东文艺职业学院艺术设计系　指导老师：尹杨平　学生：姚嘉明　江帆　222

水天一色
广西生态工程职业技术学院艺术设计系　指导老师：肖亮　韦春义　学生：周晟　224

创新 · 简约 · 生活 · 家
桂林旅游高等专科学校视觉艺术系　指导老师：李勇成　学生：陈铖　225

未来水上人家——概念住宅
广东轻工职业技术学院环境艺术系　指导老师：彭洁　学生：刁勇明　关关　227

AUTODESK最佳创意表现奖

金奖

合院
广州美院继续教育学院环境艺术设计　指导老师：李泰山　学生：林华邦　薛雷增　张平军　黄国栋　116

银奖

哈尔滨市文化艺术中心建筑设计
哈尔滨工业大学建筑学院建筑系　指导老师：刘大平　学生：边哲　045

壹佰迈——客运列车豪华包厢设计
福州大学厦门工艺美术学院环境艺术设计系　指导老师：卢永木　学生：任志远　100

南苑——寻找历史印迹之现代江南会所
广州美院继续教育学院环境艺术设计　指导老师：李泰山　学生：邓俐诗　张智健　109

铜奖

潭深云浅——增城市河大塘村山水画家工作室建筑设计方案
华南理工大学艺术学院艺术设计系　指导老师：梁明捷　李莉　郑莉　学生：丁建铭　高成　李晓婧　王宇亮　010

农筑物——苏北乡村文化站适宜性设计研究
南京艺术学院设计学院　指导老师：卫东风　丁源　学生：成果　026

广州海事文化公园总体规划设计
广东工业大学艺术设计学院环境艺术设计系　指导老师：王萍　学生：程结成　075

侵华日军第七三一部队遗址公园规划与设计
哈尔滨工业大学建筑学院艺术设计系　指导老师：赵晓龙　邵龙　学生：魏铭　065

广州十三行潘氏建筑群保护与修复之潘家祠修复设计
华南理工大学建筑学院建筑系　指导老师：肖旻　张智敏　学生：刘伟庆　022

环境艺术设计建筑奖

学校：广州美术学院设计学院建筑与环境艺术系　指导老师：许牧川　学生：杨杏华　吴素平　叶建雄

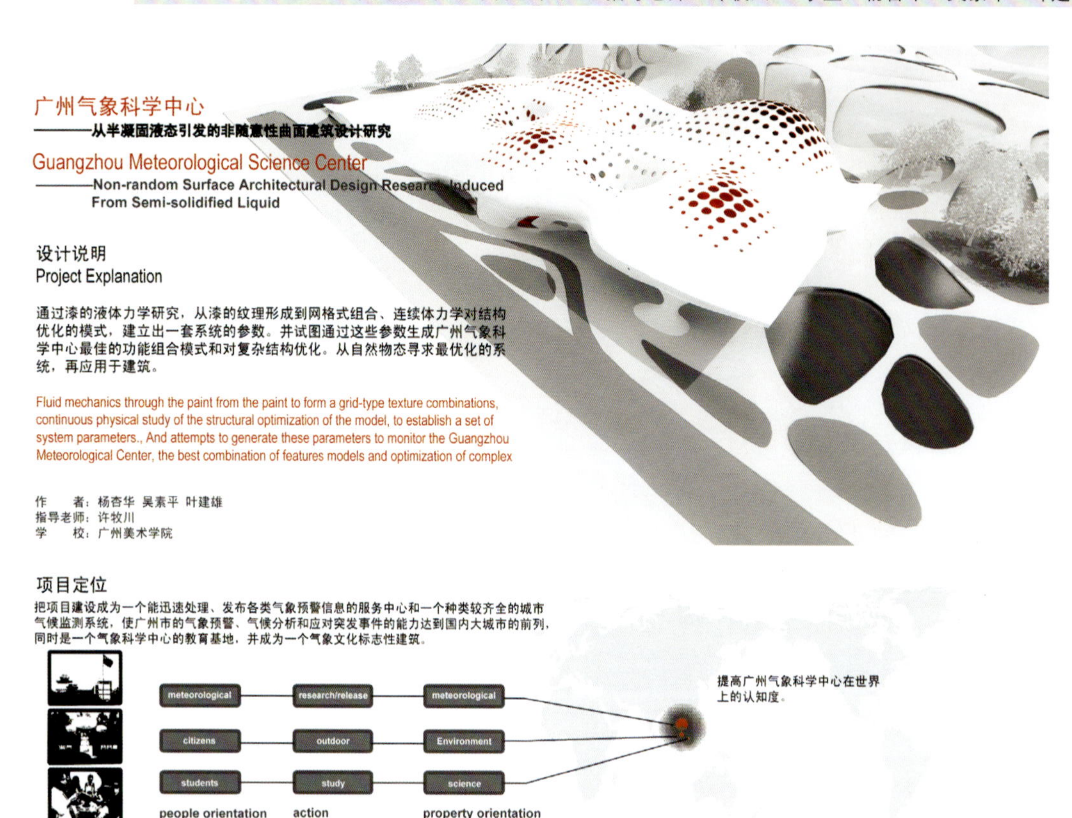

广州气象科学中心

————从半凝固液态引发的非随意性曲面建筑设计研究

Guangzhou Meteorological Science Center

————Non-random Surface Architectural Design Research Induced From Semi-solidified Liquid

设计说明
Project Explanation

通过漆的液体力学研究，从漆的纹理形成到网格式组合、连续体力学对结构优化的模式，建立出一套系统的参数。并试图通过这些参数生成广州气象科学中心最佳的功能组合模式和对复杂结构优化。从自然物态寻求最优化的系统，再应用于建筑。

Fluid mechanics through the paint from the paint to form a grid-type texture combinations, continuous physical study of the structural optimization of the model, to establish a set of system parameters., And attempts to generate these parameters to monitor the Guangzhou Meteorological Center, the best combination of features models and optimization of complex

作　　者：杨杏华 吴素平 叶建雄
指导老师：许牧川
学　　校：广州美术学院

项目定位

把项目建设成为一个能迅速处理、发布各类气象预警信息的服务中心和一个种类较齐全的城市气候监测系统，使广州市的气象预警、气候分析和应对突发事件的能力达到国内大城市的前列，同时是一个气象科学中心的教育基地，并成为一个气象文化标志性建筑。

meteorological — research/release — meteorological
citizens — outdoor — Environment
students — study — science
people orientation　action　property orientation

提高广州气象科学中心在世界上的认知度。

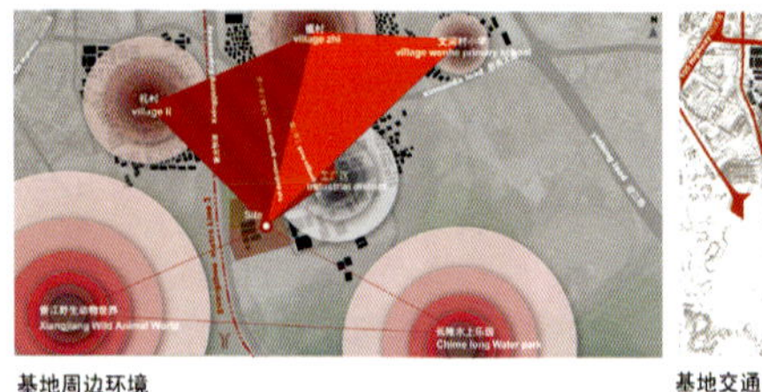

基地周边环境

礼村和植村作为快速发展的城中村，村落被破坏，市民的公共空间减少，生活质量受到威胁，故此希望气象科学中心景观部分还原为市民的空间，同时把气象科研知识普及化和生活化。

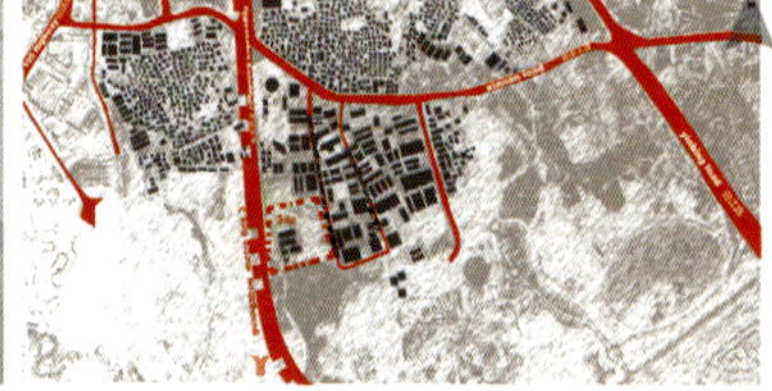

基地交通

地块分析

项目规模：用地总面积53992m²，其中总建筑面积9200m²

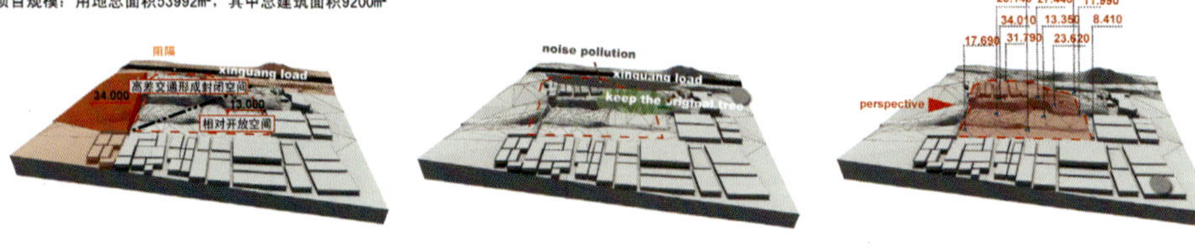

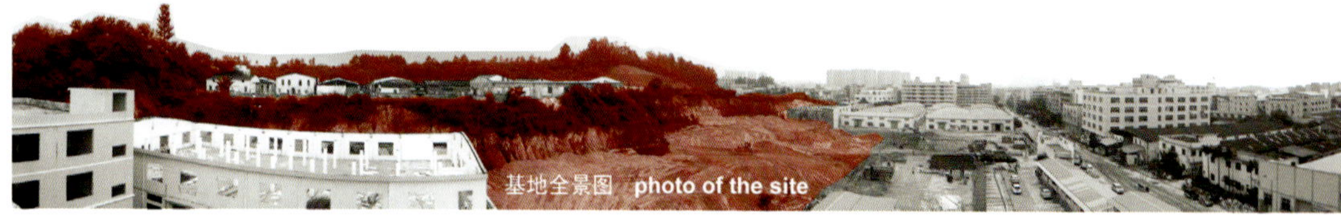

基地全景图　photo of the site

点评人： 许牧川　广州美术学院建筑与环境艺术设计系　讲师

点　评： 参数化衍生式设计，着眼于对自然形态及自然现象展开一系列衍生式研究，并以此为出发点结合建筑设计与技术特点进行衍生式的设计发展。通过参数化设计及分析工具的引入，衍生式设计研究以更系统更全面的方式进行展开，得以充分发掘各方面的可能性。本组毕业设计开始于自然生成形态的研究，通过对液体半凝固状态结构作了一系列的实验策划及分析研究后，对液体半凝固状态的规律性有了一定的了解。后以此为基础，对该系列实验进行了更深入的研究及分析，获取了更充分的数据及生成逻辑，将液体半凝固状态的形态生成与可能的建筑结构形式作有效结合，使该系列实验从形态模拟到数字化形态生成及数字化建造的可能性得以实现。同时，在气象科学中心建筑设计中的具体应用，学生很好地以之前的实验研究为出发点，切合设计题目的主题及低碳概念，使原来相对纯粹的造型及结构控制与实际的功能需求有效结合，研究成果得以进一步的衍生发展。

学校：广州美术学院设计学院建筑与环境艺术系　指导老师：许牧川　学生：杨杏华　吴素平　叶建雄

漆（流体）的研究
Research of the Lacquer

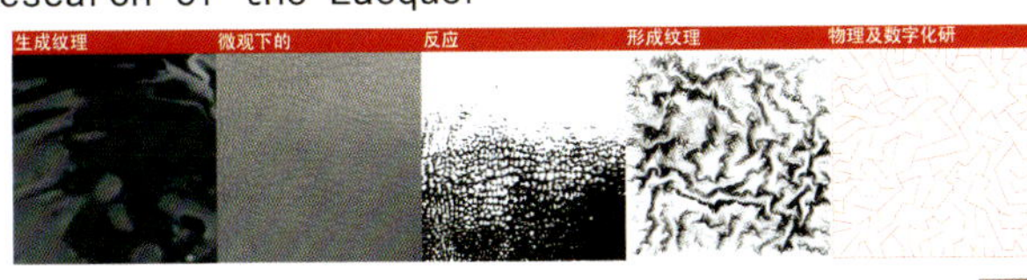

阳江漆（下面简称为漆）是一种采自漆树树皮部的乳胶状天然涂料。为一种黏稠性的胶质物，具有凝固、防水与硬化成形的功用，质地坚硬、能耐酸碱。常应用于保护器物不破坏。

研究方式

选取最高点，张力集中点

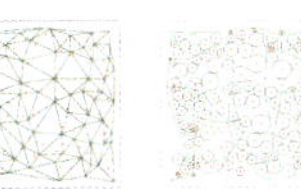
纹理方向将最高点连线

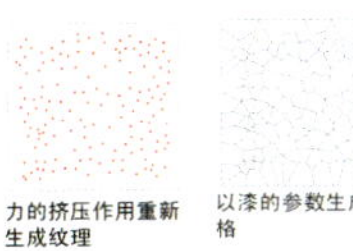
低点是与张力抗衡的挤压力

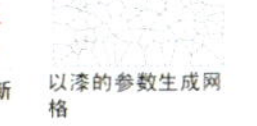
力的挤压作用重新生成纹理

以漆的参数生成网格

漆的纹理生成原理

漆的凝固过程是氧化重合过程，因液体内部力学作用，平置于界面经过一段时间会产生隆起的皱褶。

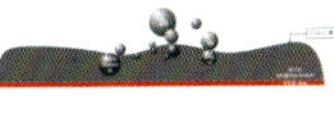

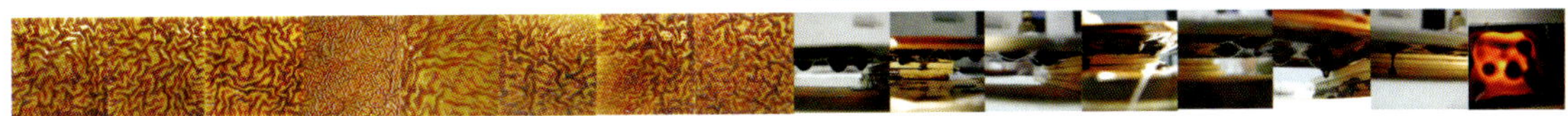

漆的纹理生成原理

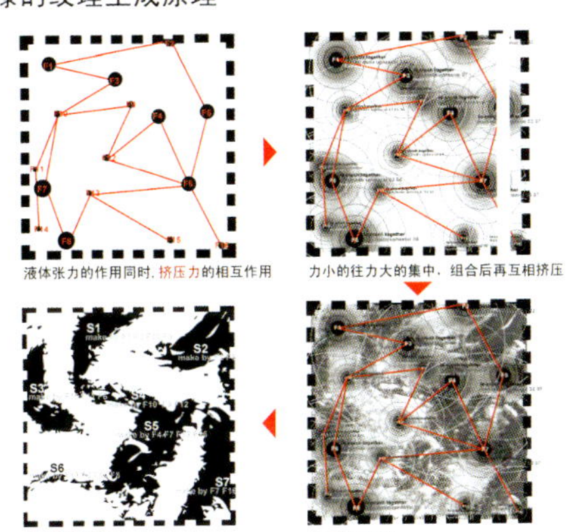
液体张力的作用同时，挤压力的相互作用　力小的往力大的集中，组合后再互相挤压　生成隆起纹理　抗衡挤压隆起

由漆的原理转译到空间组合

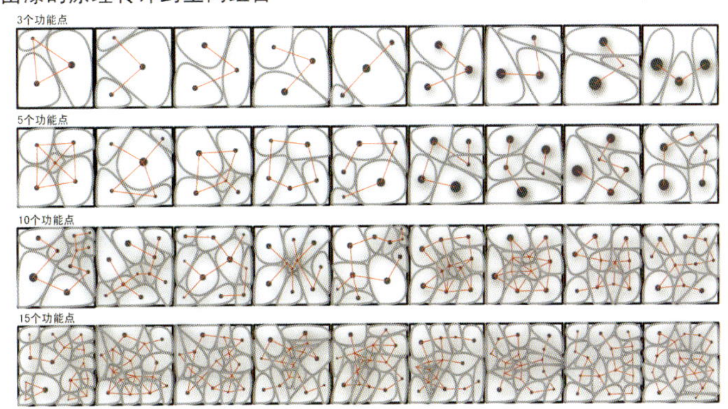

在一定量的漆液中，分子的互相吸引及排挤，形成了纹理，力的大小影响纹理组合，并被一条有韵律的连续性动线所引导。力的影响范围形成的区块大小取决于力的大小及距离。

漆的连续体研究（倒挂时形成的平衡状态）

液体之间相互推挤和牵引的力，通过质量守恒和动量守恒使得液体保持稳定的状态。

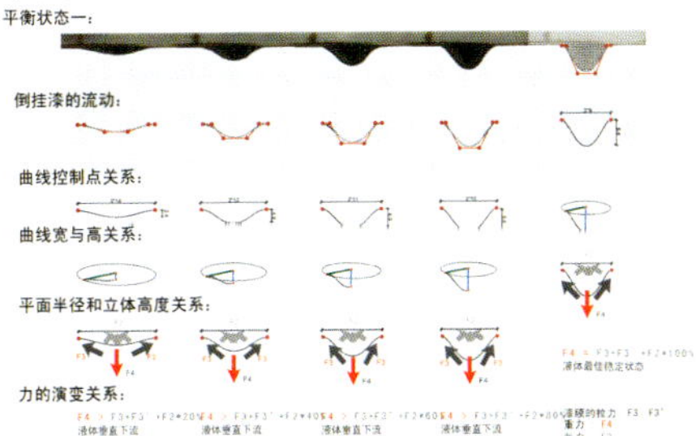

通过力学和曲线关系模拟生成漆倒挂

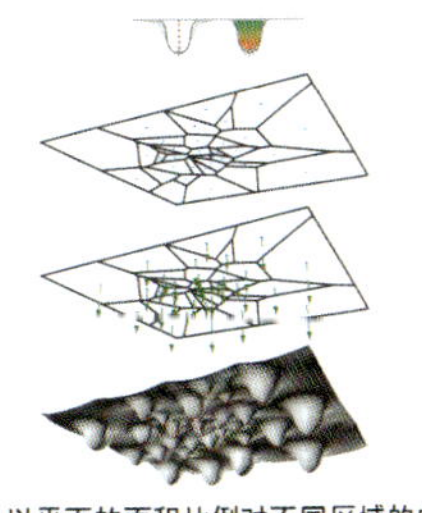

以平面的面积比例对不同区域的中心点进行偏移，以此生成曲面，模拟漆倒挂的形态。

连续形态的生

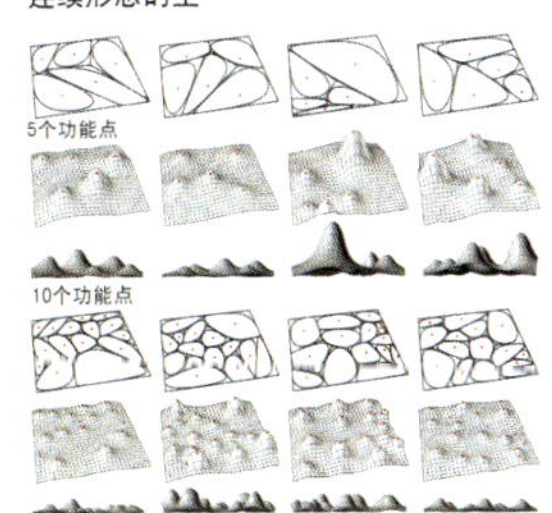

综合功能点辐射范围及挤压力度，通过反复修正设计参数，结构体将不断调整自行生成未知结构形态，直至与需求相吻合

漆的连续体转化为支撑结构

平衡状态二：

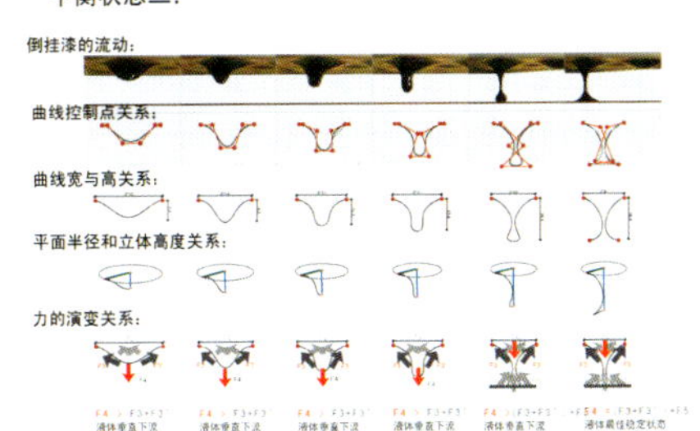

通过力学和曲线关系模拟生成漆倒挂的平衡形态二

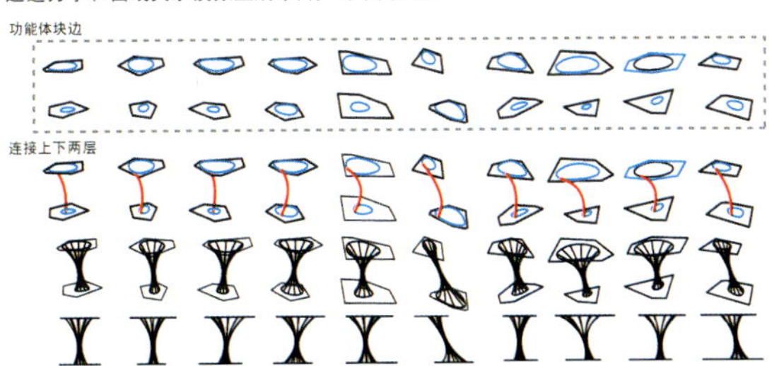

学校：广州美术学院设计学院建筑与环境艺术系　指导老师：许牧川　学生：杨杏华　吴素平　叶建雄

学校：广州美术学院设计学院建筑与环境艺术系　指导老师：许牧川　学生：杨杏华　吴素平　叶建雄

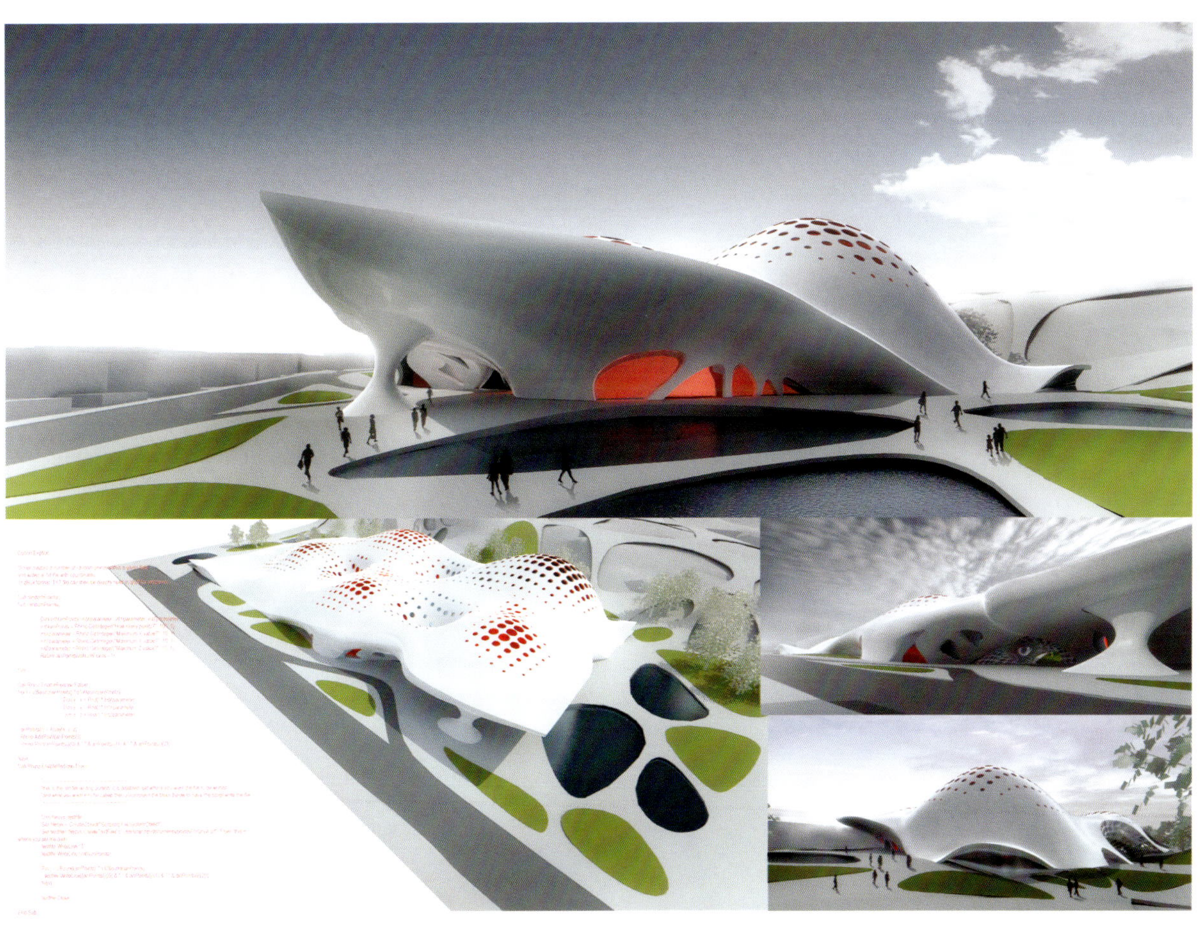

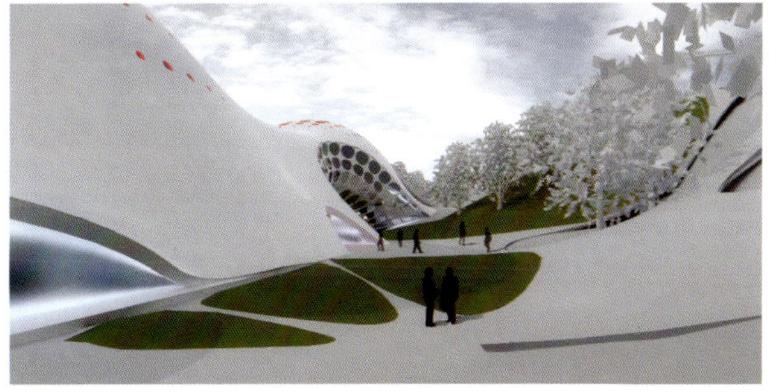

学校：同济大学建筑与城市规划学院建筑系　指导老师：蔡永洁　学生：薛思雯

城市空间的结构重塑——南京城南地区改造与建筑设计

同济大学建筑与城市规划学院建筑系2010年毕业设计
建筑设计部分　　薛思雯 050384 指导老师：蔡永洁

C2地块鸟瞰效果图

C2地块总平面图 1：500

业态分布图

设计范围

主要经济技术指标：

总建筑面积：14872.6 ㎡
容积率：2.23
建筑占地面积：3854.8 ㎡
建筑密度：34%
绿化率：26%
集中绿地率：8%
地下车库车位数：179个

分项：

商务酒店面积：8738.2 ㎡
商务酒店房间数：98间
餐厅面积：3842.9 ㎡
零售商业面积：2291.5 ㎡

设计说明：

在城市高速发展的今天，许多城市的旧城区由于基础设施的缺乏、土地利用效率低下、环境恶化、社会矛盾突出等问题而陷于停滞落后的状态。与此同时，旧城又往往处于城市较为核心的地理区位，拥有丰富的历史文化资源，其改造和再开发对于城市整体形象的提升、发展的提速都起到至关重要的作用。旧城改造也因此成为城市设计研究的重要课题。

南京是我国著名的"六朝古都"，具有众多历史遗存和文化资源，城南地区不仅是其城市起源和发展的起点，也是历朝人文商业汇聚的地方。但在科学进步、城市迅速发展的今天，该地区却因基础设施不健全，土地利用率低下，布局混乱，环境恶化等问题使自身陷于停滞不前的状态，城市的老化使其无法适应现今社会发展的要求，因此，对其原有资源的深入挖掘、合理的整合利用，将对整个南京城市的发展起到重要作用。

本课题通过实地调研、城市设计，试图研究和回应复杂的城市发展问题，着重于城市规划层面空间结构的梳理、功能定位方式、肌理的构建和建筑尺度的把握，并通过建筑设计进一步验证其可行性。

步行商业街鸟瞰效果图

点评人：蔡永洁　同济大学建筑与城市规划学院建筑系副主任、教授

点　评：空间尺度的控制是设计者面对城南地区复杂条件、特别是城市历史环境的关键选择，功能定位立足现实。城市设计层面，在城市居住空间内引入一条贯穿整个城南地块的商业步行商业街，将老城墙、秦淮河的步行系统串联起来，形成一条舒适便捷的步行通道，方便居民的活动。步行街的设计力图营造一种自然、有机、亲切的空间，尝试找回原来西街的一点影子；丁字路口的高层建筑则为城市南北轴线的外延确立了标杆。商业街内，庞大的商业规模定位通过适当的居住功能的置入得到了一些缓和，功能的适当混合为营造生动的城市空间打下了基础。在建筑设计上，高层建筑提供了极其多样的景观公寓，每户拥有露台，户户变化，较好地平衡了住户观景以及城市景观的需求。低层商业街建筑均采用混合模式，下部为商业，上部旅馆或住宅，设计上较好地进行了流线分区，建筑形象上外界面简洁明了，朝向商业街内部的空间界面则变化多端，首先将小尺度的低层建筑进一步分解，并在街内置入小体量的建筑元素，在创造街内停留空间的同时，构成小尺度商业街与周边环境的鲜明对比。总体而言，城市设计立足城市历史与发展需要，客观定位，在建筑设计进行了细致的探索，并在建筑立面构造上有较深入的研究。

学校：同济大学建筑与城市规划学院建筑系　指导老师：蔡永洁　学生：薛思雯

城市空间的结构重塑——南京城南地区改造与建筑设计

同济大学建筑与城市规划学院建筑系2010年毕业设计
建筑设计部分　　薛思雯 050384 指导老师：蔡永洁

C2地块一层平面图

学校：同济大学建筑与城市规划学院建筑系　指导老师：蔡永洁　学生：薛思雯

城市空间的结构重塑——南京城南地区改造与建筑设计

同济大学建筑与城市规划学院建筑系2010年毕业设计
建筑设计部分　薛思雯 050384 指导老师：蔡永洁

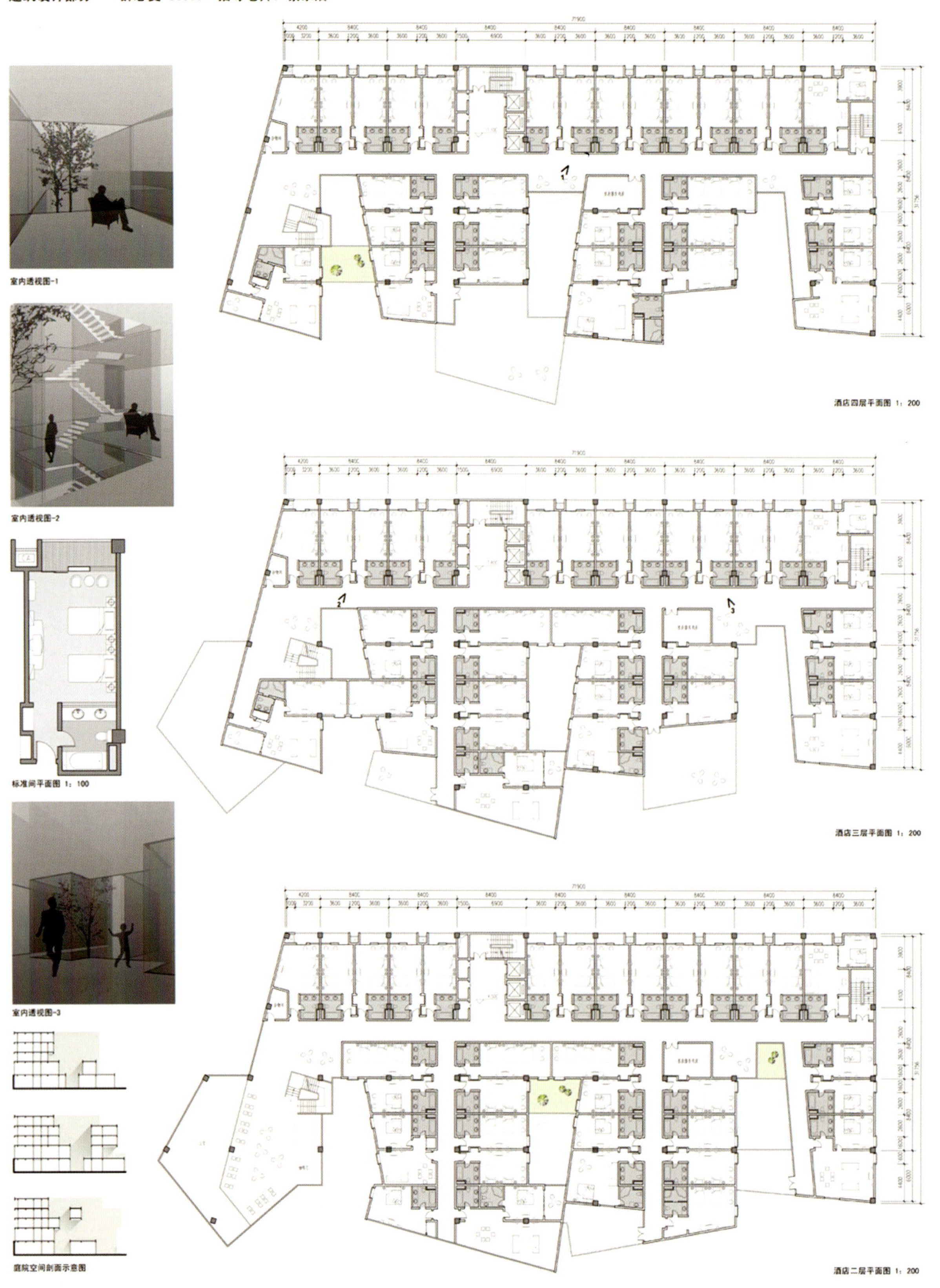

室内透视图-1

室内透视图-2

标准间平面图 1：100

室内透视图-3

庭院空间剖面示意图

酒店四层平面图 1：200

酒店三层平面图 1：200

酒店二层平面图 1：200

学校：同济大学建筑与城市规划学院建筑系　指导老师：蔡永洁　学生：薛思雯

城市空间的结构重塑——南京城南地区改造与建筑设计

同济大学建筑与城市规划学院建筑系2010年毕业设计
建筑设计部分　薛思雯 050384 指导老师：蔡永洁

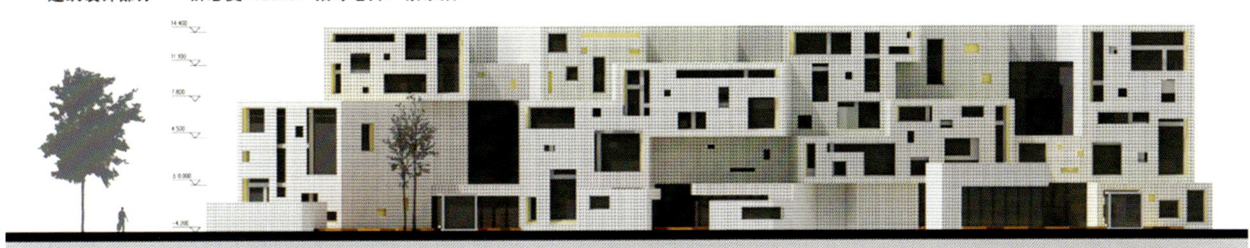
商业内街南立面图 1：200

室内透视图-4

室内透视图-5

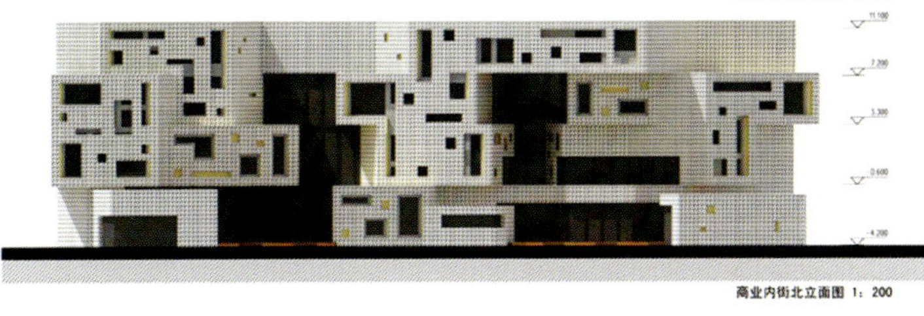
商业内街北立面图 1：200

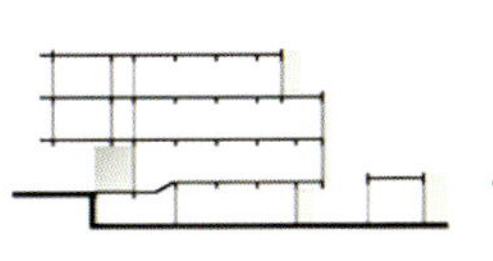
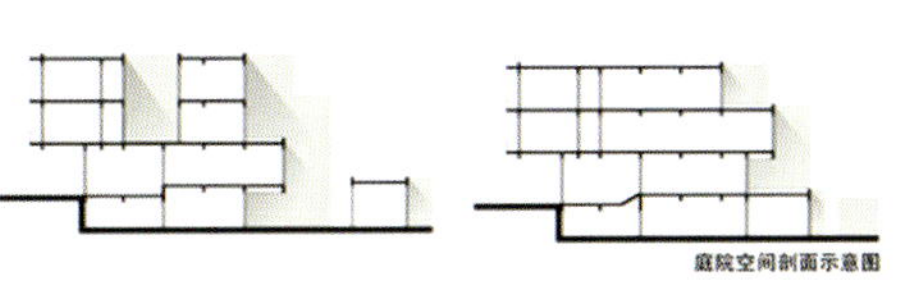
庭院空间剖面示意图

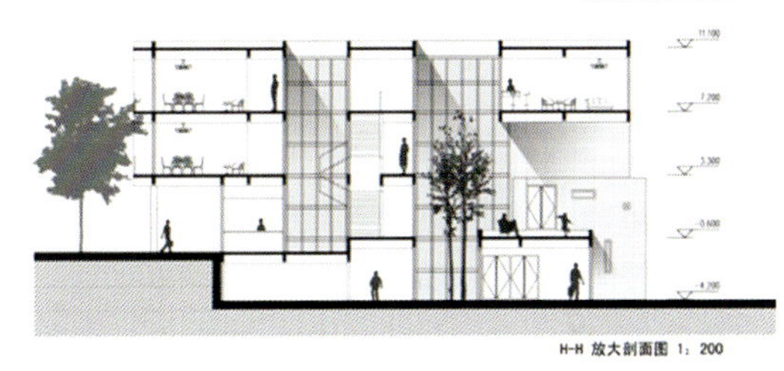
H-H 放大剖面图 1：200

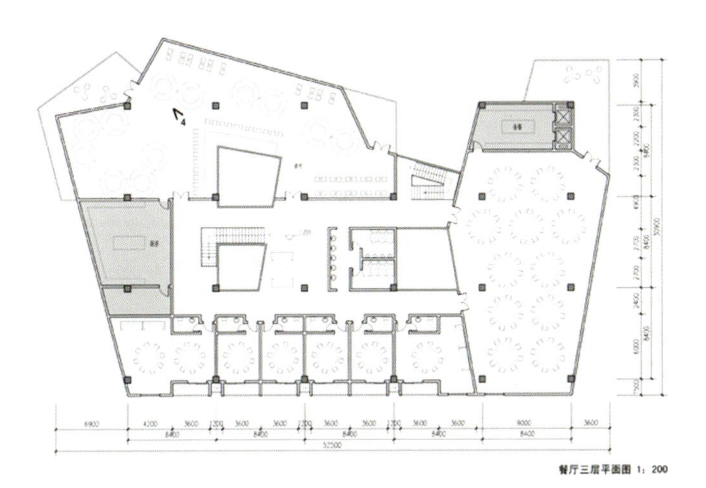
餐厅三层平面图 1：200

商业街日景透视效果

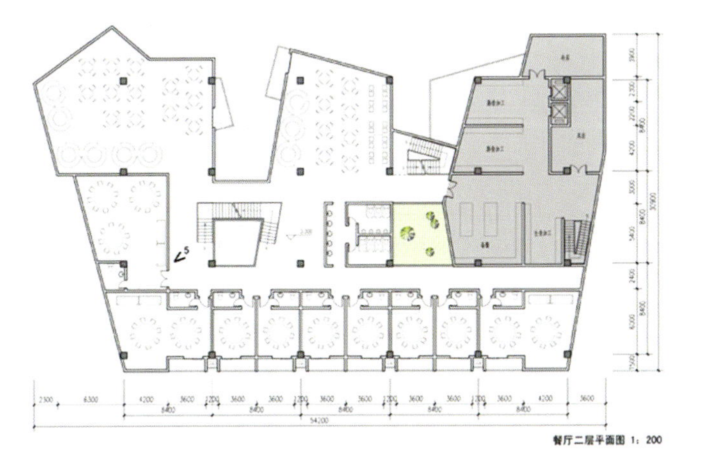
餐厅二层平面图 1：200

商业街夜景透视效果

学校：华南理工大学艺术学院艺术设计系　指导老师：梁明捷 李莉 郑莉　学生：丁建铭 高成 李晓婧 王宇亮

華南理工大學 south china university of technology　壹

潭深雲淺
增城市河大塘村山水畫家工作室建築設計方案
CHINESE TRADITINAL PAINTER STUDIO DESIGN CONCEPT

1. 項目概況 Project Overview

在山青水秀，荔香竹翠的河大塘村，山水画家的工作室、住宅和美术馆就选定这里。山村是诱人的，她有一种质朴的美感，她传承的几千年中国人的生活习俗。有着深远意义的农耕文化，更是每个中国人心底的深处记忆。中国从农耕转化到了现代文明，原始的生活方式被冲击，许多人正在无比向往着脱离喧闹的都市，回到农村去生活。把工作室、住宅和美术馆建立在这片具有浓郁客家文化乡村的山水画家就是抱着这种情怀，带着对自然的崇拜，对养育她的土地的眷恋而回归这里生活、工作、交往。河大塘位于珠江三角洲东北部，西距广州60公里，所属的增城市气候温和、土地肥沃，风调雨顺，全年平均气温为22.2℃，年均降雨量1869MM，适宜于热带、亚热带作物生长，是著名的荔枝之乡、鱼米之乡。境内青山绿水，风景秀丽，众山环抱，一江穿城。

In the picturesque scenery of the River Li Hong bamboo large Village Green, landscape painters of the studio, Residential and galleries on selected here. Village is attractive, it has a rustic Beauty, he inherited the lives of thousands of Chinese customs. Has far-reaching Farming culture is deep in the hearts of every Chinese memory. China to switch from farming Of the modern civilization, the primitive way of life is the impact, many people are extremely Dreaming out loud in the city, returned to the countryside to live. The studio, residential And galleries set up in this piece has a rich rural landscape painters of Hakka culture is With that sentiment, with the worship of nature, to the upbringing of her love of the land The return here to live, work, contacts.

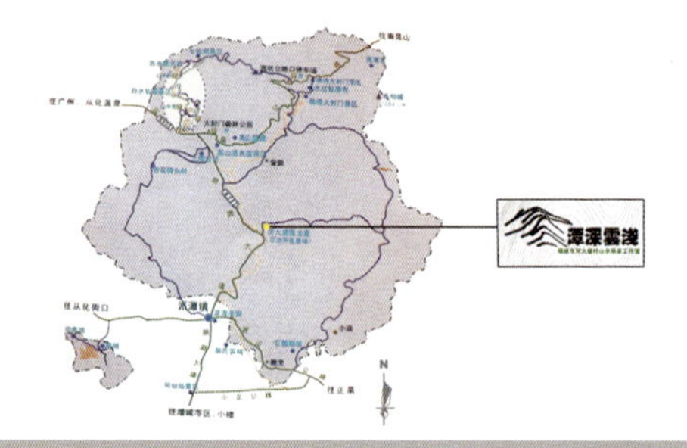

2. 場地分析 Site analysis

基地情况考察：

自然景观

增城地区北高南低，派潭是辖境的最高地，海拔超过1000米的有正在顶、杨佳顶以及增城最高峰牛牯嶂，海拔500米以上的山峰还有十几座，众多的高山组成一个巨大的绿色屏障，成为增城乃至广州赫赫有名的生态园林基地。

材料肌理

派潭处于山区，土壤资源丰富，因而当地建筑也就地取材，墙体多选用粘性较好、含沙量较多的黄土，加上粘土，比较讲究的“三合土”，最具特色的是建筑立面墙体、院落铺砖都大量使用当时毛石、鹅卵石等。

风俗人情

派潭有许多富有特色的传统民间风俗活动，如舞春牛、舞渔灯、客家山歌等，客家以耕读传家，形成了不少崇尚牛的牛耕文化，借以表达对牛这一农民的忠实朋友的深厚感情和对来年五谷丰登、快乐幸福的美好愿望。

派潭历史

“派潭”的地名起源于北宋太平兴国元年，有千年的历史。据传派潭附近有“三潭”（石潭、排潭、鹅潭），是派潭集约内村民活动的地方，石潭在派潭河上游，排潭居中，鹅潭在下，后来演变得排潭。“排潭”，当地民间释为结排放木的意思，后来又将“排”谐音读为“派”。

人文景观

河大塘的围龙屋保存得相对完整，现在还是河大塘大多数人的民居建筑，它是客家文化特色和客家人精神世界的集中体现。整个围龙屋对称和谐，井井有条，布局科学合理，不仅从生理和心理上满足了住户的需要，又能唤起族人和睦亲近的意识，体现了浓厚的人本主义色彩。

生态资源

派潭的荔枝享有岭南水果王的美誉，还有大量的枇杷、龙眼等佳果，为当地打造生态旅游特色镇、都市农业基地镇提供的存在基础。

场地的坡度解读

基地的山势起伏很大

1-1剖面
2-2剖面
3-3剖面
4-4剖面

基地山体各剖面图

当地对设计影响的元素分析

传统的“风水理论”在客家传统民居建筑中表现得淋漓尽致，传统的客家民居无论是从群体村落还是单体建筑的选址，都非常注重风水。“龙真”、“砂”、“水抱”、“屏护”、“穴地”均为客家传统民居建筑所追求的自然环境。本设计尊重这些源远流长的文化，力求去按着这种思路进行选址。

传统客家民居的最佳建筑选址

村中耕地范围

各种稻田纹理分析

当地街巷、庭院空间元素的解析：

庭院空间提取：

庭院和中国人的精神、文化、生活存在着广泛的联系。庭院空间是公共空间中的一个组成部分，是建筑与外部环境之间的过渡空间。研究当地的院落形式，试图在设计中营造出具有当地特色的院落与建筑关系。

街巷空间提取：

街巷是传统的标志空间，街巷生活是当地的文化特征，调研中我们提取了本基地中街巷的空间形态，试图探索不同空间下对应的居民生活方式，以应用于本案的不同空间之中。

学校：华南理工大学艺术学院艺术设计系　指导老师：梁明捷 李莉 郑莉　学生：丁建铭 高成 李晓婧 王宇亮

潭深雲淺

增城市河大塘村山水畫家工作室建築設計方案

CHINESE TRADITINAL PAINTER STUDIO DESIGN CONCEPT

3. 構思分析

1. 以登高为主题，体现山水间的游走轮回

2. 对原有山体、耕田的尊重，设计与之呼应

3. 应用街巷、庭院元素于建筑之中，探索传统空间形式与现代建筑相结合

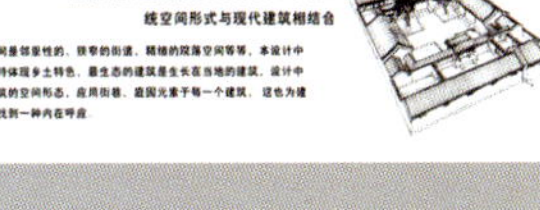

1. To ascend the theme of reincarnation reflect migration between landscape

2. The original mountain, farming the respect, the design with echo

3. Application street, garden elements in the building among the forms of traditional space exploration combined with modern architecture

建筑功能、景观交叉关系

建筑功能规划

4. 總體規劃設計

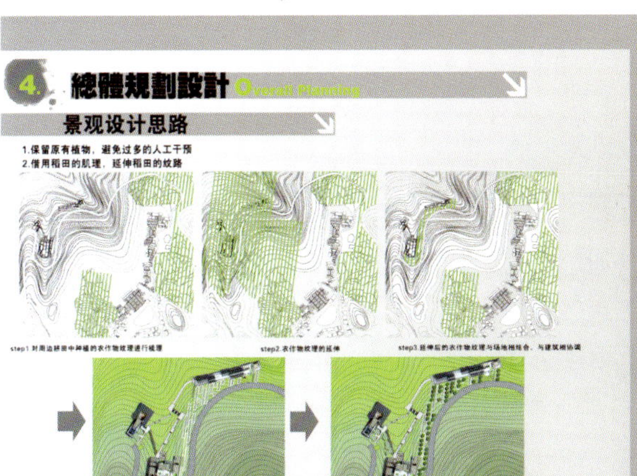

景观设计思路

1. 保留原有植物，避免过多的人工干预
2. 借用稻田的肌理，延伸稻田的纹路

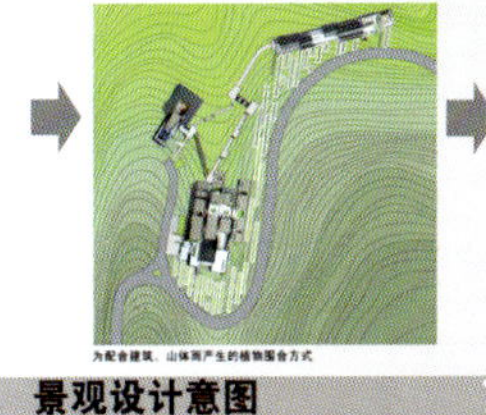
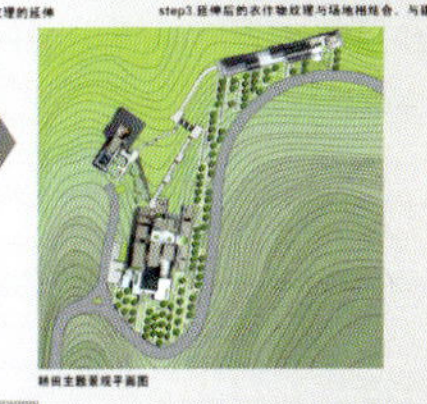

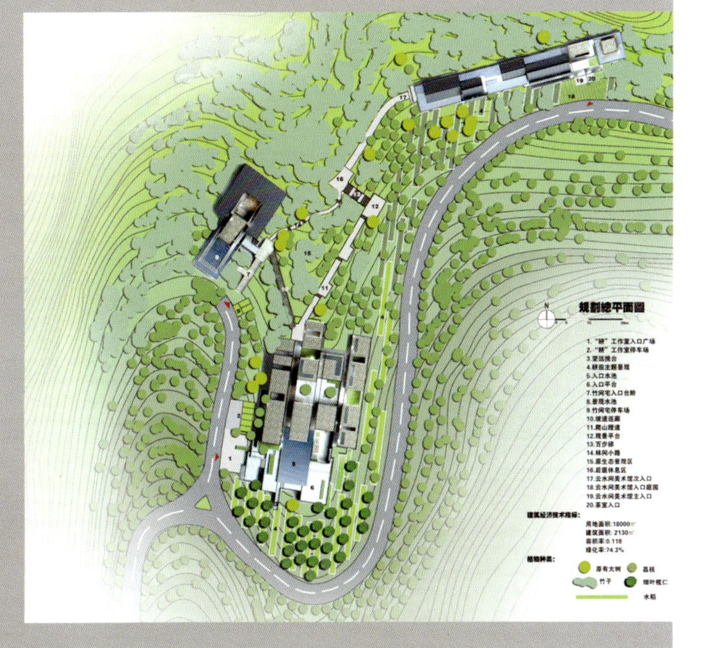

景观设计意图

基于现有的植物、农作物营造朴素的农业景观，实现经济与景观方面的双收

周边耕田中种植的农作物纹理进行梳理

5. 設計分析

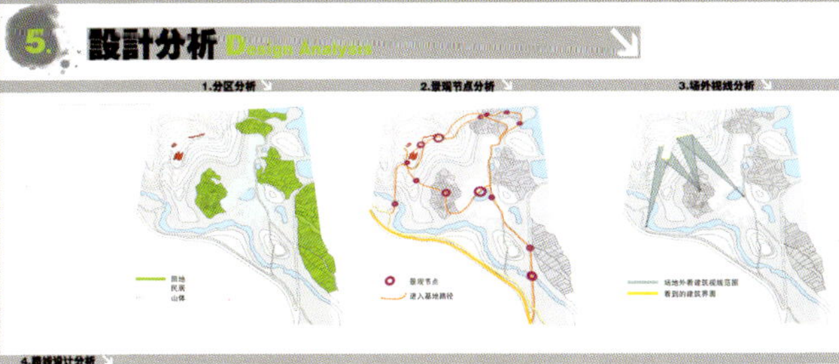

5.视线分析

4.路线设计分析

学校：华南理工大学艺术学院艺术设计系　指导老师：梁明捷 李莉 郑莉　学生：丁建铭 高成 李晓婧 王宇亮

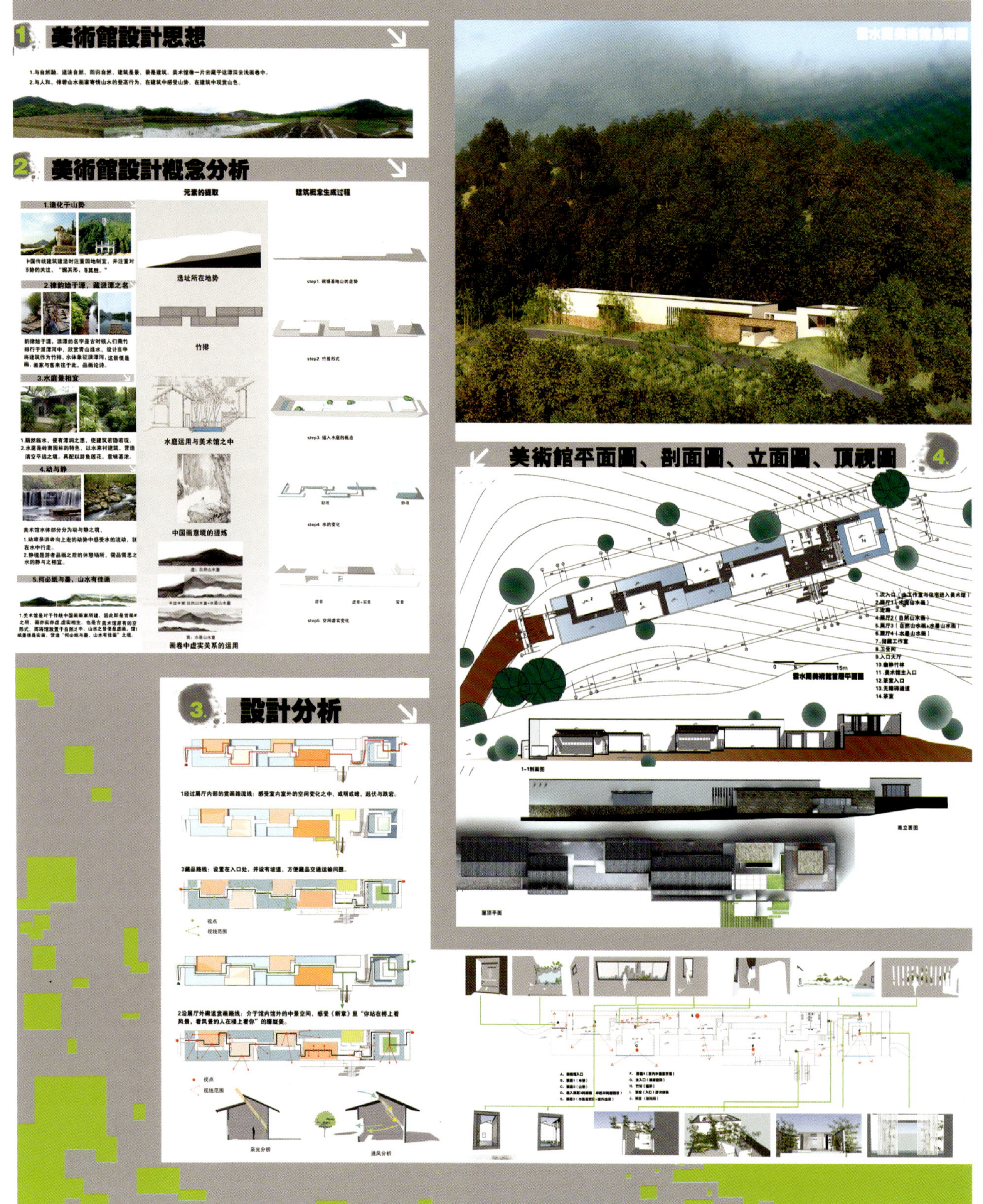

学校：华南理工大学艺术学院艺术设计系　指导老师：梁明捷 李莉 郑莉　学生：丁建铭 高成 李晓婧 王宇亮

華南理工大學 south china university of technology

潭深雲淺

增城市河大塘村山水畫家工作室建築設計方案

CHINESE TRADITINAL PAINTER STUDIO DESIGN CONCEPT

1. 住宅概况

增城市河大塘村历史较为悠久，拥有浓厚的人文气息和秀丽山川美景，在实地考察中映证了这些，作为山水画家项目中的住宅空间设计元素提取河大溏的当地景象中一堵断墙并把传统庭院、回马廊、冷巷融入其中，来实现山水画家的个人气质。

作为潭深水浅——增城市河大塘村山水画家工作项目中有名画家的居住空间，该方案既要围绕整个建筑群体的主题、空间构成形式去构思又要表现住宅空间独特的功能需求。当地的传统民居——围龙屋就是值得借鉴的范本。出于对艺术家行为方式、生活理念的了解，住宅为画家营造了具有中国传统庭院住宅而不失现代感的居住空间。使用当地的建筑取材，在住宅设计中充分考虑了利用自然环境解决当代环境问题，提倡低碳的生活理念。

2. 體塊生成

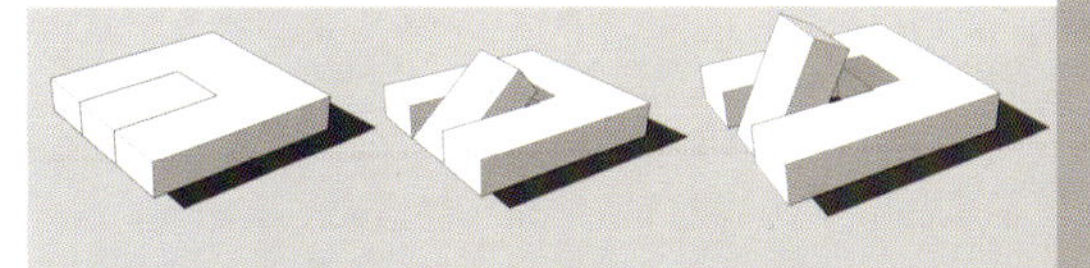

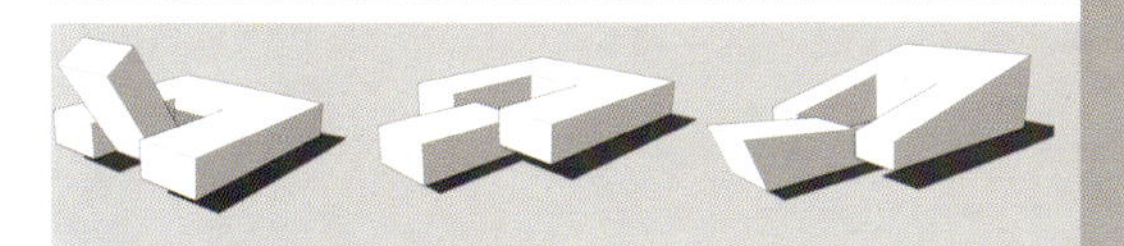

3. 設計概念分析

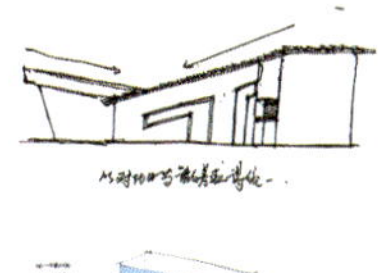

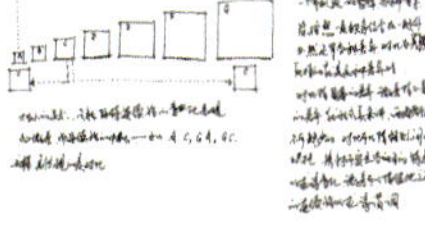

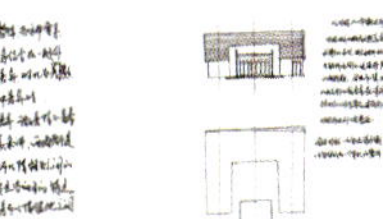

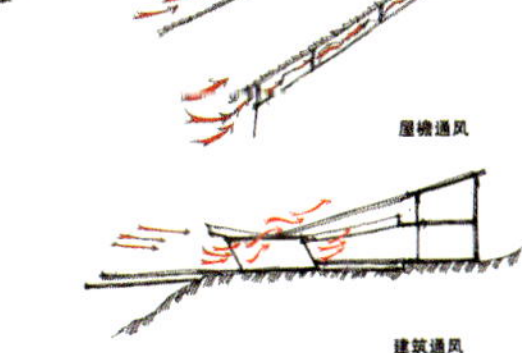

屋檐通风

建筑通风

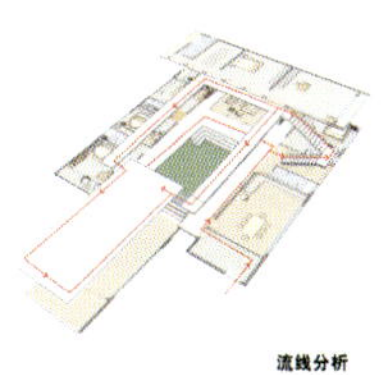

流线分析

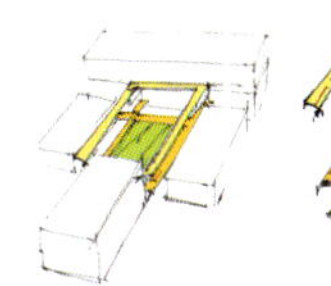

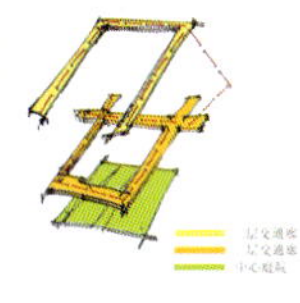

住宅鳥瞰圖

4. 住宅平面、立面、剖面、

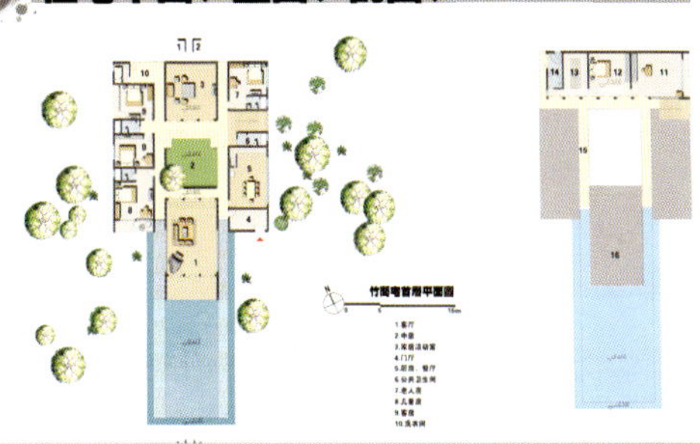

竹简宅首层平面图

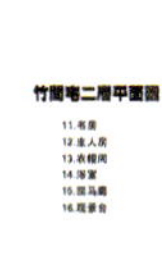

竹简宅二层平面图

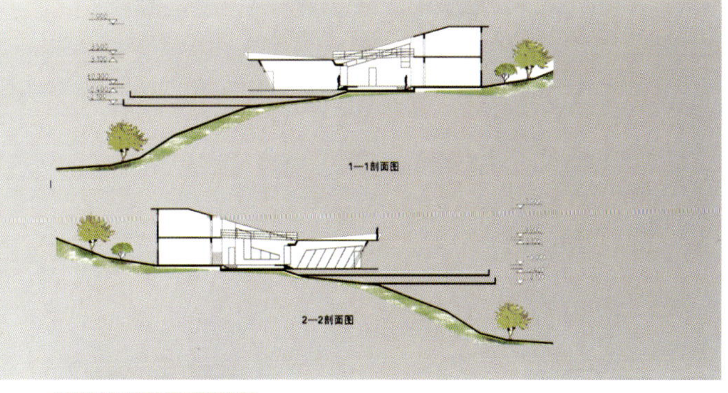

1—1剖面图

2—2剖面图

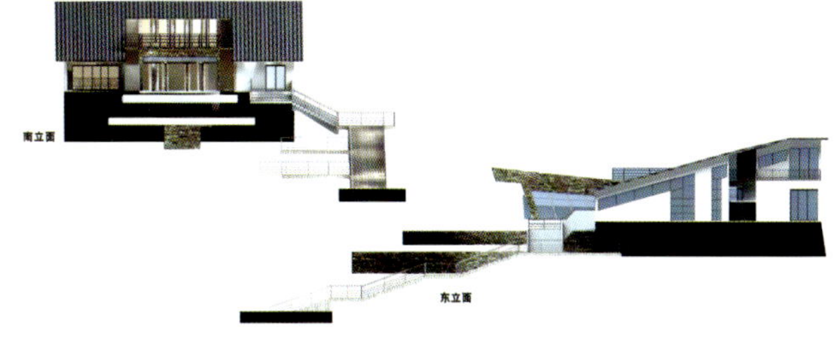

南立面

东立面

学校：清华大学美术学院环境艺术设计系　指导老师：郑曙旸　学生：黄智勇

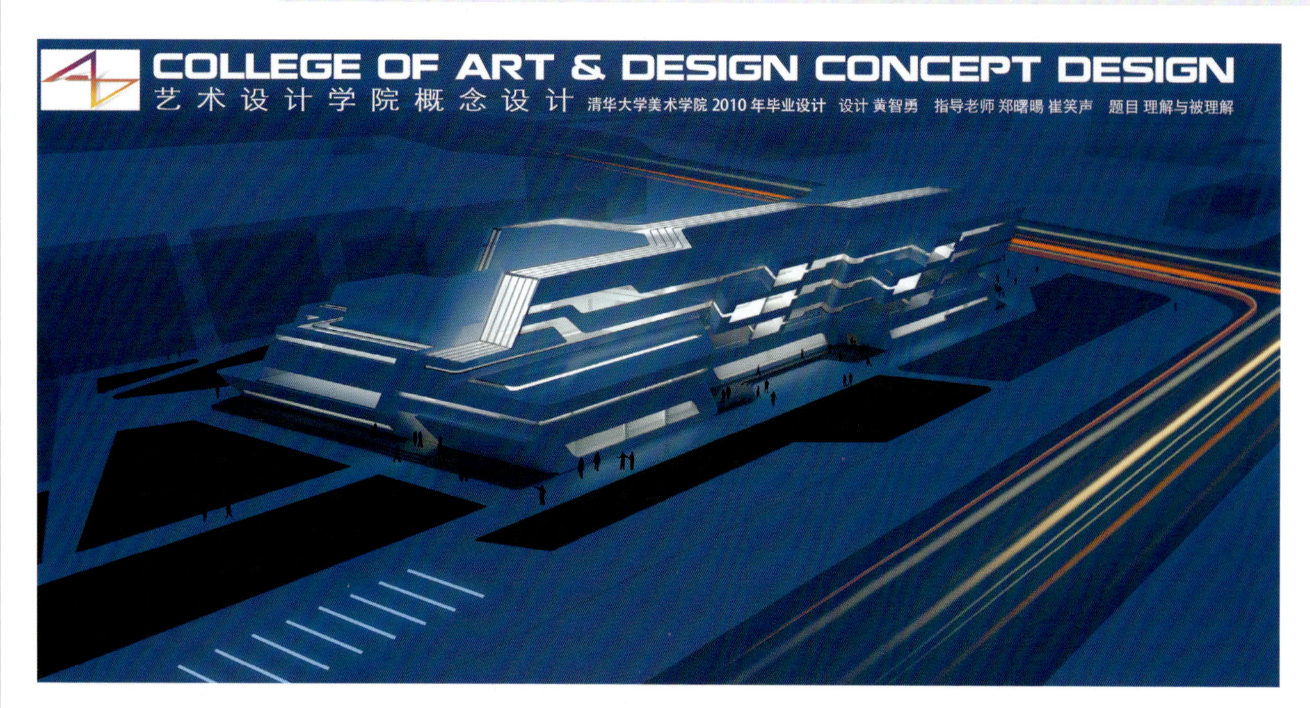

COLLEGE OF ART & DESIGN CONCEPT DESIGN
艺术设计学院概念设计 清华大学美术学院 2010 年毕业设计 设计 黄智勇 指导老师 郑曙旸 崔笑声 题目 理解与被理解

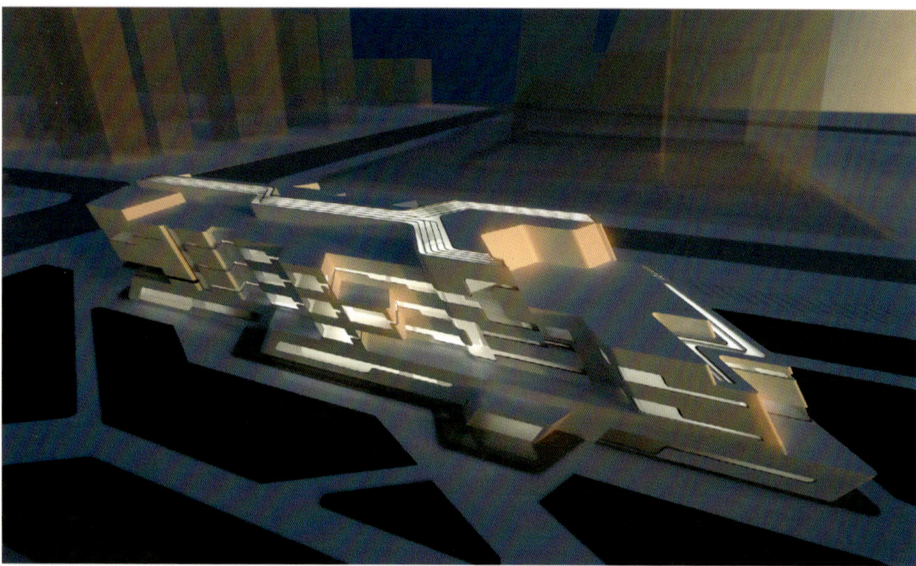

随着教学模式的不断革新，高校的办学理念已经不再是关起门来搞研究，而是需要和不同的专业进行学术的交流。但现今国内普遍的教育机构，在整个教学环境上却远远不能适应这种趋势，在使用上造成很大的问题，具体表现为除了必要的上课时间，学生留在教室上课，而其他课余时间，教学楼就像一座"无人的建筑"，在学习环境上，由于教学楼的建筑设计的问题，在很大的程度上由于建筑空间的封闭感和尺度感的问题，导致学生不愿意留在教学楼内学习，在这种情况下更谈不上让学生主动交流。

伴随信息技术的发展，现今的教育也应该逐步地摆脱昔日的教学模式和办学理念，更加注重培养学生的合作性和创新性，而这体现在不同的班级，不同的年级，不同的专业，不同的学科，乃至体现于教育机构和企业机构之间。通过对调研的情况的了解，发现国内的艺术设计院校却仍然停留在旧有的教学模式，无论是教学上的软件还是硬件。因此，研究目的旨在通过对国外相关知名的艺术设计学院的办学理念调研，来总结和定义适合当今的教学模式，而重点在研究和设计与之配套的教学环境，这具体体现在教学楼的建筑设计和室内设计这两方面。

毕业设计重点是研究艺术设计学院中由空间之间的关系来体现新的教学模式，这为学院内部的教学运作和学生的学习环境提供具有革新性的意义。而学习模式开始变革，不再是以往的闭门学习，而是通过学术的交流来提高个人的创造能力和培养团体的合作能力；不再是以往的只谈学术，忽略不同学科之间的交流，而是通过与不同的学科专业，甚至社会上不同的企业机构的互相交流学习和实践，来提高个人的综合学术素质，开创学术与实践并重，研究与应用相统一的教学模式。

学校：清华大学美术学院环境艺术设计系　指导老师：郑曙旸　学生：黄智勇

景观种植研究中心

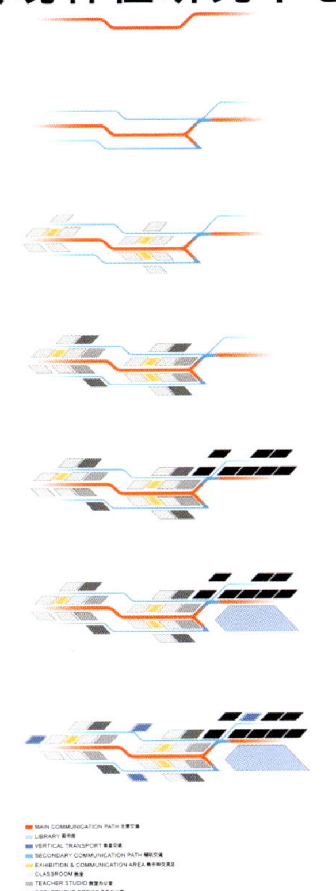

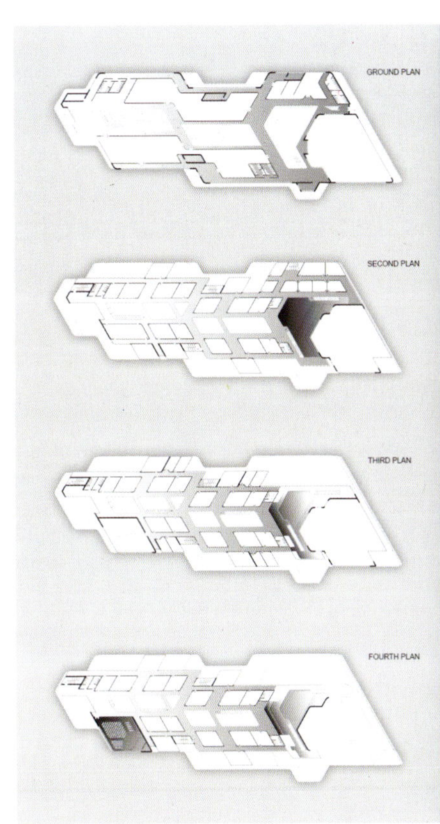

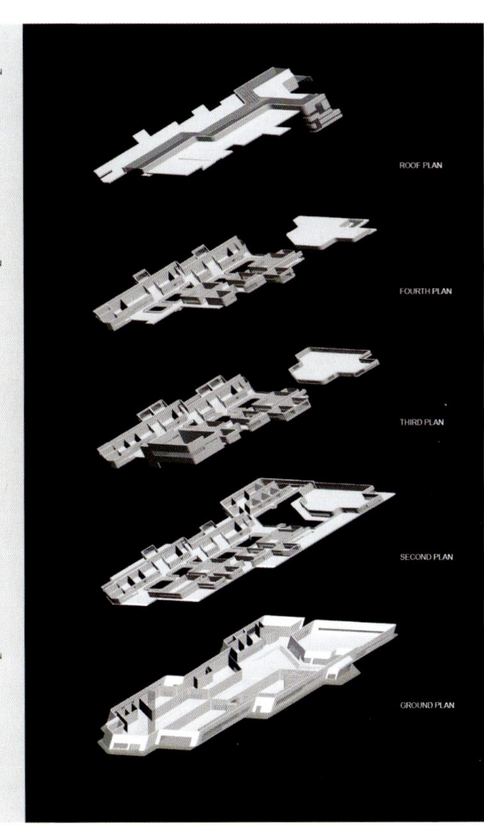

SECTION 剖面

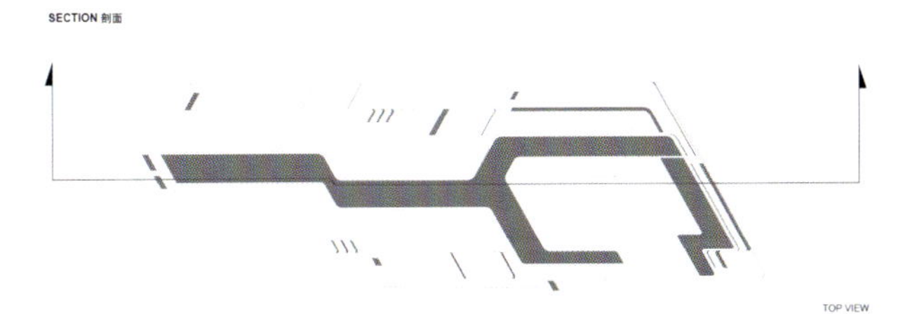

VIEW 取景

在建筑的南北的两个立面上，都有连续不断的长窗，而窗的内侧有些为走廊，有些为教室，因此人员可以很容易和方便地通过这些长窗来观看到外部的情况，同时这也为人员提供了停留性的条件。

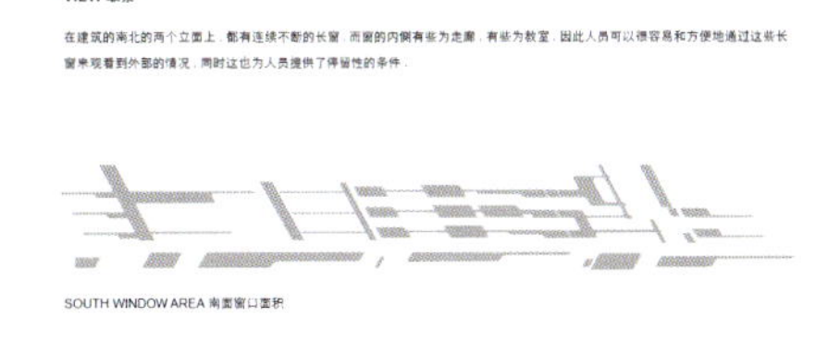

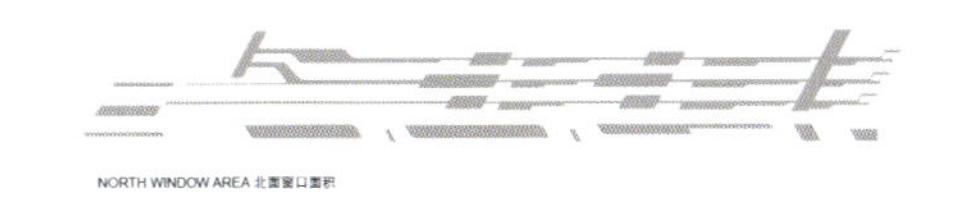

LIGHTING 光照

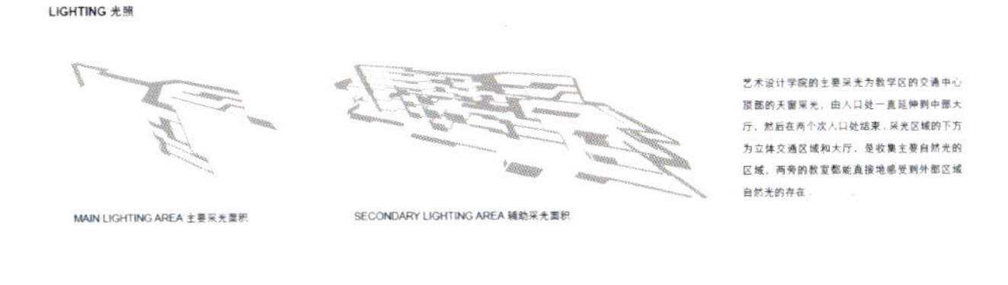

艺术设计学院的主要采光为教学区的交通中心顶部的天窗采光，由入口处一直延伸到中部大厅，然后在两个次入口处结束，采光区域的下方为立体交通区域和大厅，是收集主要自然光的区域，两旁的教室都能直接地感受到外部区域自然光的存在。

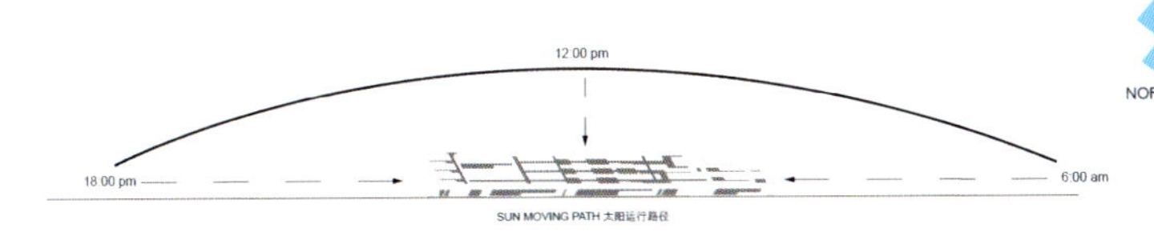

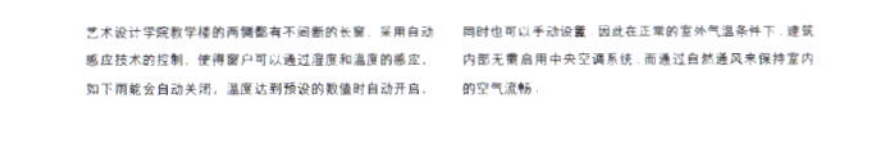

艺术设计学院教学楼的两侧都有不间断的长窗，采用自动感应技术的控制，使得窗户可以通过湿度和温度的感应，如下雨能会自动关闭，温度达到预设的数值时自动开启，同时也可以手动设置，因此在正常的室外气温条件下，建筑内部无需启用中央空调系统，而通过自然通风来保持室内的空气流畅。

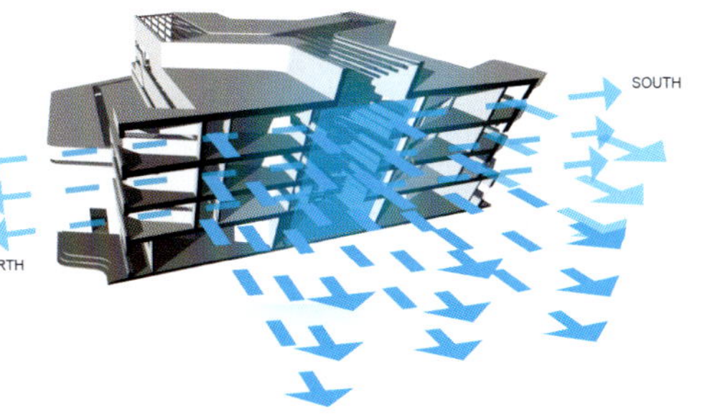

中国环境艺术设计学年奖

学校：清华大学美术学院环境艺术设计系　指导老师：郑曙旸　学生：黄智勇

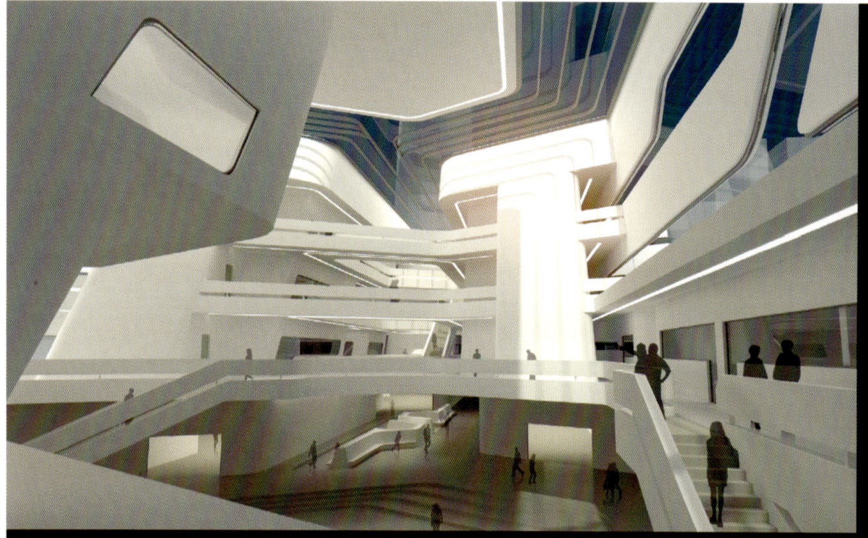

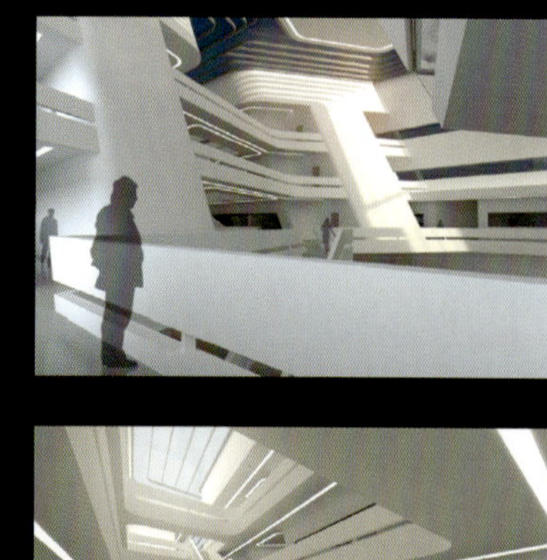

CLASSROOM 教室

传统的教室设计是在一个矩形的空间中，利用短边的界面放置黑板，座位与黑板平行并列往后摆放，而投影屏幕则由黑板的正上方垂下。由于教学模式的转变，借助黑板的教授方式已经没有以往那样的频繁，取而代之的是教师预先在计算机上做好的课件，在上课时利用投影仪投影到白色的投影布上，展示给学生看。投影幕的宽度跟黑板比起来相差甚远，因此坐在正中间的学生也许会比较清楚地看清展示的内容，而坐在两旁的学生就不能享受这种待遇了。这好比去电影院看电影一样，在每次买票挑选座位时，电影院中间区域的座位往往先到先得。因为坐在两侧观看的人看到的是带透视变形的影像，不能真实地反映所投影出来的信息，这对于学习是很不利的。当然，我也不能够把一间教室设计成可以让每位同学都正面面对投影幕，而这也是不可能，除非改变一种投影方式，那就是让每位同学的桌子面前都各自有一个投影幕，但这在技术操作上和现实的应用上已经超出了我的设计能力，因此，我能做的就是把两旁的同学所看到的影像的变形程度缩小。

传统的教室只有单一的教学空间，特别是对大学这种教学模式来说显得并不完善，学生相对来说需要一个较为私密的区域在教室之中，而这个小空间可以让学生感受到家的感觉，里面可以休息，可以聚会，可以讨论，还可以作简单的储藏。在传统的矩形空间中去制造这样的一个空间显得有点不自然和不实用，因为矩形的空间本身已经很完整，倘若在一角上或者将整个巨型空间一分为二的话，看起来有点憋屈和造成空间的浪费。

OPERATING MODE & REQUIREMENTS OF CLASSROOM 教室的使用模式和需求

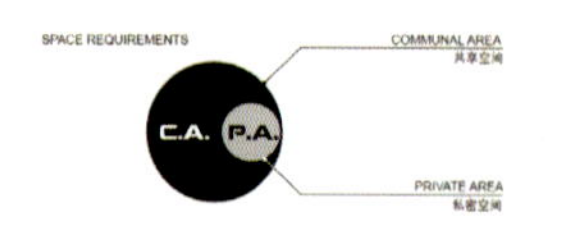

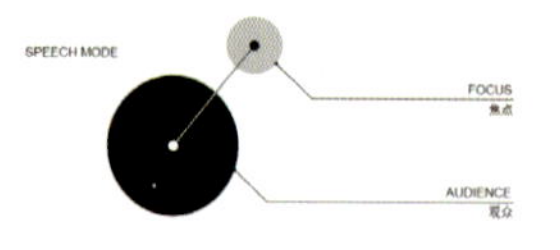

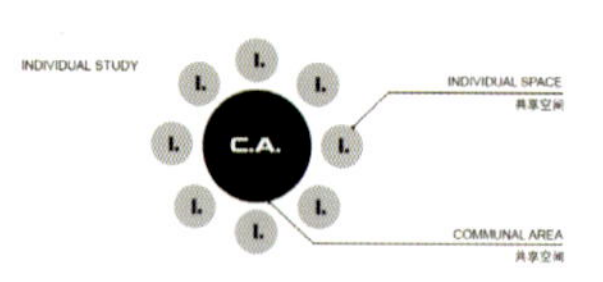

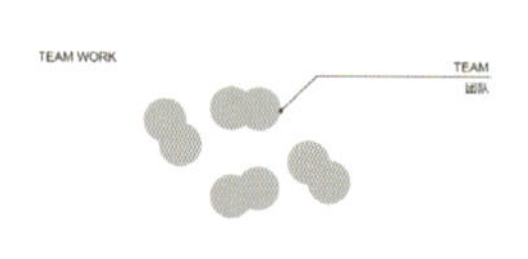

COMBINATION BETWEEN PLAN & OPERATING MODE 平面和使用模式的结合

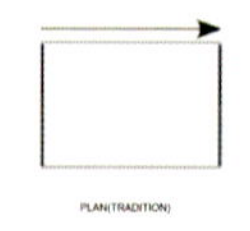

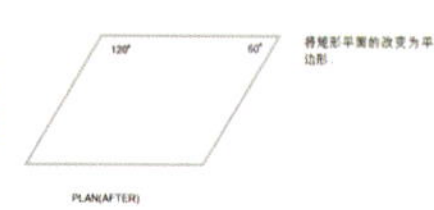

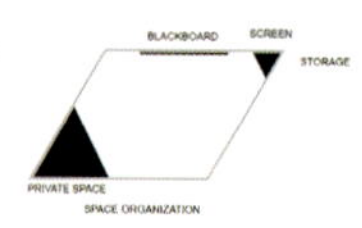

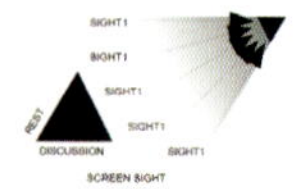

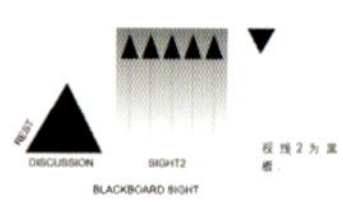

学校：清华大学美术学院环境艺术设计系　指导老师：郑曙旸　学生：黄智勇

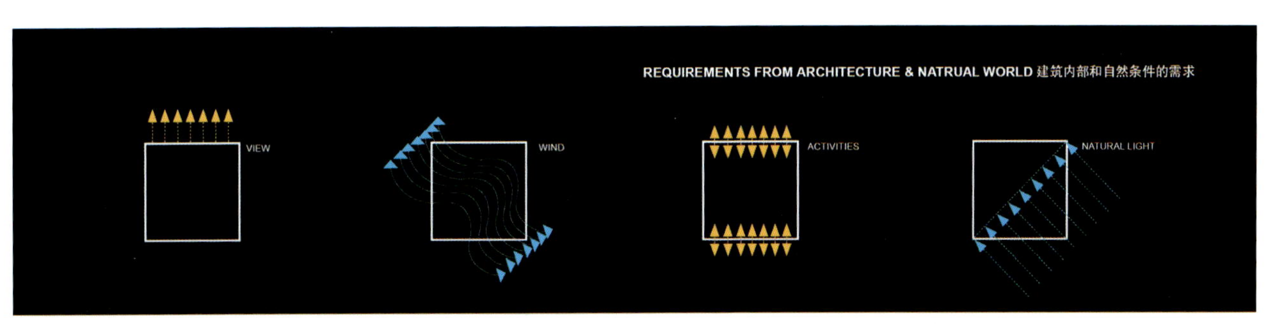

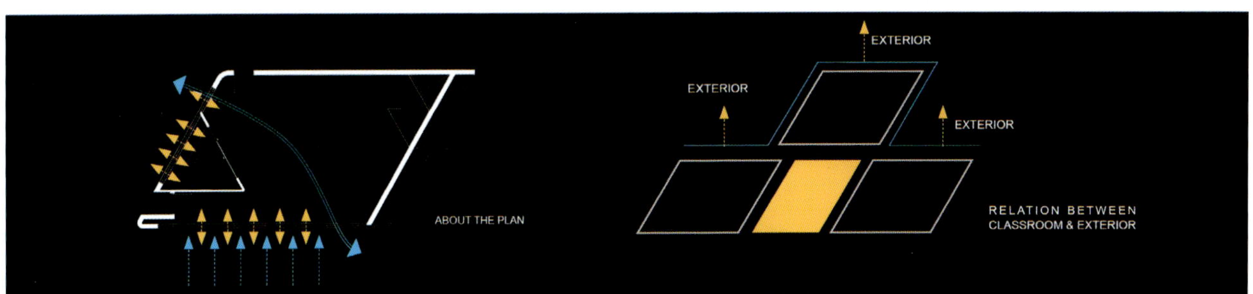

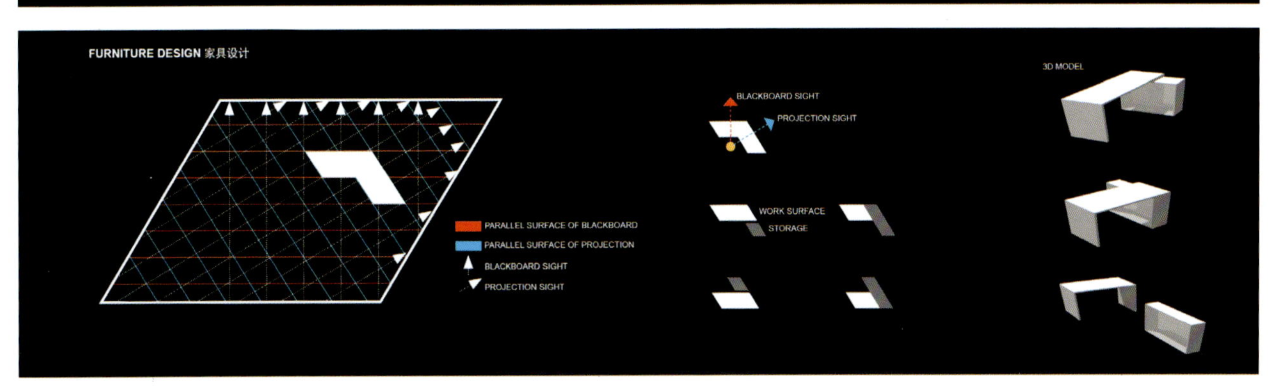

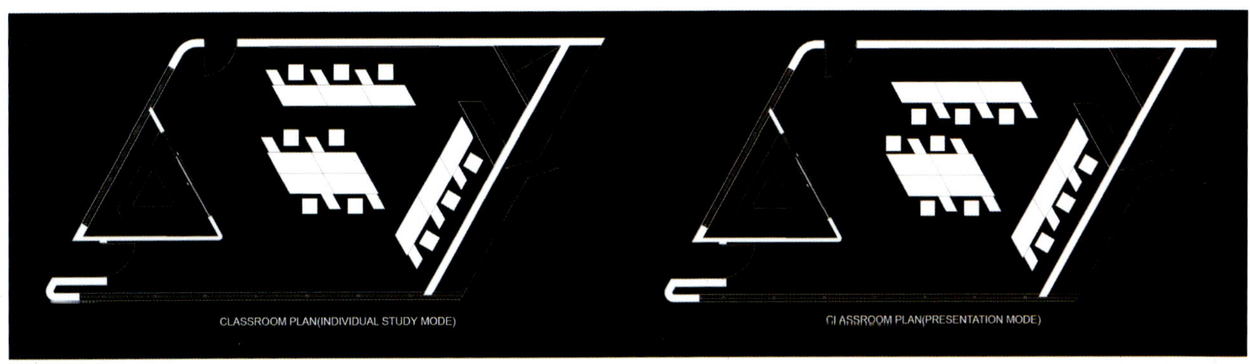

学校：东南大学建筑学院　指导老师：龚恺　王建国　仲德崑　学生：罗海姣　陶匡义　孙明　杨宇

基础设施主义
东南大学
Southeast University
Coexistance & Confrontation
Site B
Renewal of the Old City Quarter: Urban Redevelopment and Architectural Design in the South of Nanjing
Site D
Site A
Site C
南京城南地区更新
设计组员：罗海姣　陶匡义　孙　明　杨　宇
指导教师：龚　恺　王建国　仲德崑

设计说明

在该方案中，我们挖掘基地现状展露的潜质，并援引斯坦。艾伦的理论提出了方案的切入点“基础设施主义”或者说“慢城市主义”。并从城市层面与场地层面对基础设施做了充分的修整与补充。如在c地块中引入基础设施“自行车租赁系统”以及结合夫子庙旅游集散中心为城南旅游引入“七千米自行车环线”等，基地定位与功能设置依此展开！

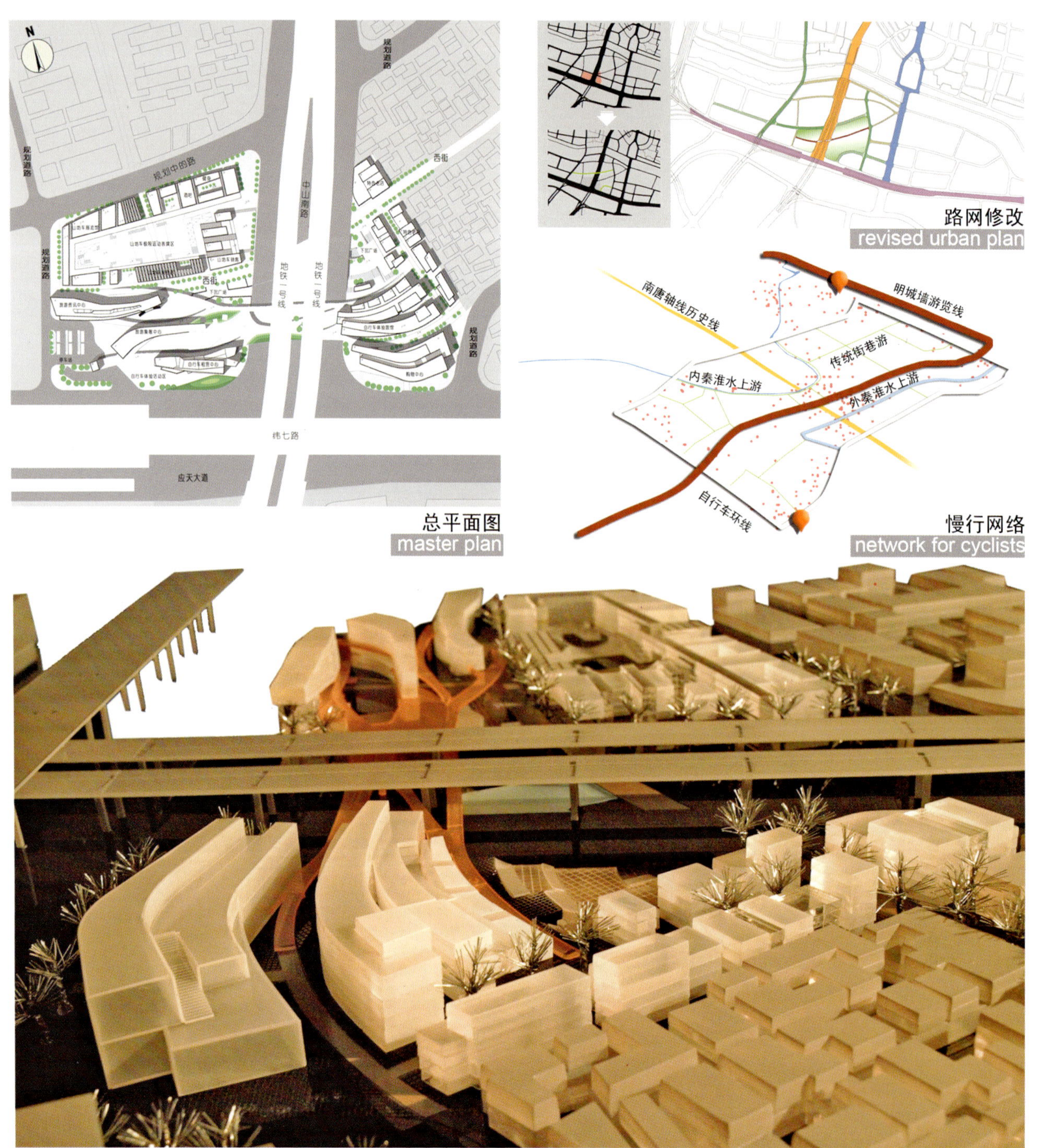

总平面图 master plan

路网修改 revised urban plan

慢行网络 network for cyclists

学校：东南大学建筑学院　指导老师：龚恺　王建国　仲德崑　学生：罗海姣　陶匡义　孙明　杨宇

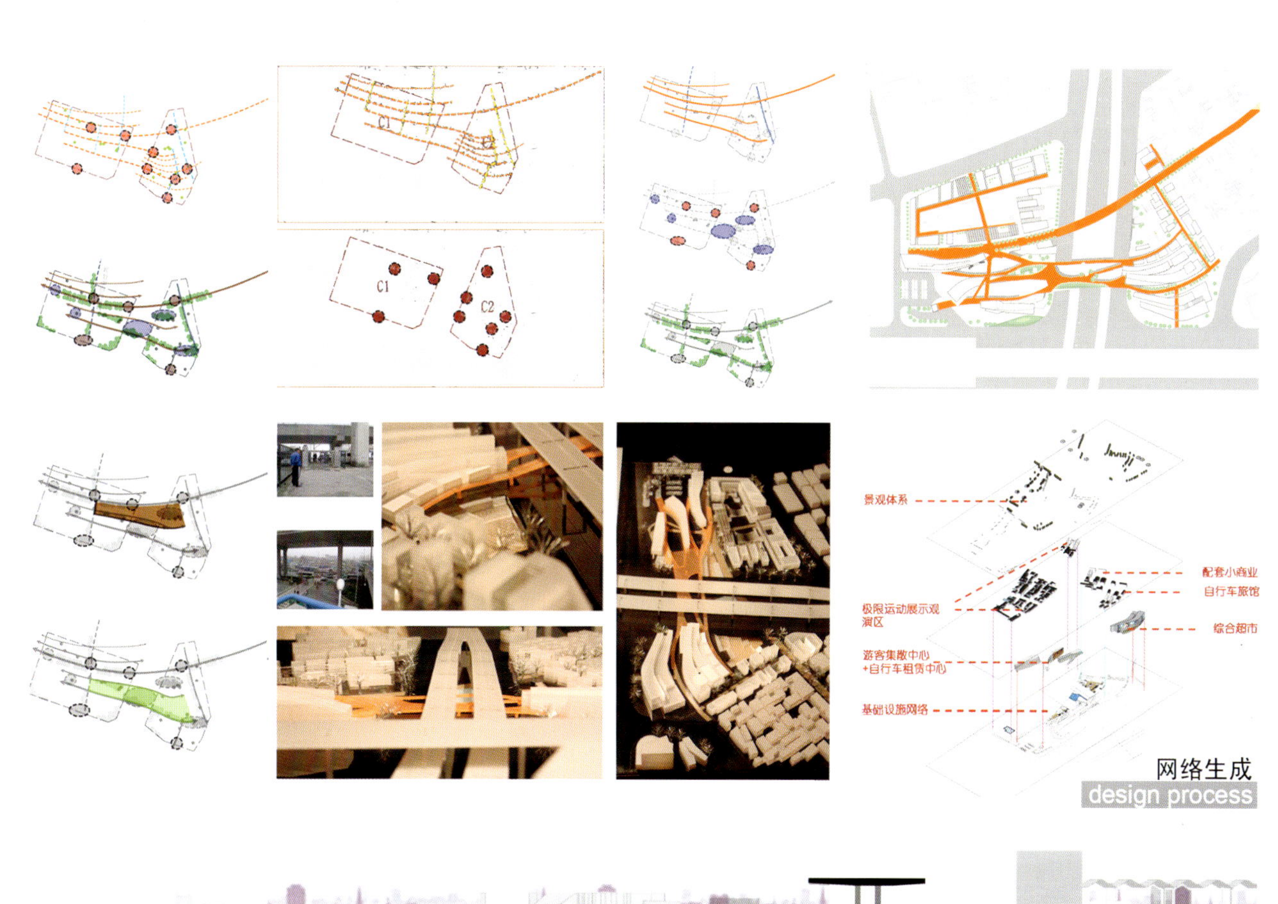

学校：东南大学建筑学院 指导老师：龚恺 王建国 仲德崑 学生：罗海姣 陶匡义 孙明 杨宇

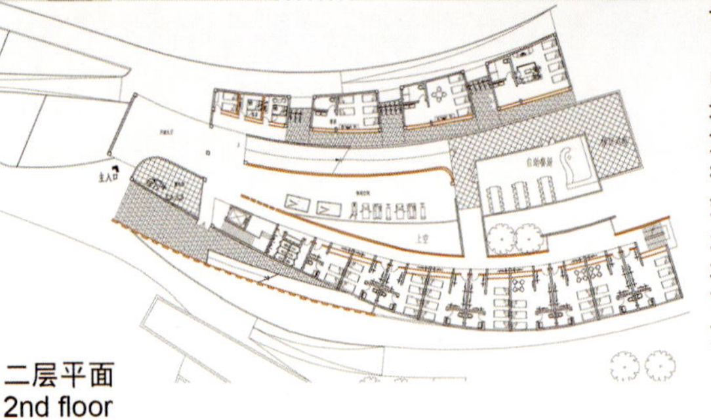

二层平面
2nd floor

设计说明：

呼应城市设计中设置的"慢行区域"与"运动"双重奏响的主题，自行车旅馆在建筑形式、功能、流线、光影、构造等方面均紧扣主题，是城市设计概念的深入贯彻与顺延！

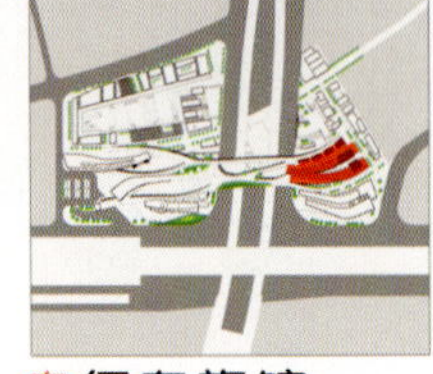

自行车旅馆
bicycle hotel

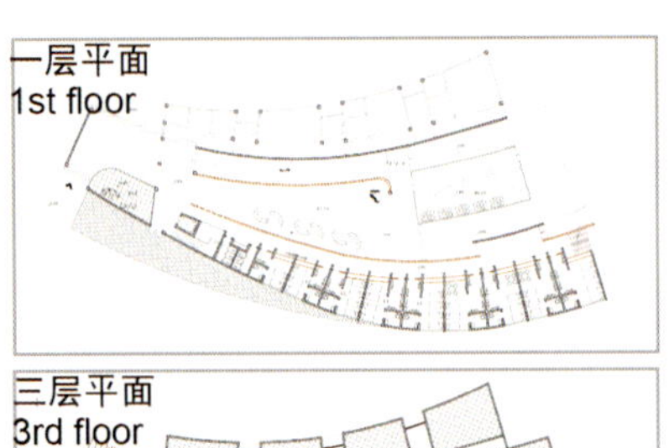

一层平面
1st floor

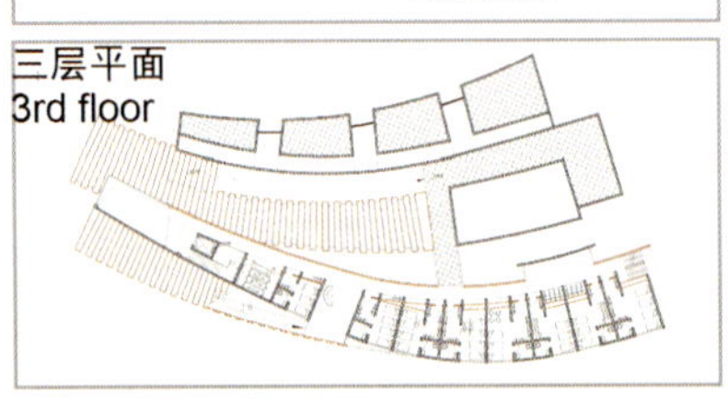

三层平面
3rd floor

希望来此旅行的驴友能直接推车入住因此对入住模式进行了探讨，期望车友入住时直接将自行车挂于墙上或置放于预留空间

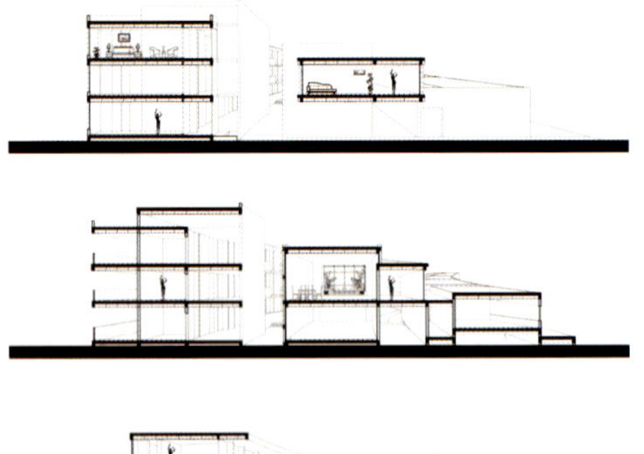

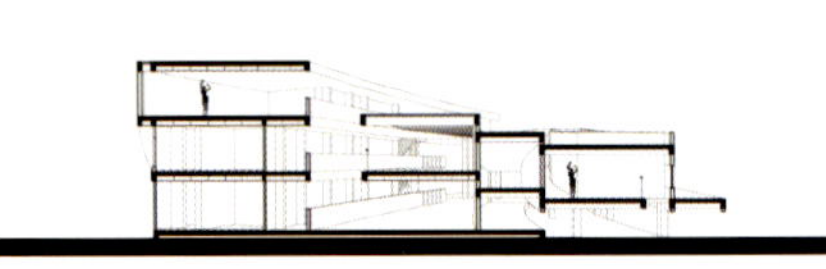

北立面

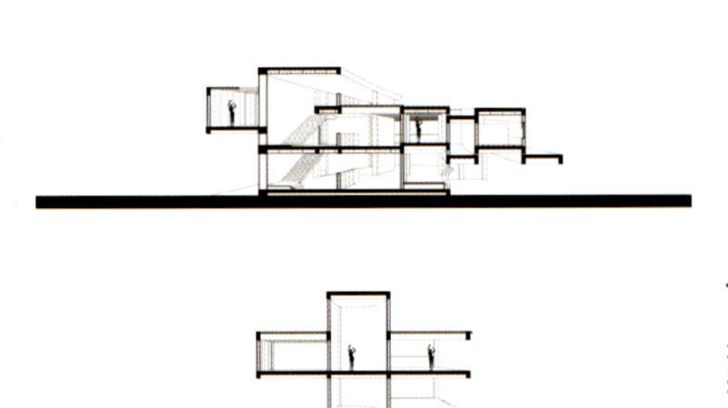

东立面

西立面

学校：东南大学建筑学院 指导老师：龚恺 王建国 仲德崑 学生：罗海姣 陶匡义 孙明 杨宇

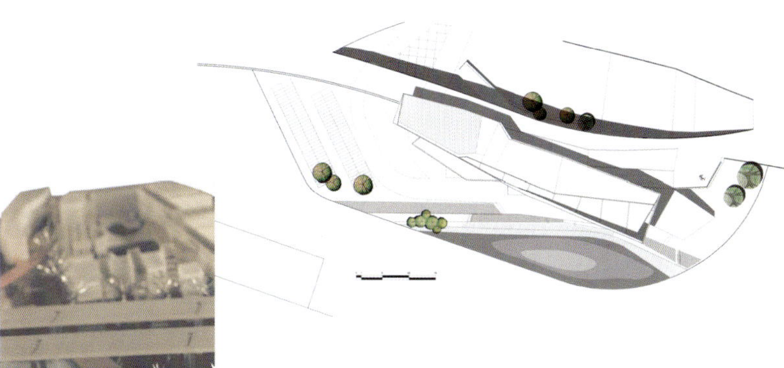

设计说明：

方案位于目前中华门汽车站所处街角位置，保留了地块的用地性质，将其作为慢行网络的起始一站。建筑上通过连续坡道的连续性处理将建筑和基础设施网络连为一个整体，并设置多种服务功能为车友服务，丰富路径的体验。形体上弥合周围尺度的巨大落差。

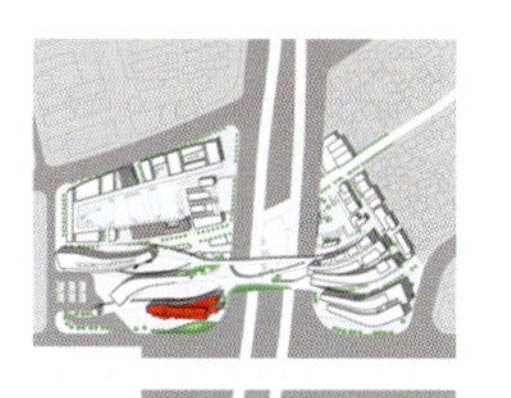

用地面积：	2420㎡
建筑面积：	1554㎡
建筑高度：	15.6m
关键词：	连续界面，动态

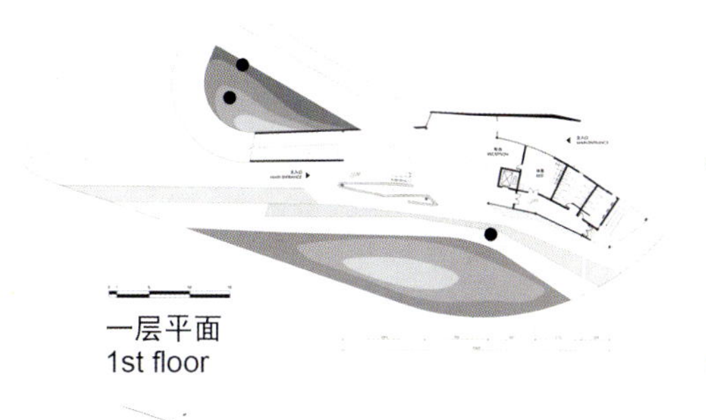

一层平面
1st floor

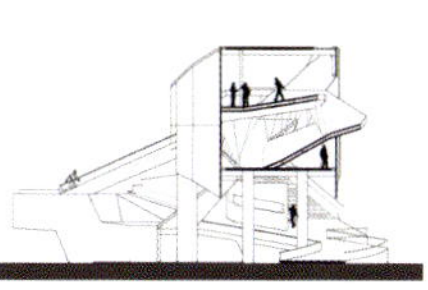

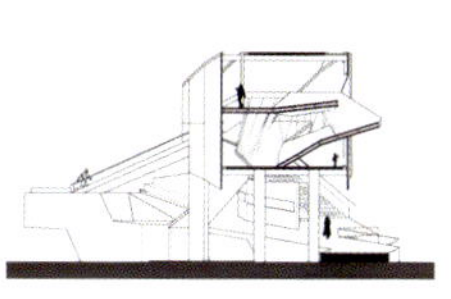

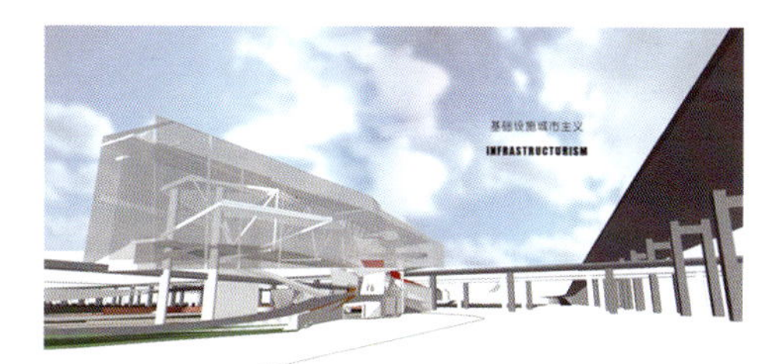

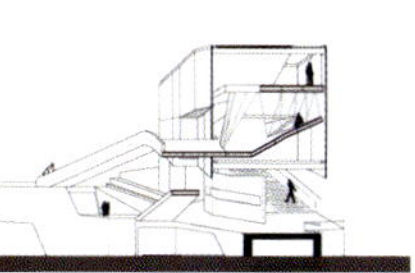

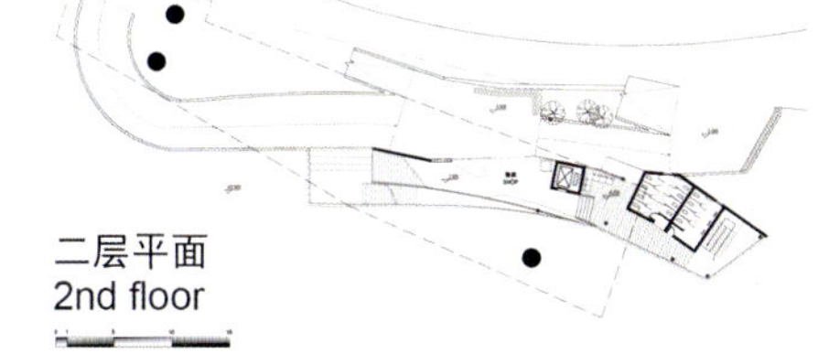

二层平面
2nd floor

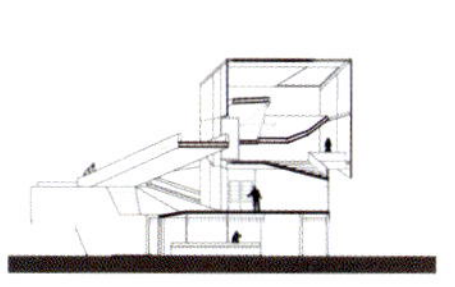

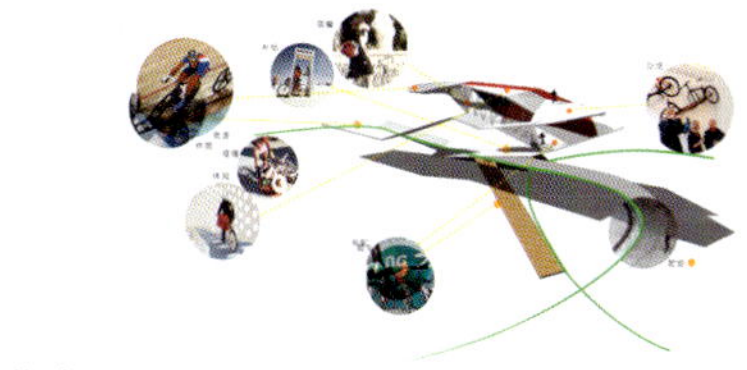

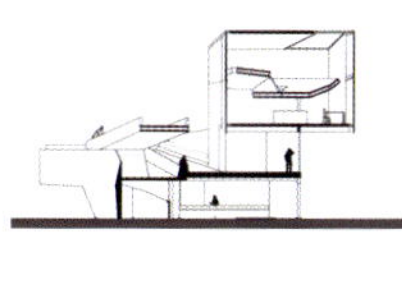

北立面
north elevation

学校：华南理工大学建筑学院建筑系　指导老师：肖旻　张智敏　学生：刘伟庆

廣州十三行潘氏建築群保護與修復（壹）

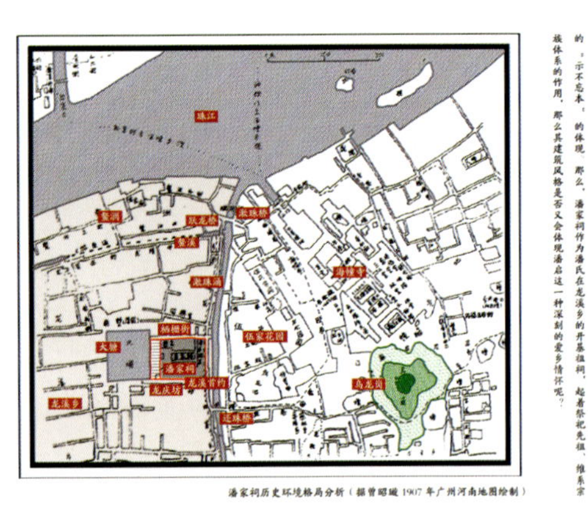

潘家祠历史环境格局分析（描曾昭璇1907年广州河南地图绘制）

历史背景分析

【“广州十三行潘氏建筑群修复与保护”与“潘家祠修复设计”】

广州十三行商人，曾与两淮盐商、山西晋商一起，被称为清代中国三大商人集团，是近代以前中国最富有的商人群体。以清代广州市著名的“十三行”粤商领袖潘振承为首的潘氏家族是广州十三行历史上最显赫的家族。潘氏家族位于海珠区南华西街区的建筑遗存，代表广州粤商文化的历史遗迹，具有典型的岭南建筑特色，是广州历史文化名城、南华西历史文化街区的重要遗产之一。

广州十三行潘氏建筑群主要包括潘氏大院、潘家祠和潘家大院。本次毕业设计考虑将潘氏建筑群三处主体建筑作为一处文物保护单位，并基于文物保护单位的保护规划规范要求，进行保护研究与分析，并对三处主体建筑进行修复设计。作者的主要工作是对潘家祠进行修复设计。

【修复对象潘家祠】

潘家祠位于广州市海珠区南华西街区原漱珠涌以西。祠堂坐东朝西，东侧为龙津首约，西侧为栖栅南街，北侧为栖栅街，南侧为同福西路骑楼。由十三行首任行商潘振承（潘启）建于清乾隆年间，系潘氏龙溪乡开基祖祠，距今已二百三十多年历史。历经了解放后破“四旧”、文革等运动，现潘家祠原貌已不存，并且被多次改建、加建。现祠堂部分仍是潘氏后人居住，部分为新联泰染织有限公司的职工宿舍，部分被出租。

漱珠涌老照片

潘振承画像

【潘氏能敬堂族谱记载】

“启，又讳振承，字逊贤，号文岩……由闽到粤，往吕宋国贸易，往返三次，夷语深通，遂寄居广东省。……公乃请旨开张同文洋行，同者，取本县同安之义；文者，取本山文圃之意，示不忘本也。公于清高宗乾隆四十一年丙申（1776年）在广州府城外对海地名河南乌龙岗下运粮河之西，置余地一段，界至海边，背山面水，建祠开基，坐卯向酉，兼辛巳线，书扁额日能敬堂，建漱珠桥、环珠桥、跃龙桥，定名龙溪乡，在户部注册，报称富户，是为能敬堂入粤始祖。”

【族谱、相关文献和历史地图分析】

从族谱、相关文献的描述和历史地图的分析可知，潘启在河南置地建祠开基，命名为龙溪乡，将祖祠选址于漱珠涌（运粮河）东侧，以乌龙岗为背山，面向乡中的方形大塘，祠堂的建筑用地相对方整，与大塘之间留有一段长条形空地。另外，栖栅街、龙津首约等巷道也是从开基起就存在，名称也一直沿用至今。

而潘启对于一些地方的命名也很值得思考：漳州龙溪乡——龙溪乡、龙溪首约、龙溪二约；泉州府同安县积善里明盛乡白昆阳堡栖栅社——栖栅街；同者，取本县同安之义；文者，取本山文圃之意——同文行

从潘启对于居住地和所创建洋行的命名来看，均取自福建闽南故乡的地名，这是族谱中记载的“示不忘本”的体现。那么，潘家祠作为潘氏在龙溪乡的开基祖祠，起着祭祀先祖、维系宗族体系的作用，那么其建筑风格是否又会体现潘启这一种深刻的爱乡情怀呢？

与闽南传统建筑关联性分析

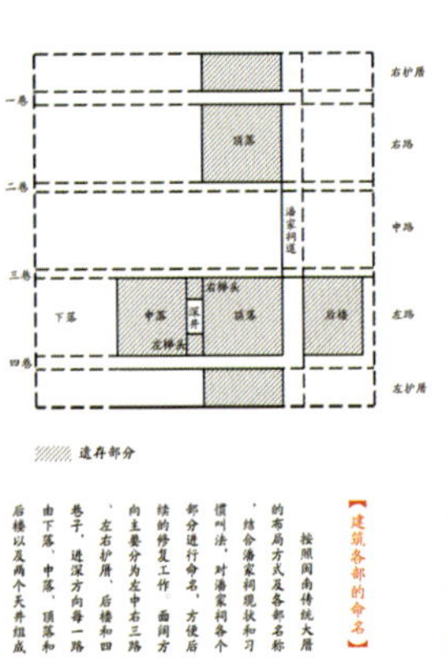

潘家祠现状鸟瞰图

【潘家祠特色建筑元素分析】

从潘家祠鸟瞰图中基本可以看出，祠堂的总体布局分为三路双护厝、带后楼，格局与闽南地区的传统大厝的布局基本一致。从一些细部上分析，挑梁、丁头拱、烟炙砖、石楣窗等都极具闽南传统建筑特色，而青砖、云母片花窗、满洲窗等则是明显的岭南建筑风格。故初步推断，潘家祠建筑风格以闽南传统建筑风格为主，适应性地融入一些岭南的元素，这也是建造者潘启“示不忘本”在建筑风格上的体现。

【建筑各部的命名】

按照闽南传统大厝的布局方式及各部名称，结合潘家祠现状和习惯叫法，对潘家祠各个部分进行命名，方便后续的修复工作。面阔方向主要分为左中右三路、左右护厝、后楼和四巷子，进深方向每一路由下落、中落、顶落和后楼以及两个天井组成。

【广府建筑风格细部】

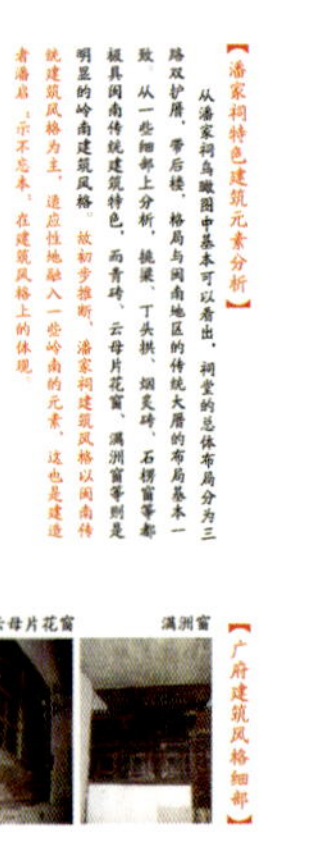

青砖　云母片花窗　满洲窗

【闽南建筑风格细部】

石楣窗　红砂砖窗楣　石梳梁　叠涩垂脊　三合土批荡　丁头拱出挑　烟炙砖　空斗砌法

潘家祠修復設計

学校：华南理工大学建筑学院建筑系　指导老师：肖旻　张智敏　学生：刘伟庆

廣州十三行潘氏建築群保護與修復（貳）

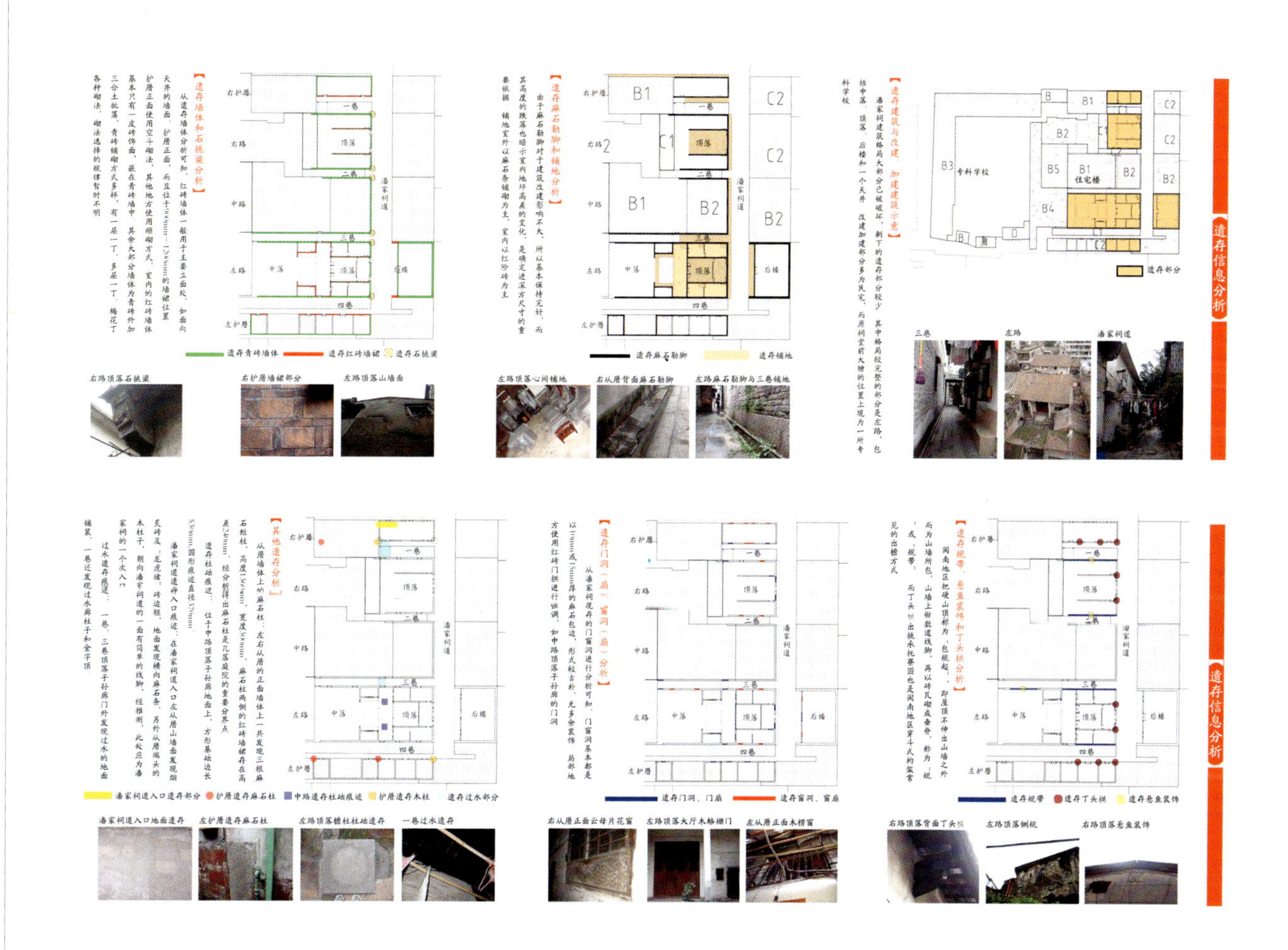

潘家祠修復設計

学校：华南理工大学建筑学院建筑系　指导老师：肖旻　张智敏　学生：刘伟庆

廣州十三行潘氏建築群保護與修復（叁）

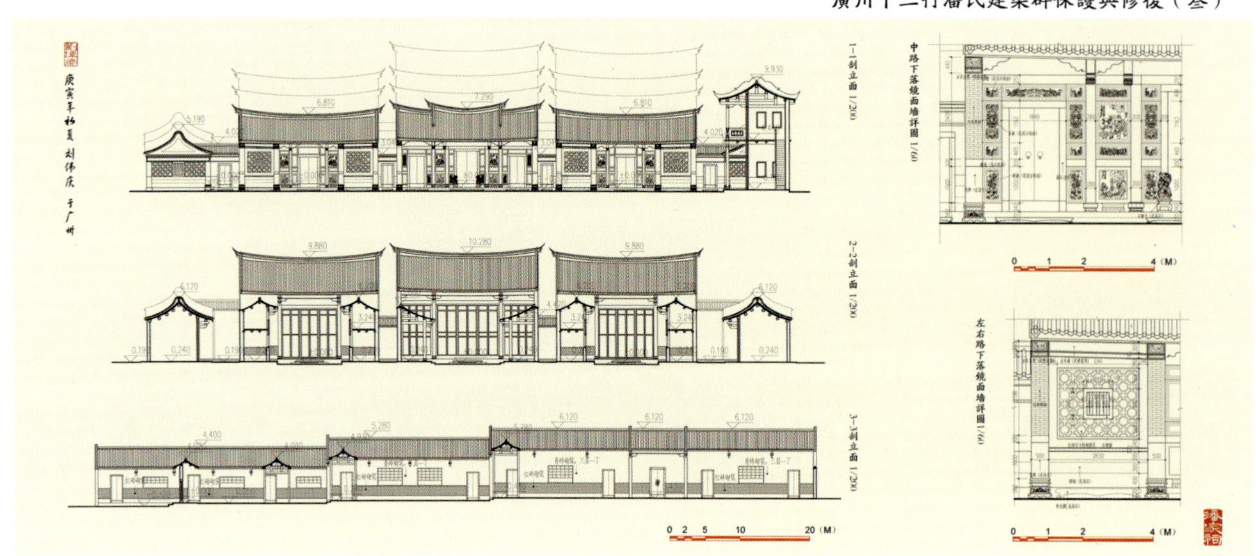

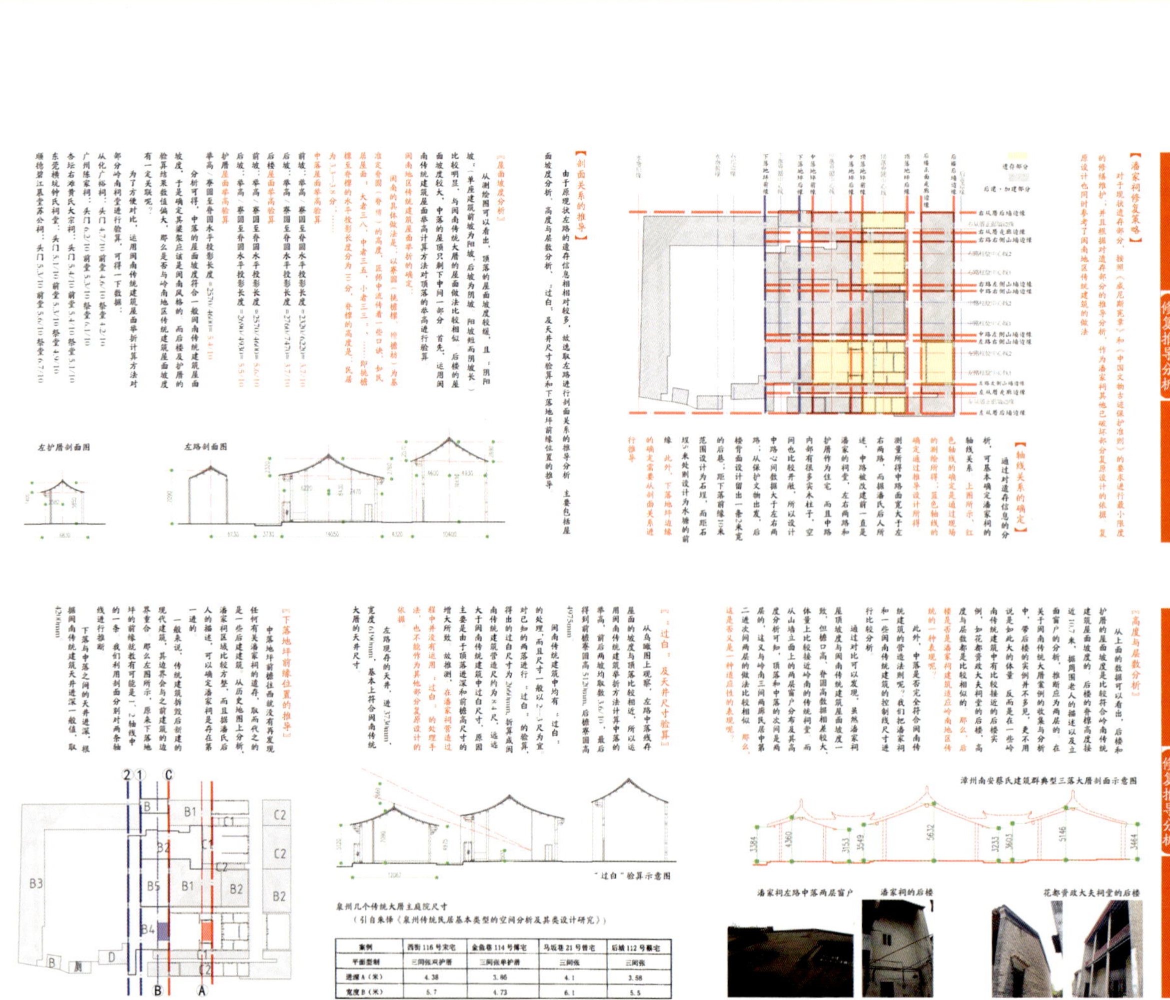

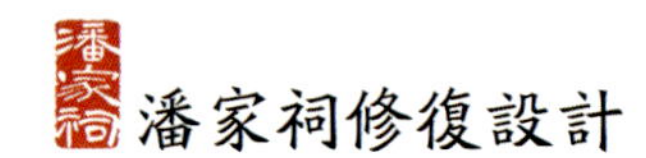

学校：华南理工大学建筑学院建筑系　指导老师：肖旻　张智敏　学生：刘伟庆

廣州十三行潘氏建築群保護與修復（肆）

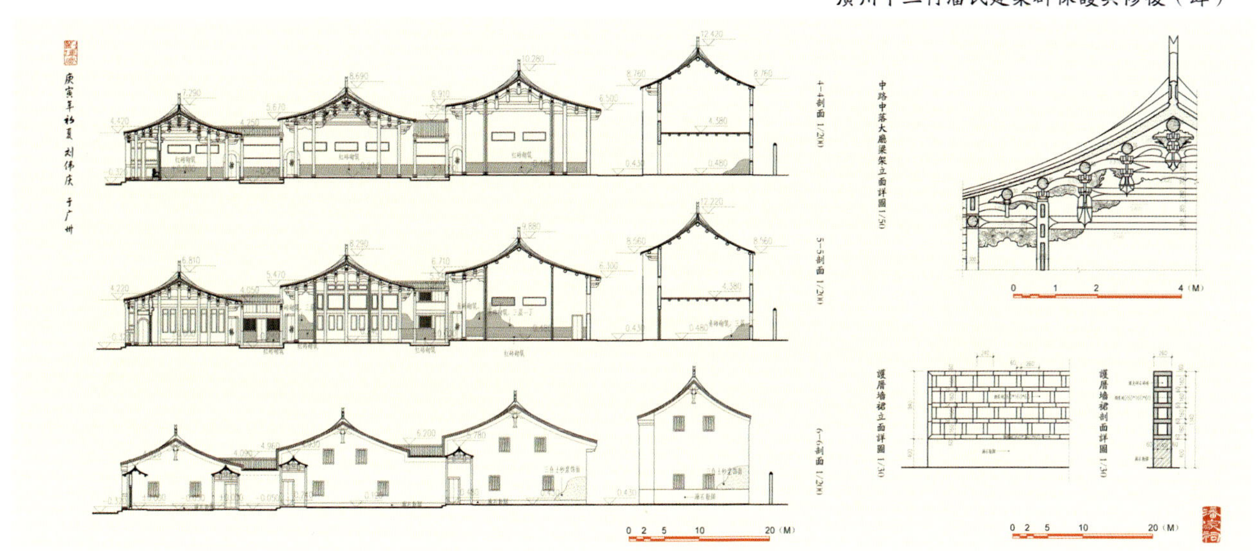

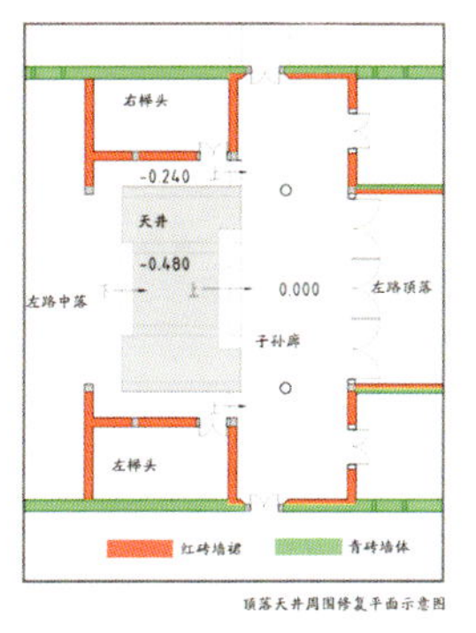

顶落天井周围修复平面示意图

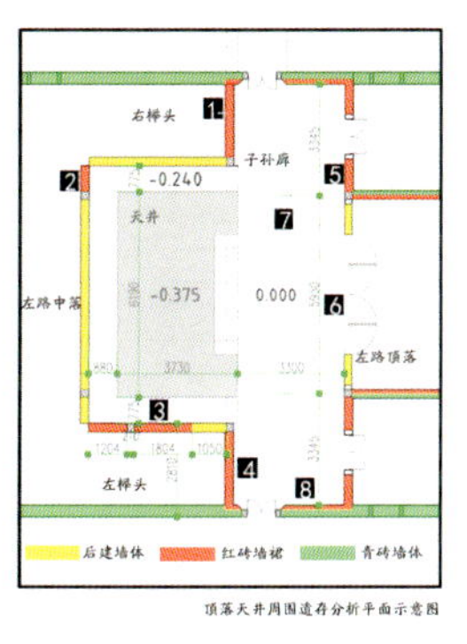

顶落天井周围遗存分析平面示意图

【局部修复推导分析】

由于左路顶落天井周边遗存信息相对完整，故将其作为潘家祠局部推导分析的对象，主要包括两个部分：对天井周边平面的推导分析和对榉头的推导分析

【剖面关系的推导结论】

根据剖面关系的分析，发现了屋面坡度与建筑体量之间的矛盾。我们似乎可以这样推论，潘家祠的建造者潘启，为了"示不忘本"，屋面仍然采用故乡的传统建筑做法，但为了弥补闽南传统建筑相对岭南传统建筑较低矮的不足，则升高建筑的高度，以满足现实的需要

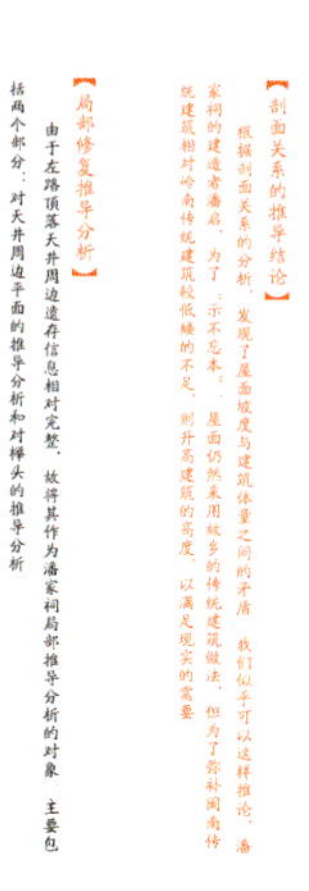

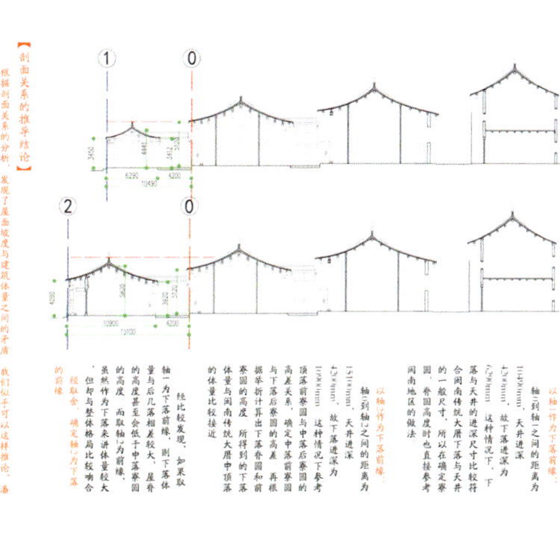

修复推导分析

以轴1作为下落前缘：

轴2到轴1之间的距离为10490mm，天井进深4200mm，故下落进深为6290mm。这种情况下，下落与天井的进深尺寸比较符合闽南传统大厝下落与天井的一般尺寸，所以在确定寮圆、脊圆高度时也直接参考闽南地区的做法

以轴0作为下落前缘：

轴2到轴0之间的距离为15100mm，天井进深4200mm，故下落进深为10900mm。这种情况下参考顶落前寮圆与中落后寮圆的高差关系，确定中落前寮圆与下落后寮圆的高差，再根据举折计算出下落脊圆和前寮圆的高度，所得到的下落体量与闽南传统大厝中顶落的体量比较接近

经比较发现，如果取轴1为下落前缘，则下落体量与后几落相差较大，屋脊的高度甚至会低于中落寮圆的高度。而取轴0为前缘，虽然作为下落来讲体量较大，但却与整体格局比较吻合

经取舍，确定轴0为下落的前缘

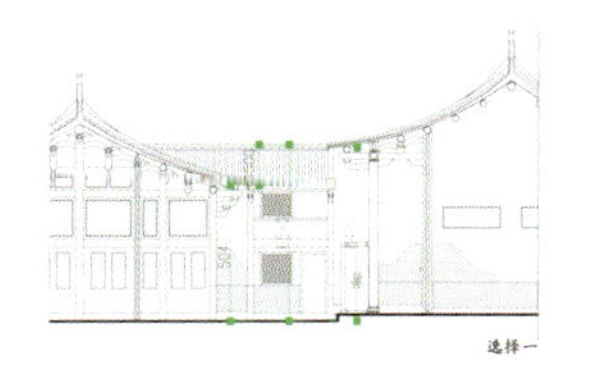
选择一

选择二

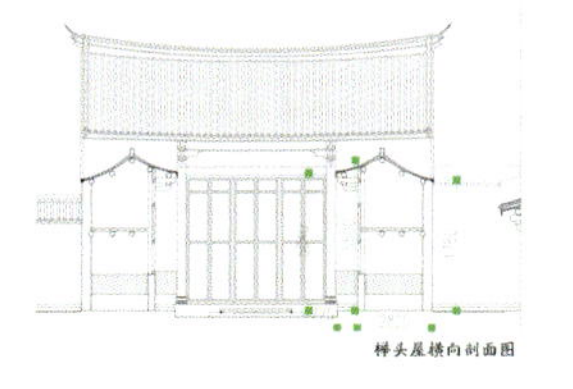
榉头屋横向剖面图

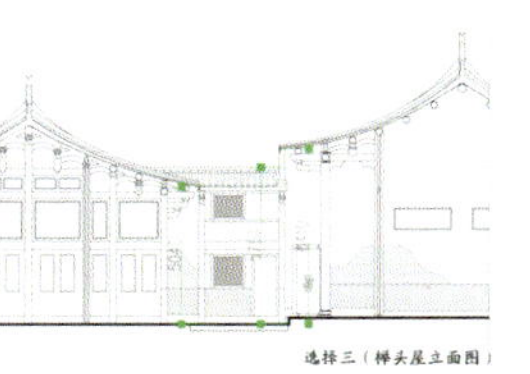
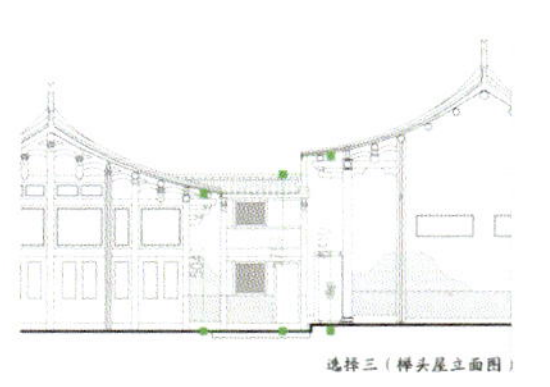
选择三（榉头屋立面图）

顶落天井两侧榉头屋的设计

现状的榉头屋只残存部分红砖墙裙，只能根据闽南大厝榉头的设计规律来寻求复原的可能性

闽南传统大厝中，榉头的前寮圆一般与前一落的寮圆同高，以使檐口垂直相连。在泉州的工匠做法中，也习惯将榉头脊圆高度与后一落的寮圆高度持平。此外，按照侧规的做法，榉头外檐口均比前后两落的檐口低。于是，对榉头屋的高度进行分析选择

选择一：根据闽南人厝的传统做法，将榉头前寮圆和脊圆分别与前后落寮圆平齐，榉头为两层，那么前檐举高达到1.5米，而榉头进深不过3.5米，屋面坡度过大

选择二：由于天井进深符合闽南大厝天井的一般尺寸，那么按照榉头一层，高度脊圆高度4米左右进行设计后发现，榉头体量与前后两落相差较大

选择三：榉头前寮圆与中落寮圆持平，参考护厝屋面坡度，计算出脊圆高度为5500mm，设计为两层，体量与前后两落比较相符，故采用这种做法

根据侧规遗存确定榉头外檐口的高度为4780mm，再结合已经确定的榉头脊圆高度、进深等，确定榉头的横向剖面图

顶落天井周围平面推导分析

对顶落天井周围的遗存进行分析，根据左右榉头对称性，可以对红砖墙裙进行完整的修复

现状中左右榉头没发现入口，而在左榉头正面发现一段有抹灰的残缺处，宽度为1117mm，且底下麻石勒脚比相邻的低25mm，据推断，此处应是原门洞所在位置。天井与榉头、中落之间有宽度约380mm左右的麻石道，据推断应是原有走道，且被榉头、中落的屋顶所覆盖。发现的柱础遗迹可以确定心间开间尺寸和柱径的大概尺寸，而心间大门按现状遗存推断得出应由6扇构成

1 右榉头侧面墙裙
2 中落次间墙裙
3 左榉头正面墙裙
4 左榉头侧面墙裙
5 顶落次间墙裙
6 顶落心间大门
7 顶落前檐柱础遗迹
8 顶落左侧山墙墙裙

修复推导分析

潘家祠修復設計

学校：南京艺术学院设计学院　指导老师：卫东风　丁源　学生：成果

农筑物
苏北乡村文化站适宜性设计研究
RURAL CULTURAL CENTER

时代脉动 —— 发展与瓶颈

国家的“三农政策”、“三下乡活动”让农民得到了真正的实惠，城市化背景下的农村经济飞速发展。但随着农业现代化进程的加快，农民文化素质落后、观念陈旧这个瓶颈阻碍了农村迈向城市化的步伐，这其中有历史原因，更与重经济轻文化的传统意识有关，众多村镇文化馆（站）的大量缺失就是一个佐证。

感悟苏北 —— 文化的洼地

苏北农村近年来得益于地域优势和发达的乡镇工业，早于全国迈向了城市化，但融入的同时也使当地许多优秀的民俗文化受到排挤，历史文脉无法传承，文化发展滞后，农民群众的文化娱乐活动单调，更由于文化素质不高，导致先进文化和信息的传播障碍。

我们应该做点什么？—— 新型“农筑物”的催生

传统意义上的村镇文化站大多以村镇办公室或空置房改造而来，面积狭窄，空间跨度小，功能简陋，内容空洞。

设想通过适宜性设计来营造有趣生动的、导入生态理念的、寓教寓乐的互动空间，谓之新型“农筑物”，来吸引农民群众的参与热情，并通过这个平台承载“三下乡活动”的展开，传播先进文化理念和培养对传统文化的尊重。

期望成为除电视以外的另一种获取信息、丰富知识、提高素质的有效途径。

本适宜性设计遵循以下诉求：

1. 近农构筑：在尊重和延续优秀传统文化与历史文脉的前提下营造适合农民生活习性的有趣空间形态，与环境共生。
2. 导入生态理念：a. 优先采用秸秆板等新型环保材料，响应国家“红砖”禁令。
   b. 雨水收集等传统低碳技术的运用。
3. 空间营造应具有前瞻性。
4. 具有推广价值：低技术便捷营建，构建方式模块化。

❶

点评人：卫东风　南京艺术学院设计学院　室内设计系主任　副教授　硕士生导师

点　评：作者理论基本功扎实，能从课题选择的实际角度出发，深入研究重经济轻文化的农民生活问题和建设乡村文化空间的解决方案。作品有三个亮点：其一，以响应国家“三农政策”和“三下乡活动”解决苏北地区农村文化空间及设施缺乏问题，内容很有现实意义；其二，作品设想通过导入生态理念，以秸秆材料、秸秆建筑研究的适宜性设计，分析了秸秆材料的建筑应用可能性，设计出专门应对的空间方案，想法大胆、有创意；其三，努力探讨技术细部设计，完善适宜性主题。秸秆建筑空间的结构设计有所创新，细节处理得当，在装置、建筑结构方面都有着自己独特的见解。作品带有浓郁的乡土气息，表现充分、适当，画面充满诗意。

学校：南京艺术学院设计学院　指导老师：卫东风　丁源　学生：成果

设计说明

1. 形态建立

（1）建筑的立面造型取自传统苏北乡村民宅，提炼出两种基本的坡屋顶形进行不同的组合，期待体现近农构筑的理念和地域建筑文脉。

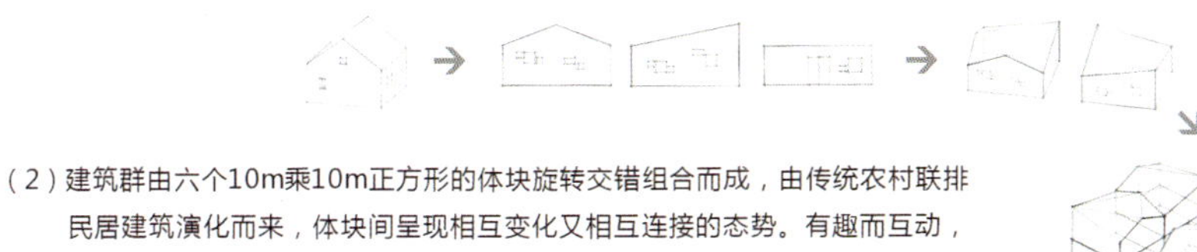

（2）建筑群由六个10m乘10m正方形的体块旋转交错组合而成，由传统农村联排民居建筑演化而来，体块间呈现相互变化又相互连接的态势。有趣而互动，建筑立 面上正方形的开窗形式则源于传统民宅的窗洞设置。

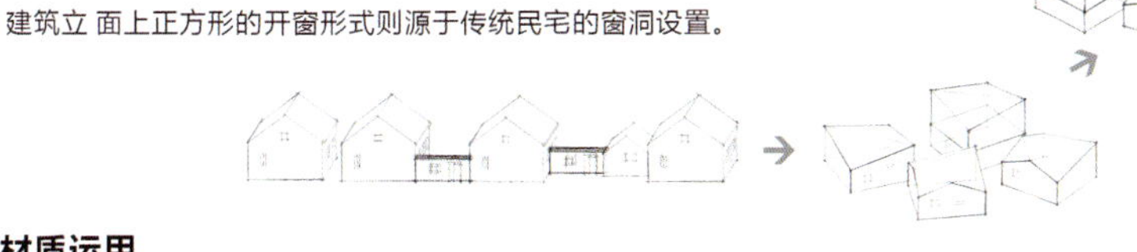

2. 材质运用

本案采用极具生态特质的秸秆建材作为关键要素贯穿设计全过程。

1. 苏北农业是粮食的主要产区，有丰富的秸秆材料。平时都以焚烧和腐烂的形式处理，既不环保又不经济，如果加以利用将变废为宝。
2. 在欧美国家秸秆的再生利用技术已开展多年，应用过程具有借鉴作用。
3. 应用技术日趋成熟。因其保温、防潮、无毒、易于加工的诸多优点非常适宜近农生产。
4. 秸秆建材产自农村用于农村，循环利用符合时代特质。

3. 模块化结构

骨架建构：1. 以承重方木（或板材叠合）为梁柱体，配合螺栓紧固的预制钢结构件（关节），大跨度搭建本案的主体框架，并追求室内立柱最少化，屋面采用椽架结构。

2. 整个建筑群架空于地面，以适应乡村起伏不平整的多种地形。

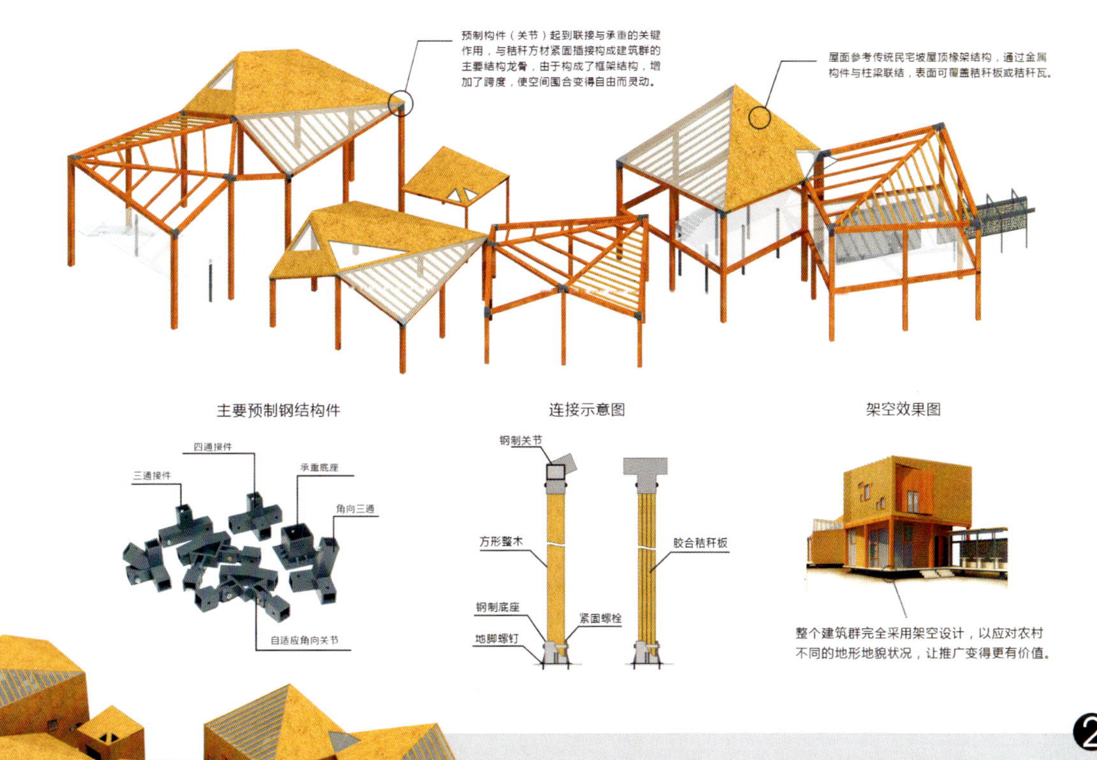

学校：南京艺术学院设计学院　指导老师：卫东风　丁源　学生：成果

学校：南京艺术学院设计学院　指导老师：卫东风　丁源　学生：成果

6. **传统生态技术的运用**

雨水收集系统

生态技术并非高科技的代名词，许多传统的方法经过创新运用同样具有实用价值。

苏北地区雨水充沛，因此设置低技术低成本的雨水收集装置。经过三级过滤的雨水由埋入式蓄水池通过水泵注入高位水箱，既满足文化站的功能用水也响应着建设节约型社会的时代诉求。

装置设计受雨伞结构启发，利用简单的手摇传动装置控制集雨器（伞面）的收放。装置设计通过与座椅结合，雨天集水，晴天则能遮阳歇息，一举两得。

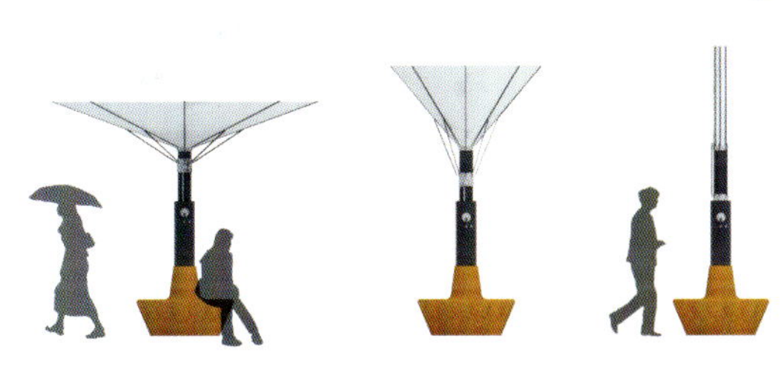

装置动作步骤

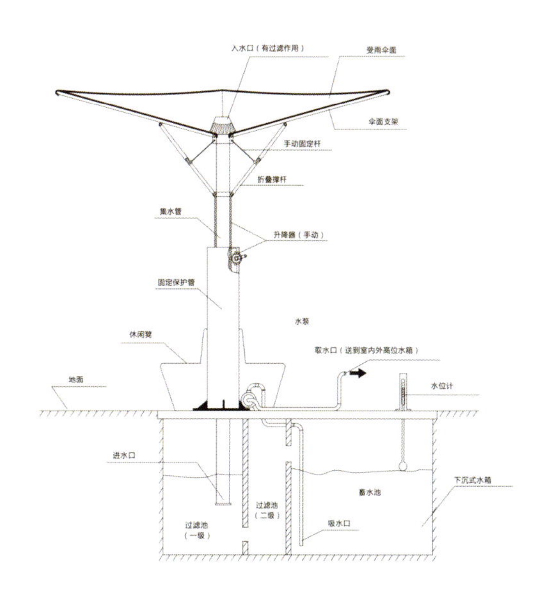

装置结构示意图

气候观测装置

气候状况对农业的重要性不言而喻，本案在建筑周围的农田边选择该装置其意图正是引导人们对大自然的尊重和顺应，其科普性和实用价值早已为人熟知。

设计展望 ——对当代设计责任的必要认知

本设计注定存在许多缺陷，但宗旨还是通过适宜性设计来表达本人对广大苏北农村特别是欠发达地区文化进步必要性的关切并影响周围的人们一同关注。

希望乡村文化馆这个 “**农筑物**” 在 “三下乡活动” 的沐浴下茁壮成长，能够承担起时代的重任，回归原本，让农民群众重新喜欢它并从中获益。

学校：广州美术学院设计学院建筑与环境艺术系　指导老师：杨岩 陈瀚 何夏昀　学生：陈永伦 郭韵明 郑景文

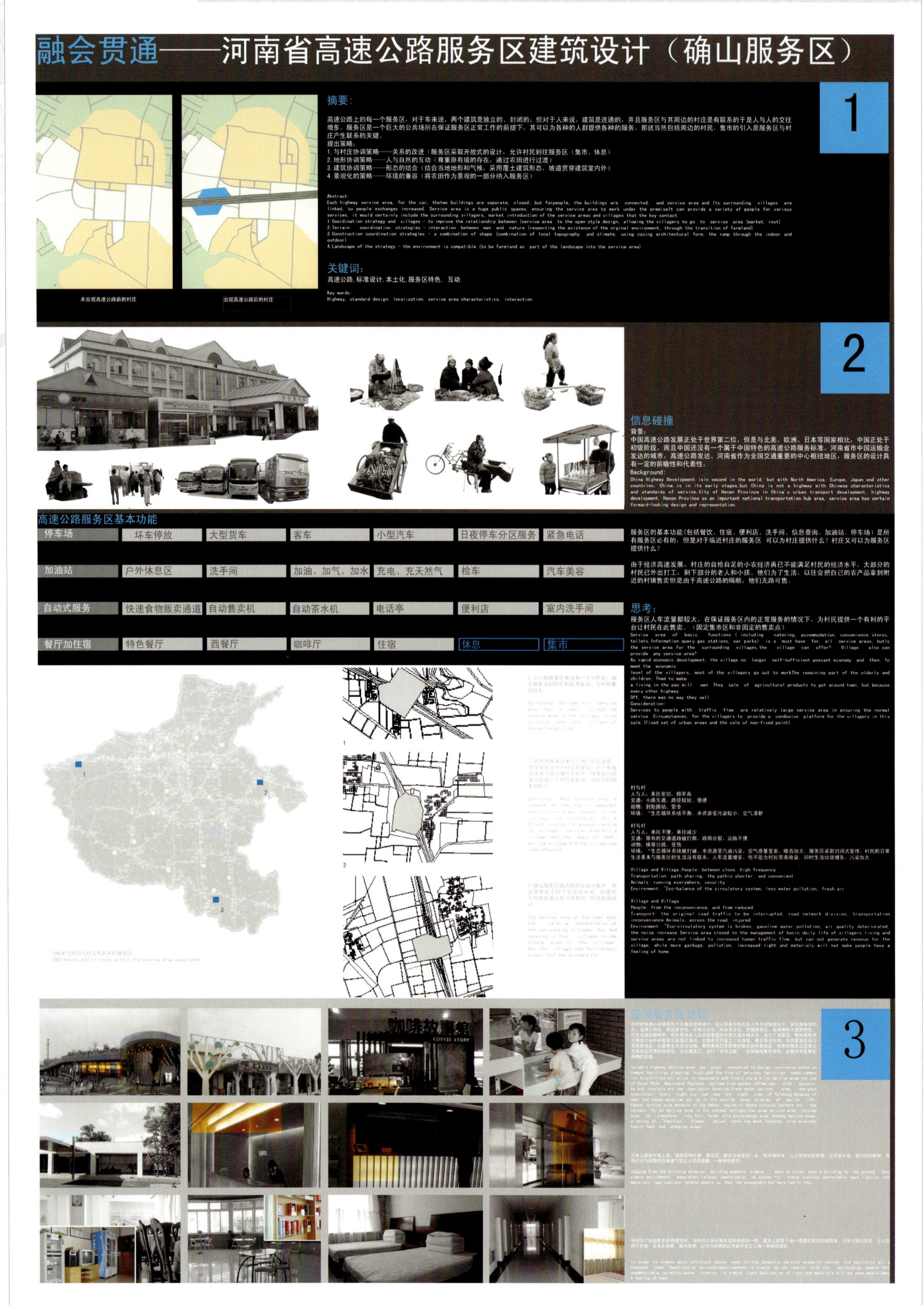

学校：广州美术学院设计学院建筑与环境艺术系　指导老师：杨岩　陈瀚　何夏昀　学生：陈永伦　郭韵明　郑景文

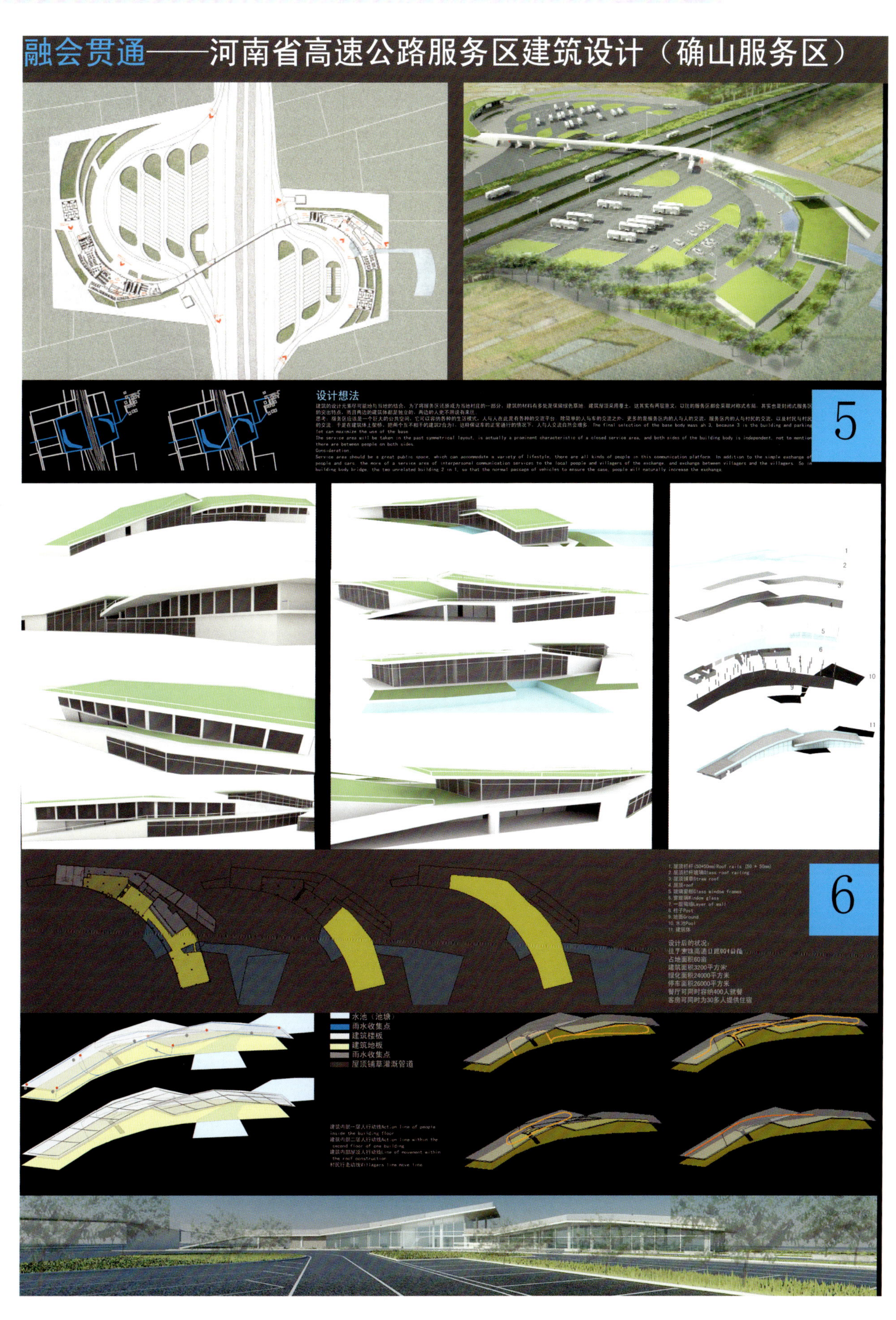

学校：同济大学建筑与城市规划学院建筑系　指导老师：蔡永洁　学生：郑诗颖　龚思宁

创意产业园区空间设计——南京城南地区改造与建筑设计

城市设计部分 | 分析定位

01 基地概况

02 设计视角

南京城市分析

历代城市密集发展区　商业集中区·居住区划　历史风貌区块　工业产业区块　历史轴线·文化节点　交通网络结构

创意产业园区空间设计——南京城南地区改造与建筑设计

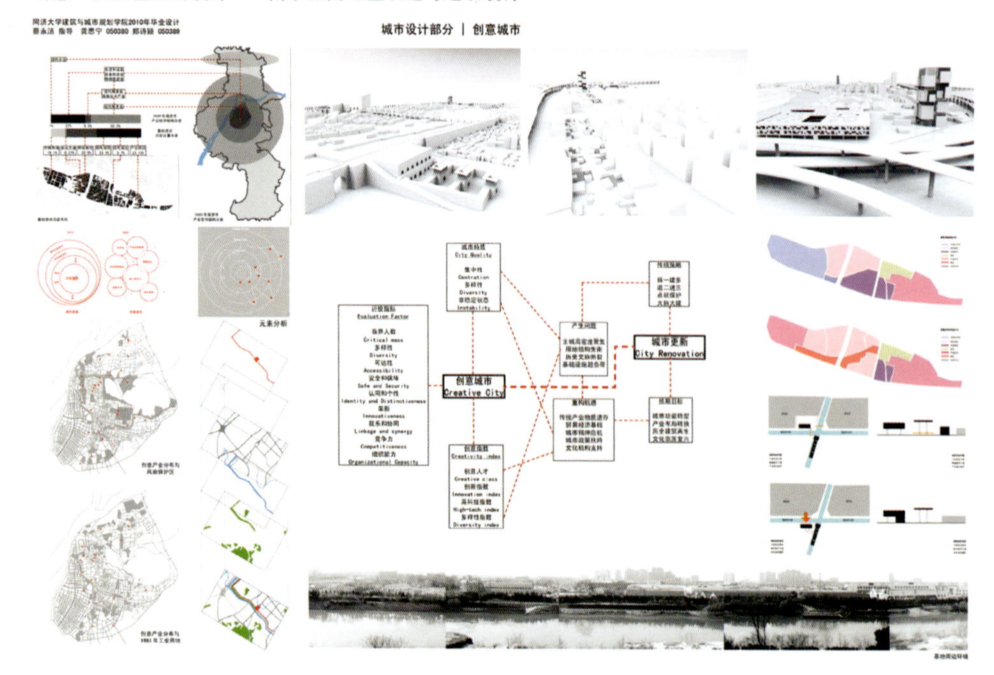

点评人： 蔡永洁　同济大学建筑与城市规划学院建筑系副主任、教授

点　证： 创意产业园的定位建立在城市调研以及建筑现状分析的基础上，比较现实客观。现有大量仓储建筑成为设计者眼中城市发展的契机，一方面可以保留一段城市历史的痕迹，将创意产业工作所需的大空间植入保留下来大的仓储建筑之中，使秦淮河及老城墙成为未来艺术活动的舞台背景；同时又面对了当今城市经济结构转型的特点，为城市的发展注入新的活力。在城市设计层面，新元素的介入是改造和提升现有空间品质和城市功能的关键手段，D 地块策略更是这一思想的集中体现。在这一空间转折点上，通过具有互补作用的一高一低两个大体量建筑元素的植入，使整个园区空间获得新的形象。高层建筑作为整个园区的学术中心，可以作为各种重要活动的载体；方形的低层建筑是园区的生活配套设施，为工作在园区里的年轻人提供居住空间。在建筑设计上，两座建筑物均以突出的体量与形象承担起触媒作用。高层建筑提供了一个生动但也奢侈的内部空间以及与之相适应的外部形象，贯通整栋建筑物的内部公共空间是展览与表演的三维立体舞台；内部封闭的体块与核心筒共同构筑起大楼的结构支撑体系，并在建筑外形上得以体现。底层架空的“创意公社”提供了不同类型的居住单元，其间融入了相应的公共设施，促成年轻人的共同生活。总体而言，城市设计较好地回应了城市发展要面对的现实问题，在建筑设计上开放性地进行了探索，并在建筑立面构造上有较深入的研究。

学校：同济大学建筑与城市规划学院建筑系　指导老师：蔡永洁　学生：郑诗颖　龚思宁

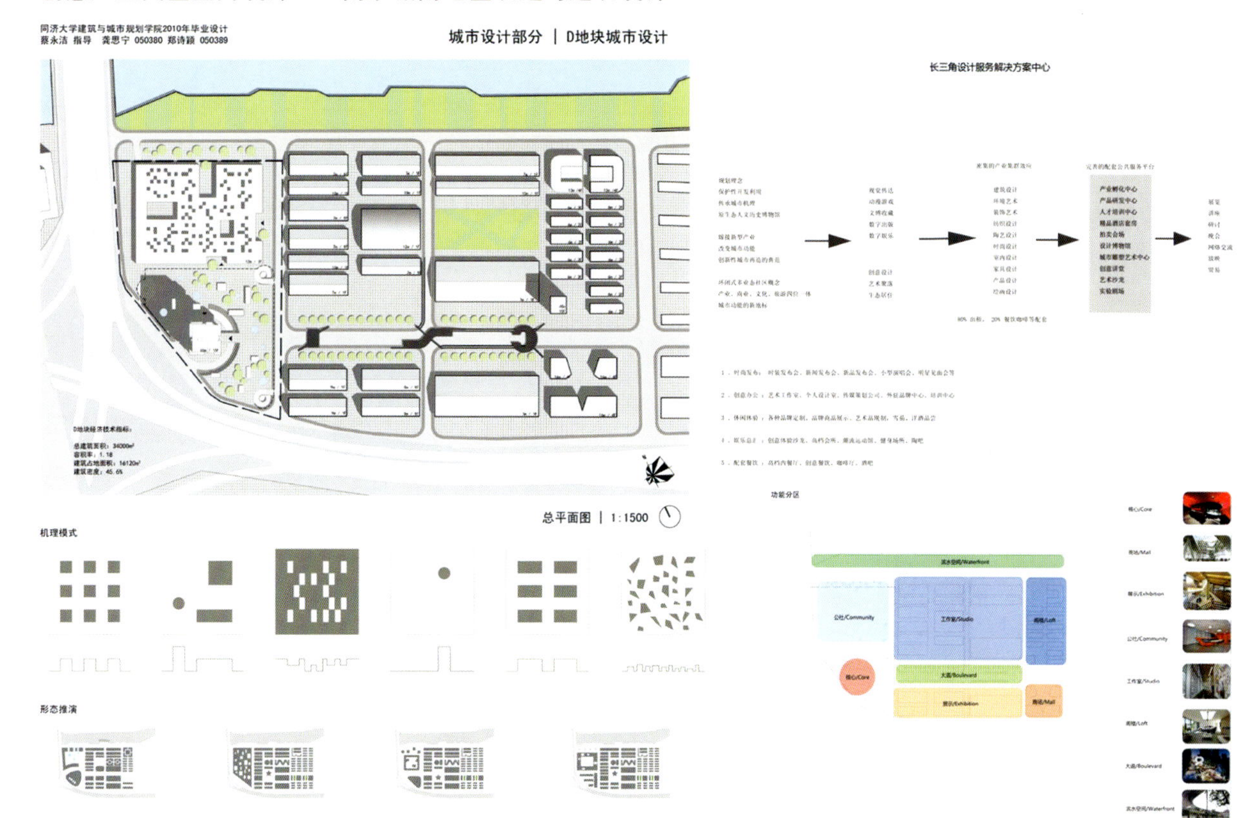

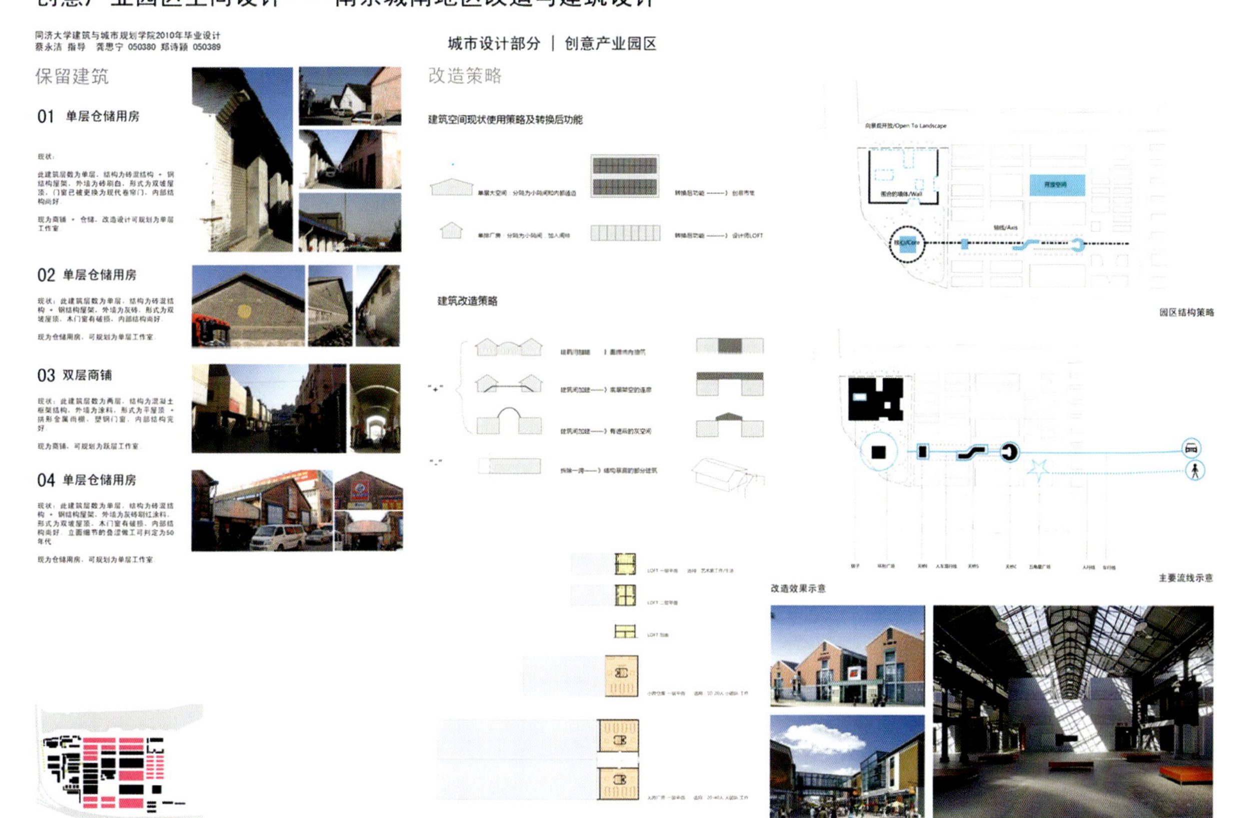

创意产业园区空间设计——南京城南地区改造与建筑设计

同济大学建筑与城市规划学院2010年毕业设计
蔡永洁 指导 龚思宁 050380 郑诗颖 050389

建筑设计部分 | 户型设计

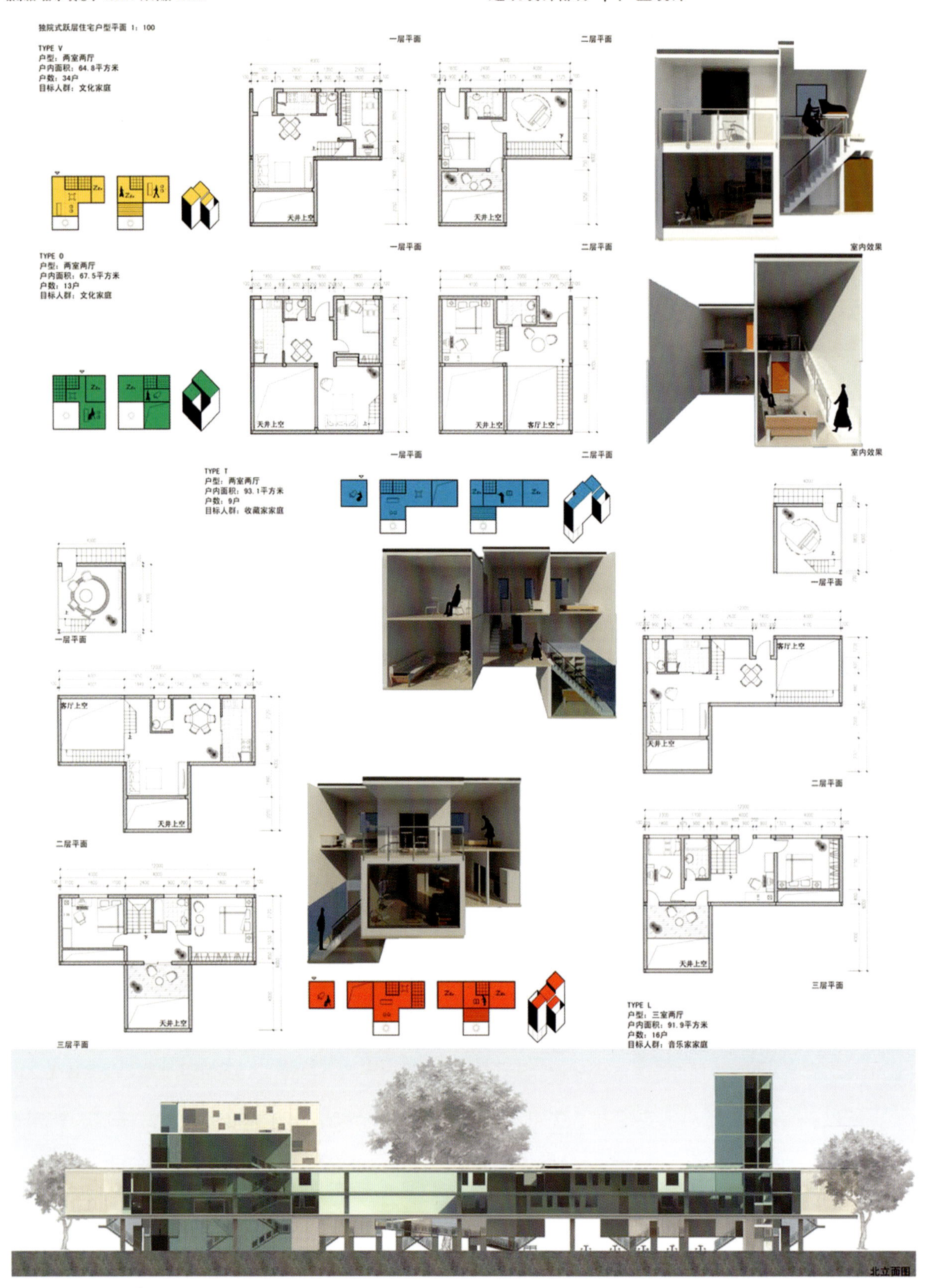

学校：同济大学建筑与城市规划学院建筑系　指导老师：蔡永洁　袁烽　孙澄宇　学生：邓耘园　包恺

设计说明：

本次设计在合理利用场地资源的前提下，力求为周边乃至全南京提供舒适宜人的生活场所。设计中采取了分期规划、场地事件预期、高架路日照影响、近地面气流影响等方法。

地块位于城南西端，北侧毗邻南京老城墙及护城河，拥有极佳的历史人文景观；西侧及南侧紧邻赛虹桥立交枢纽，给基地带来大量人流的同时也带来了噪声、废气、粉尘等不利因素；东侧为南京老木材仓库，多为仓储建筑。总体来说地块北侧环境优越，其余三面环境现状不利。

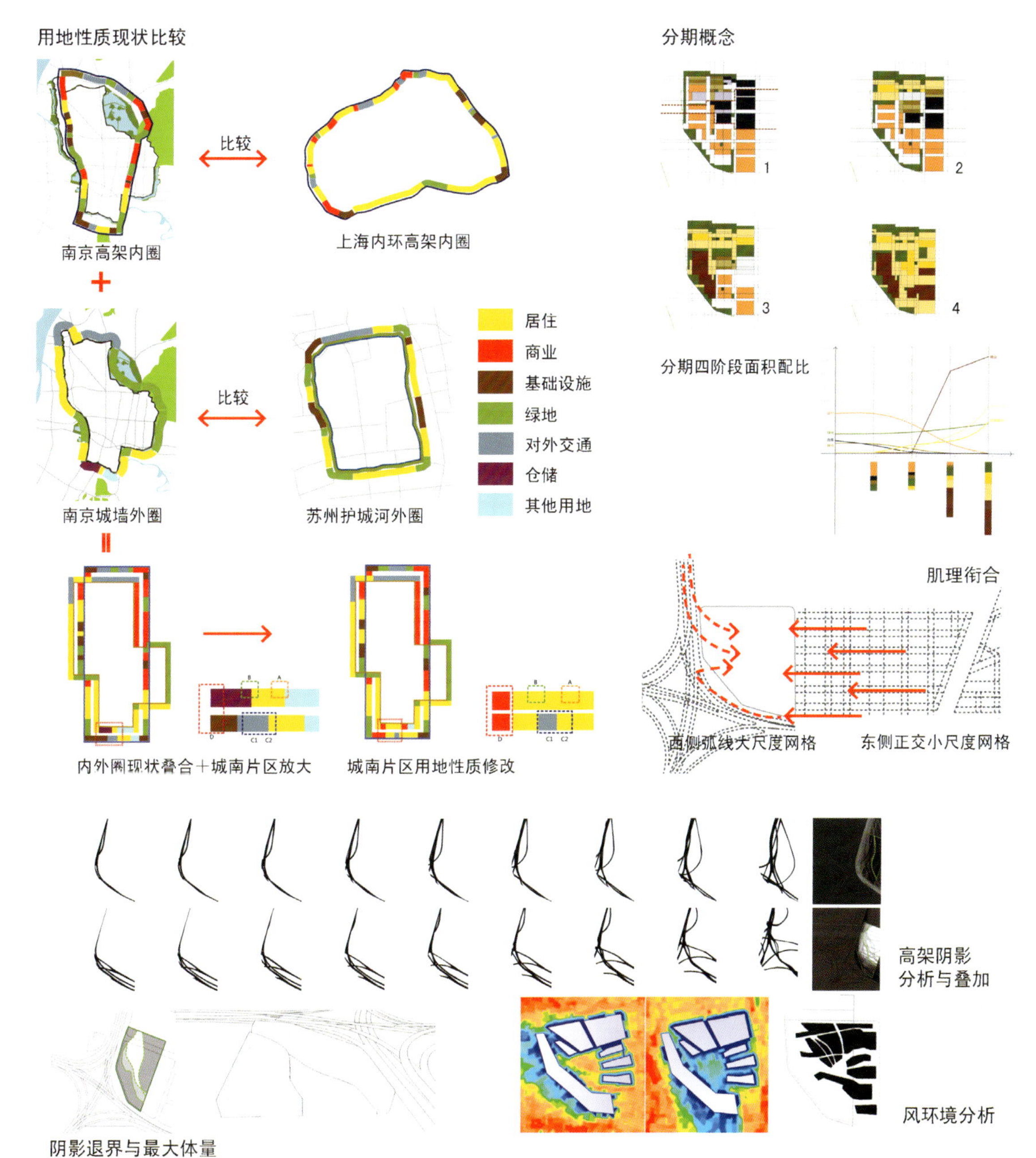

中国环境艺术设计学年奖

学校：同济大学建筑与城市规划学院建筑系　指导老师：蔡永洁　袁烽　孙澄宇　学生：邓耘园　包恺

整体轴测

形体生成

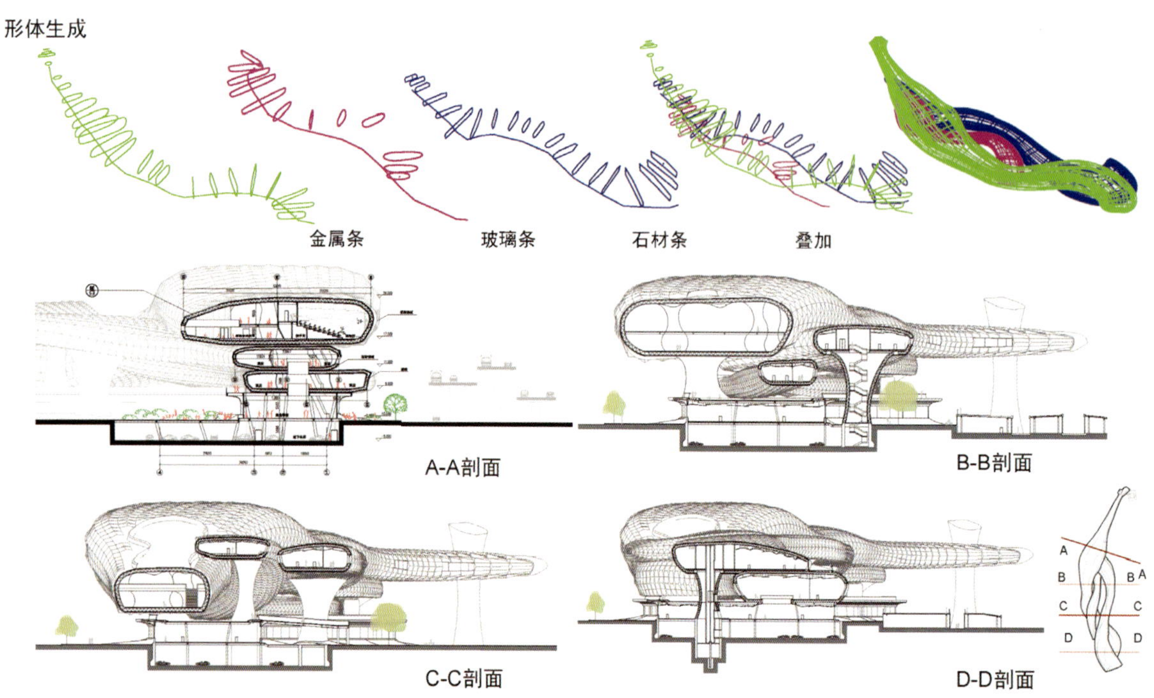

A-A剖面　B-B剖面　C-C剖面　D-D剖面

学校：同济大学建筑与城市规划学院建筑系　指导老师：蔡永洁　袁烽　孙澄宇　学生：邓耘园　包恺

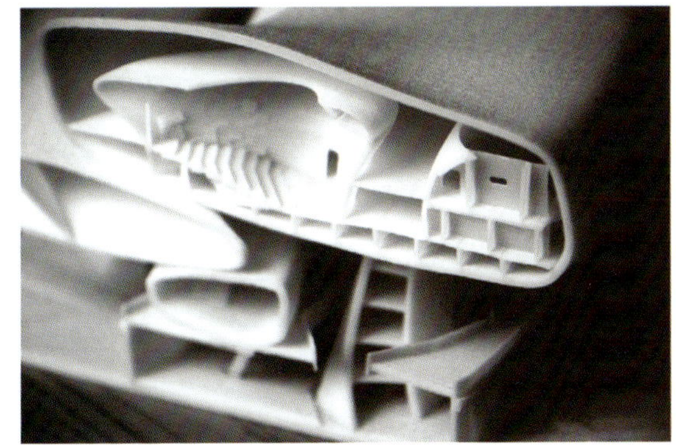

剖面模型

电影院平面图

地景建筑生成步骤

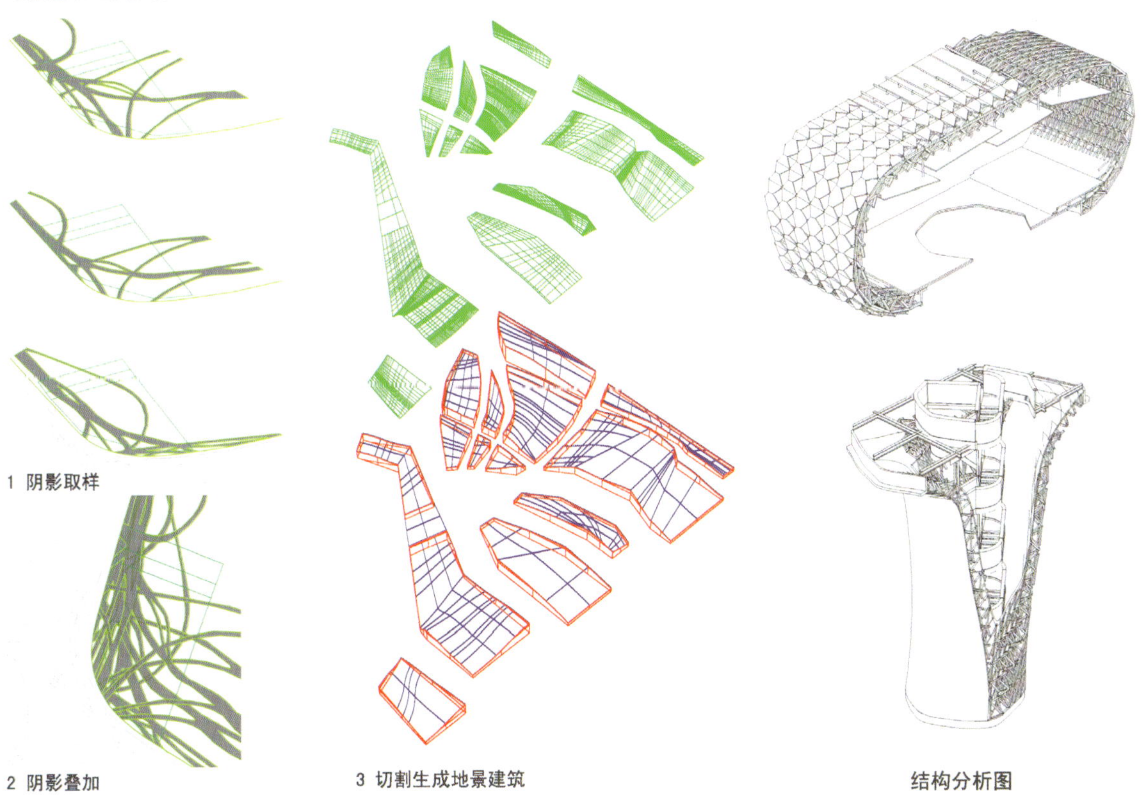

1 阴影取样

2 阴影叠加

3 切割生成地景建筑

结构分析图

学校：同济大学建筑与城市规划学院建筑系　指导老师：蔡永洁　袁烽　孙澄宇　学生：邓耘园　包恺

场地环境效果图

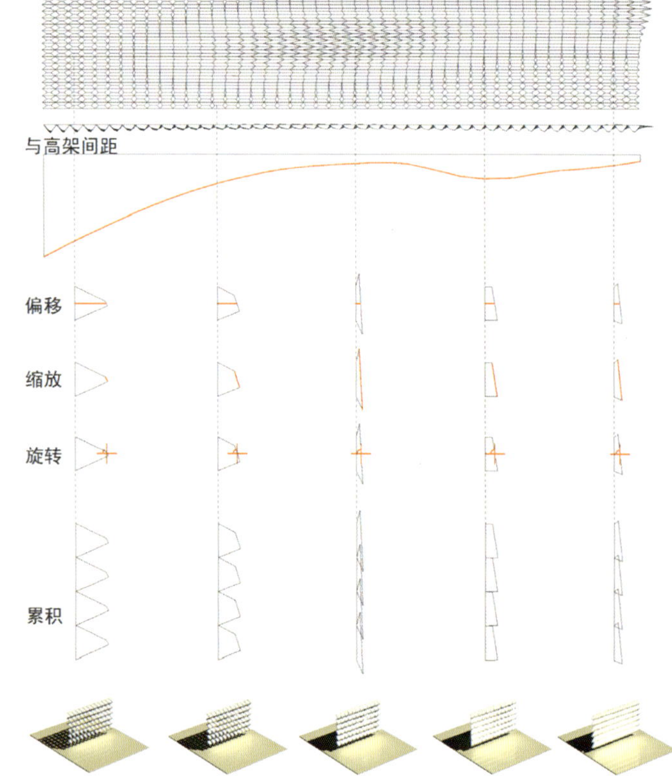

外表皮渐变分析图

北立面&西立面

指导老师评语：

设计小组成员认为要激发D地块的城市活力，就需要在其潜在的需求中寻求突破口。通过调查，周边居民对区域商业中心的需求，以及城市居民对城墙南岸户外休闲场所的需求被确定为本设计试图释放的潜在需求。因此，设计小组试图用一个承载各类商业，对高架交通污染、对环城墙绿化带、对地块内户外活动场地的风环境、日照阴影环境等诸因素有所回应的建筑形态来使这一释放得以实现。

在这一过程中，设计小组从高架各时的阴影区形态中获得启发，试图用一种自由型形体更好地贴合城市肌理，同时又能够将一个冬暖夏凉的户外场地留给城市居民。此外，地景的起伏与走势也试图结合南京冬夏的主导风向，达到冬弱夏强的地面风环境。

值得一提的是，设计小组在整个过程中所遇到的最大难题是如何从结构上落实这一自由形态。在结构专家的建议下，设计最终采用了空间网架结构，同时遵循了杆件间的适宜夹角要求。虽然，设计小组通过计算机编程大大简化了结构杆件在自由型上的布置问题，但是，在设缝、消防等细节上仍有进一步学习的空间。

总之，设计小组通过此次交流学习，看到自身从建筑设计到城市设计、从仅考虑建筑形态到兼顾其它建筑因素、从遵循指导意见到基本独立思考的跨越。

学校：哈尔滨工业大学建筑学院建筑系　指导老师：刘德明　学生：肖潇

岳阳市体育中心游泳馆设计

1 岳阳市体育中心游泳馆设计

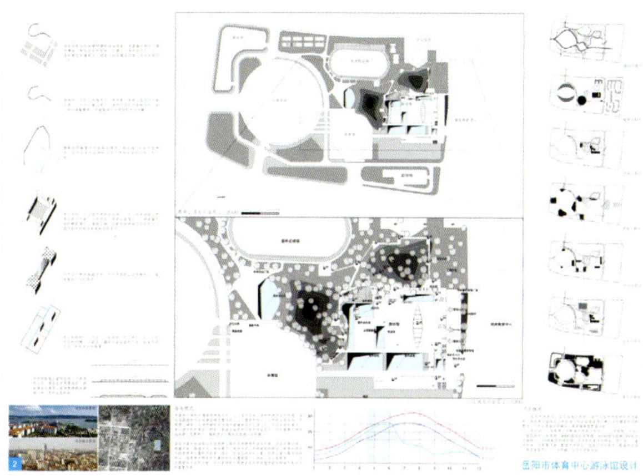

2 岳阳市体育中心游泳馆设计

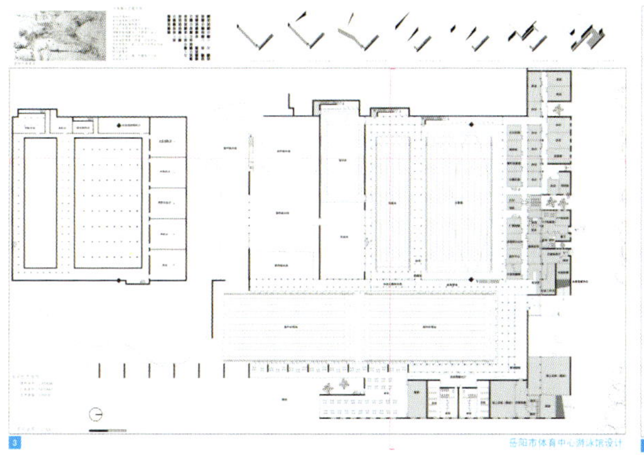

3 岳阳市体育中心游泳馆设计

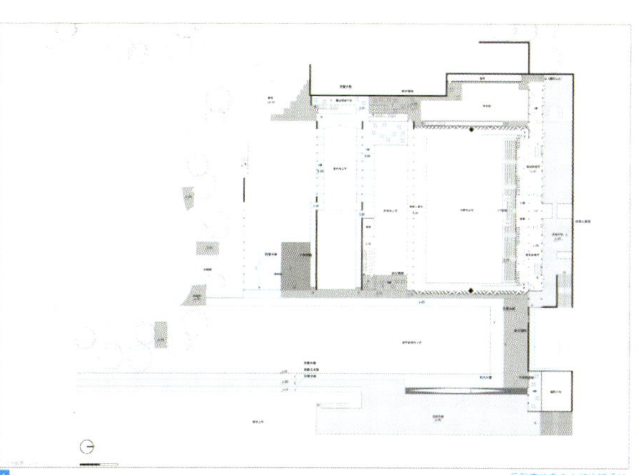

4 岳阳市体育中心游泳馆设计

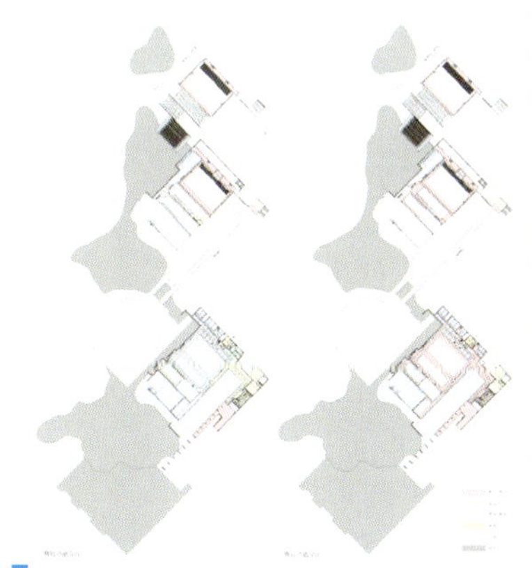

5 岳阳市体育中心游泳馆设计

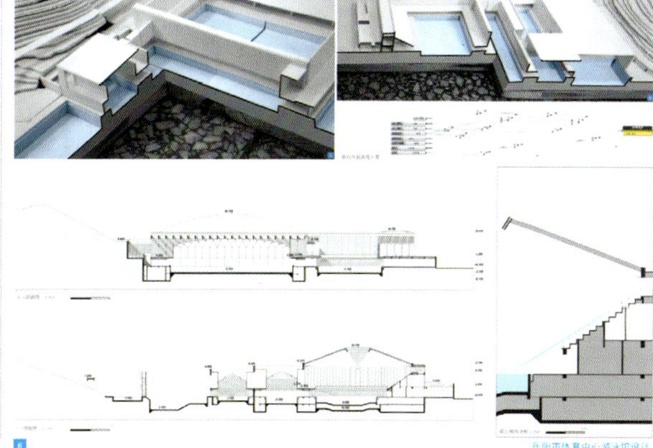

6 岳阳市体育中心游泳馆设计

点评人：刘德明　哈尔滨工业大学建筑学院建筑系　教授

点　评：此毕业设计题目为"岳阳市体育中心游泳馆设计"，是一座以群众休闲健身为主、竞技比赛训练为辅的体育建筑项目。总建筑面积 2 万 m^2，座席规模 1500 席。另有室外泳池三片。

肖潇同学在毕业设计中，工作态度认真、刻苦钻研，理论联系实际，掌握本学科基础理论和专业知识扎实，表现出较强的独立工作能力；设计方案合理、有特色，满足要求的深度；图纸表达充分正确，设计说明书写规范。

对毕业设计题目指定的游泳馆建筑设计中所涉及的关键问题解决得比较深入、完满。环境关系处理适当，相邻山体水面利用合理；平面空间布局注意平时与赛时兼顾和多功能利用；积极探索木结构体系与材料的运用；对木材作为结构材料所带来的问题处理比较深入；建筑形象的个性化创造契合环境，并充分挖掘了所采用的结构形式与木材的力学和美学特征；节点等细部设计考虑深入。个别方面还作出了具有一定开拓性的探索，如室内外游泳空间的交融。

建筑单元的尺度与木结构经济跨度之间的协调方面还可进一步推敲。

学校：哈尔滨工业大学建筑学院建筑系　指导老师：刘德明　学生：肖潇

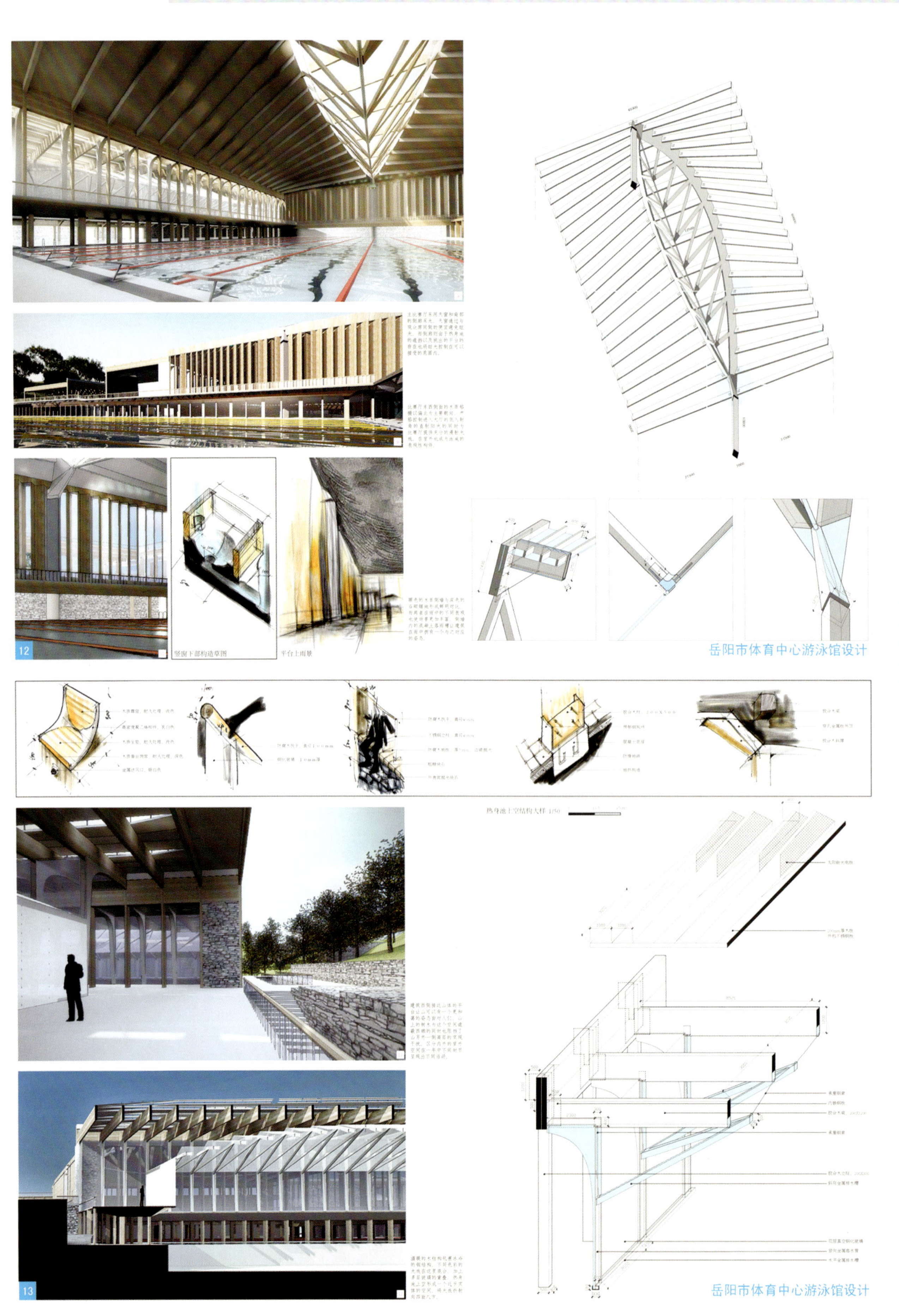

学校：东南大学建筑学院　指导老师：王幼芬　学生：汤梦捷　苏欣

浙江省旅游展示中心

汤梦捷 苏欣　指导教师 王幼芬

总用地面积：31100平方米
占地面积：13863平方米
建筑密度：44.5%
总建筑面积：26251平方米
容积率：0.84
绿化率：49.3%

展览部分面积：15610
常设展览：13300平方米
临时展厅：2310平方米

后勤办公：2530平方米，内含390平米仓库。
学术会议：2576平方米。

自定义部分：4755平方米
艺术家工作室：2555平方米
沿街画廊：1750平方米
主题休闲：450平方米

设备用房：780平方米。

地下停车场：8245平方米
机动车停车位：205辆，其中地下188辆，地面17辆，大巴车位3辆。
非机动车停车库：390平米

总平面图 1：800

N

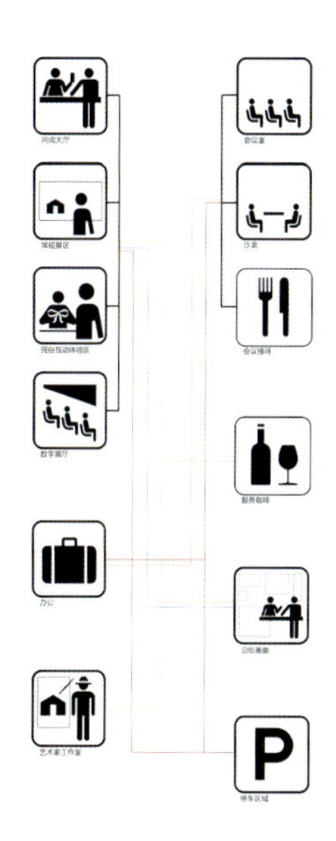

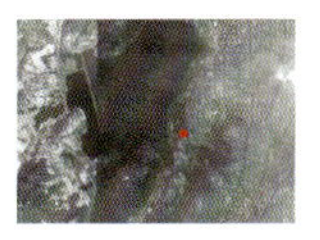

GALLERY
SIYITING ROAD

基地概况

该地块地处杭州市上城区西宜路南段的吴山西侧山脚，周边也有几个已建成的展览馆。地块对面是一个居民区，西边一个街区内便是西湖和南山路，北面是吴山广场和河坊街，东侧是吴山风景区。可以说，该地段周围有商业、文化产业、住区等各种功能，同时也是自然景观与人文景观的交汇点。

道路/界面

基地的周围道路中，西面的西宜路是一条尽端路，来往车辆并不多，南面的西宜亭路规划路宽为7米，车辆也很稀少，北面和东面的道路更是景观区里的车道，人迹罕至。总体来说，基地是一个闹中取静的地块。在四个界面中，北面的界面面向围墙，非常封闭；西面的界面面向居住区和一些零星的画廊，呈半开放的状态；南面的界面部分有围墙，也较为封闭；东边的界面面向自然和一些散点建筑，更加上有处于山顶的城隍阁，使得该界面呈开放状态。

山势

基地处于整个山地的山脚部分，山地由东向西有先缓后陡的趋势，城隍阁为制高点。因而基地的西侧几乎是平地，而东侧坡度较陡。地块内的山地呈现出台地状态，东面的最高点基本与对面的居民区中大吴庄的屋顶平齐。

建筑

基地西侧的中大吴庄，北侧的幼儿园，南侧的军区建筑轴线都基本与道路垂直，中大吴庄更是以垂直西宜路的扇形态势分布；东侧的城隍阁轴线则是垂直于山体等高线的。由于杭州要求50年以上的建筑需要保留，基地内部有一栋两层的保留建筑，富有民国风格，其建筑材料与城隍阁相近，以红、灰、黑为主。它处于基地中心偏东北侧，与城隍阁、中大吴庄入口处于同一条直线上，因而对它的处理和再利用也很重要。我们认为保留其表皮，对其进行功能置换，使其成为展览过程中的重要节点是较为合适的做法。

在基地与周边建筑的视线关系中，以城隍阁与中大吴庄尤为重要。在与城隍阁的关系中，由于城隍阁位于制高点，视野开阔，视线不受限制，可以看到基地，基地以西的住宅区，以及远处的西湖、群山，其中中大吴庄密集紧致的格局与基地的开阔平坦及远处的西湖形成了强烈的疏密对比，向西依次看去，基地——中大吴庄——西湖形成了疏——密——疏的节奏，基地更成为了从紧密的住宅群过渡到空旷山地的衔接部分。而由基地仰望城隍阁，沿着吴山的山势不断向上，城隍阁成为了山势序列最后的高潮，[illegible] 的关系中，从中大吴庄仰望基地及基地以东的吴山城隍阁，由于山势的逐渐攀升及制高点的位置，城隍阁无疑成为视觉中心，而吴山则成为了整个基地的天然背景。在需要在基地上新建建筑又不能埋入地下的情况下，如何能保证西宜路上的行人和中大吴庄的居民的视线不受阻碍是一个重要问题。从基地西看中大吴庄，由于基地基本与中大吴庄顶部持平，视线受限制，无法看到西湖。

ART STUDIO
NANSHAN ROAD

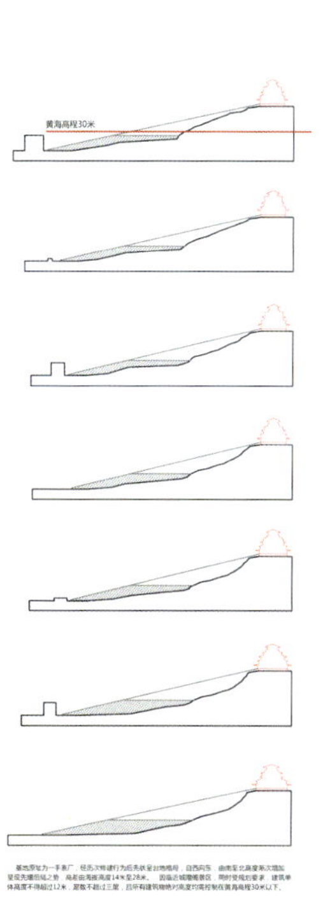

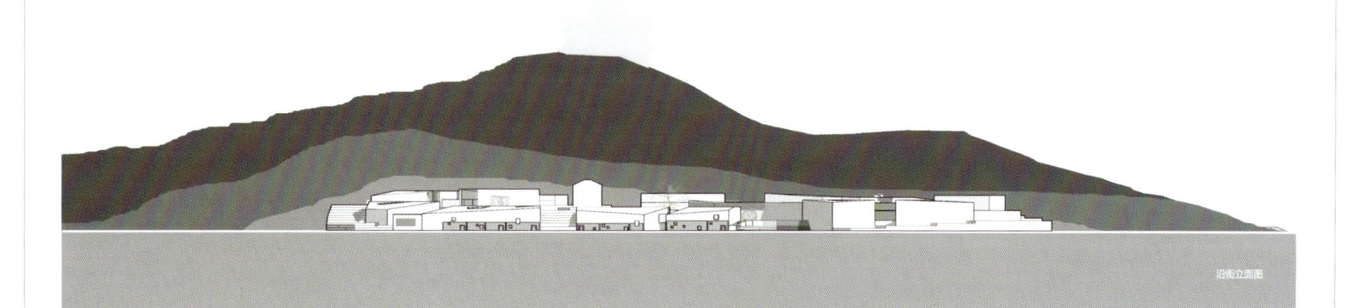

中国环境艺术设计学年奖

学校：东南大学建筑学院　指导老师：王幼芬　学生：汤梦捷　苏欣

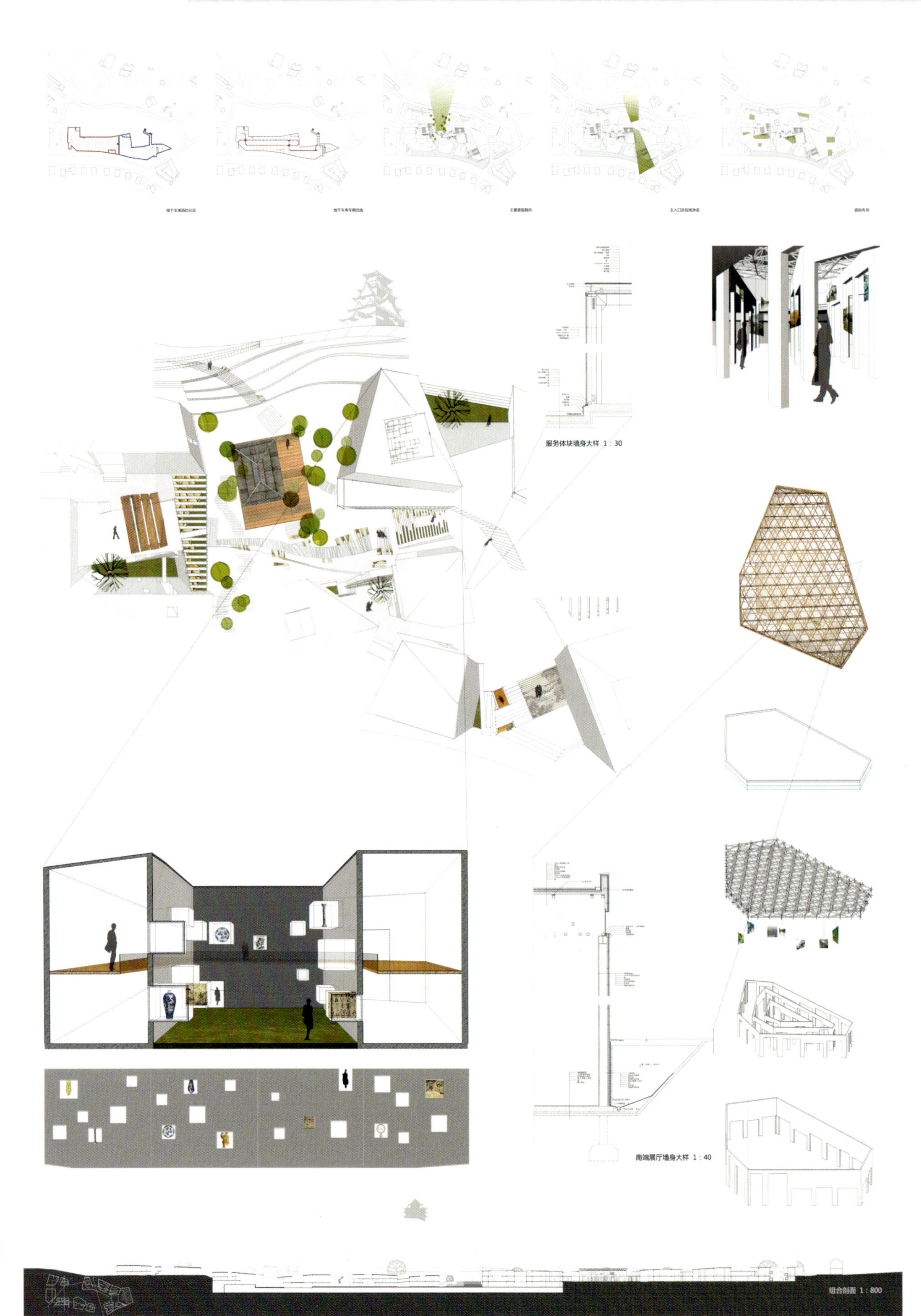

学校：清华大学美术学院环境艺术设计系　指导老师：梁雯　方晓风　学生：彭喆　贾萌飞

学校：清华大学美术学院环境艺术设计系　指导老师：梁雯　方晓风　学生：彭喆　贾萌飞

学校：哈尔滨工业大学建筑学院建筑系　指导老师：刘大平　学生：边哲

哈尔滨市文化艺术中心建筑设计

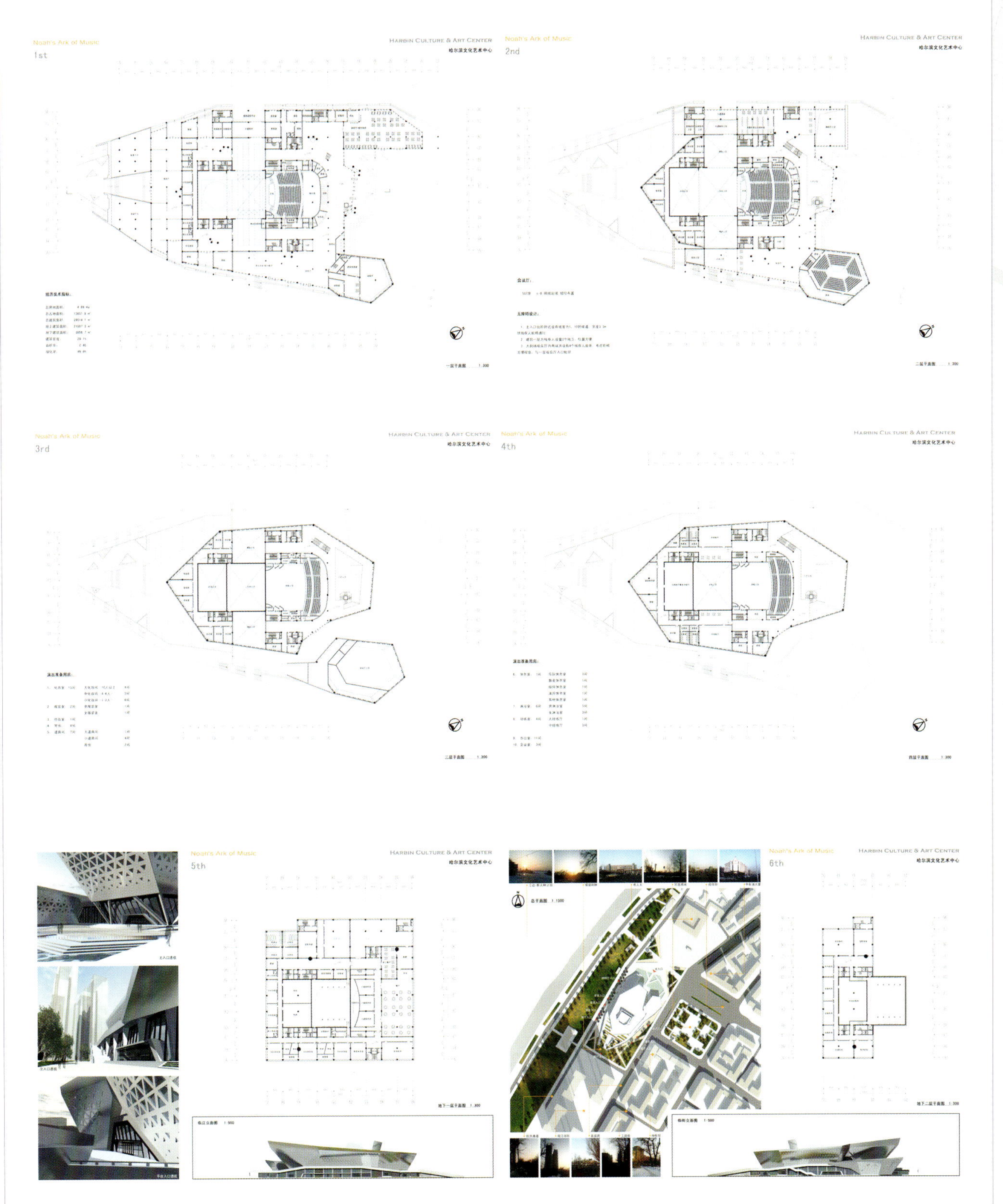

中国环境艺术设计学年奖

学校：哈尔滨工业大学建筑学院建筑系　指导老师：刘大平　学生：边哲

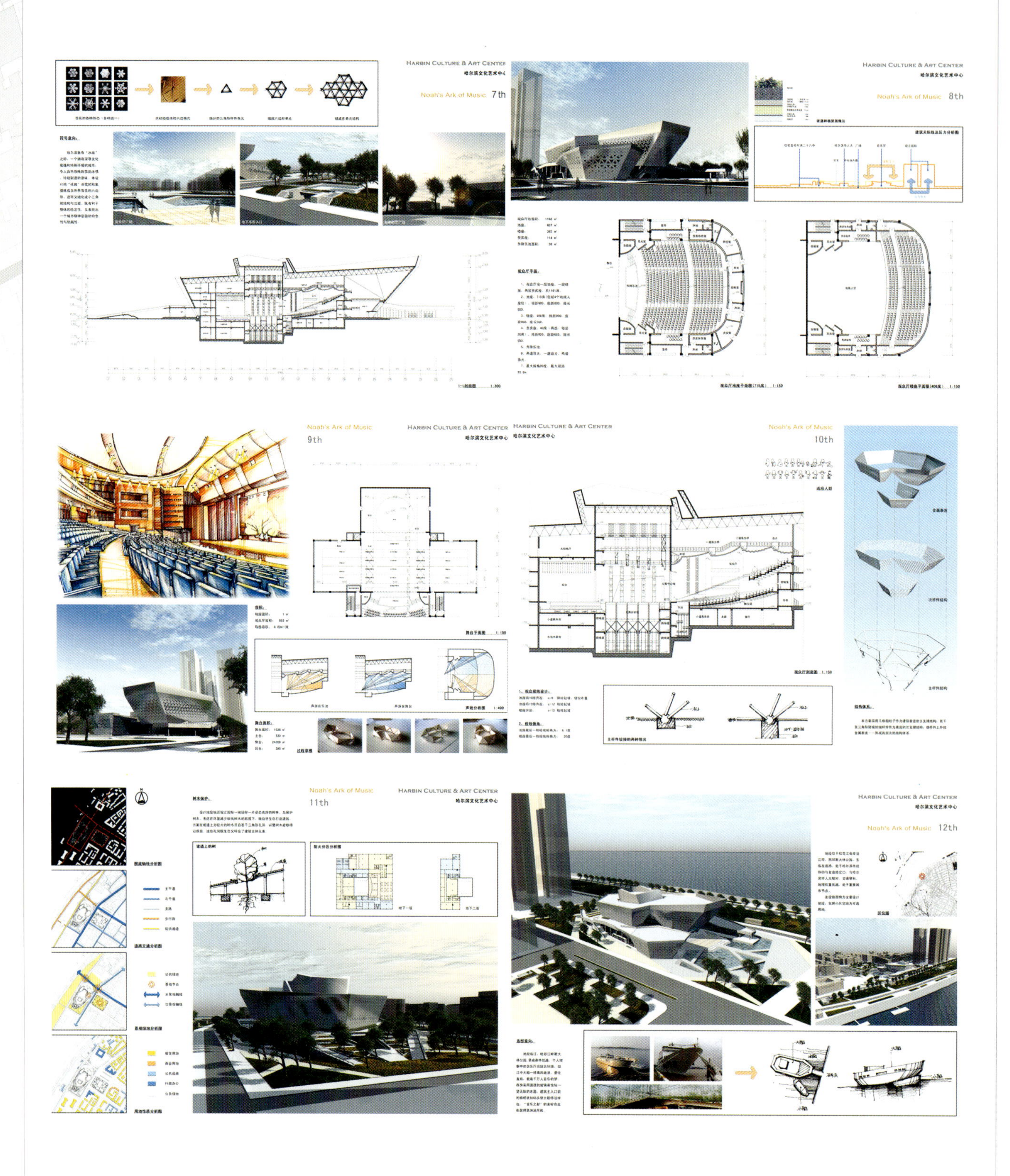

环境艺术设计景观奖

中国环境艺术设计学年奖

学校：南京艺术学院设计学院　指导老师：韩巍　姚翔翔　金晶　学生：袁力

背景分析

一、

常州有着大气开放的文化胸怀和优秀的文化品质，是发展文化创意产业的“风水宝地”。常州经济自古就依托于运河发展辉煌，其手工业也随运河而兴起兴旺，并使常州成为区域经济的集散中心。

京杭大运河常州段全长44.7公里，市区段23.8公里。常州古运河是全国为数不多的从市中心穿城而过的运河，常州则依托于运河而繁荣发展，运河是常州城市最具文化积淀的构想符号之一。常州城依河而筑、因水而兴，运河水穿城而过、绕城而行，常州古运河拥有独特的城市特性和文化特色。

二、

随着工厂、制造厂生产活动的结束，出现了许多被废弃的闲置土地。对很多国家、城市政府和社区而言，改变城市环境的一种现存形式就是对产业遗址的改造和振兴。另外，创意产业等新兴产业的萌芽与发展，又急需一大批适合自身特征的建筑空间，此时工业废弃地改造为创意园，就成为可以缓解双方压力并同时带来巨大社会与经济效益的手段。

长三角地区是中国综合实力最强的区域，上海是区域经济的中心，是我国创意产业发展的先锋力量，也是发展最为迅速的地区.它的蓬勃发展可带动周边城市商圈的发展和增值。常州位于长三角经济圈的地理中心地带，与南京、上海等距相望，有着得天独厚的区域优势，常州创意产业起步较晚，具有后发优势，文化创意产业的发展应接轨上海、找准定位.借鉴其成功经验并为己所用。

地块简介：

为传承运河文化，展现常州城市文明，将以自然状态散存的原常州恒源畅厂、常州第五毛纺织厂、常州梳篦厂、常州航海仪器厂等工业遗存和文化遗迹，有机组合构建为“运河历史文化产业带”。建设一个设施完备、功能完善、服务全面、氛围独特的吸引设计类创意人才和企业创业和发展的平台。

运河五号位于三堡街，京杭运河南河畔，是原来的常州第五毛纺织厂的旧址（早期是常州恒源畅厂），总占地面积36388.8平方米，根据市政要求已在规划改建中，厂区内房屋从上世纪30年代到80年代，一些房屋已经属于市级文保建筑。建筑风格多样：包括早期江南民居、大多数是厂房（尤其是连排锯齿形厂房，非常具有纺织企业的特色）。

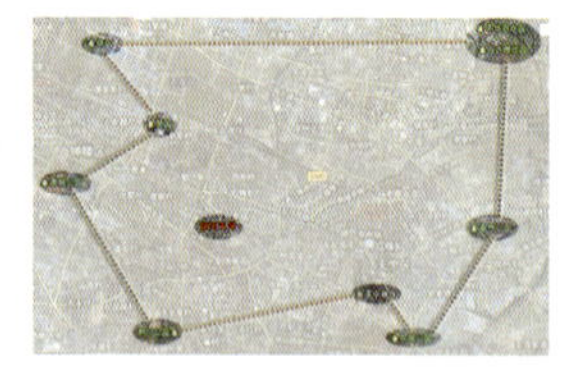

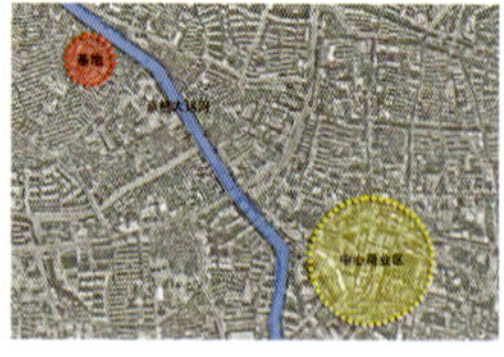

swot分析

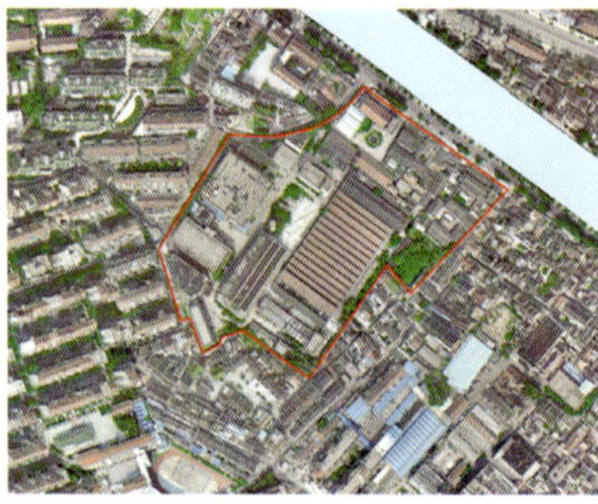

基地周边

基地现状

优势 S（strength）

1. “运河五号”有优越且独特的地理位置，位于京杭大运河南河畔，有深厚的历史文化底蕴。北望锁桥（市文物保护单位），西可看中吴大桥，东可观西仓桥。
2. 位于常州市中心，区位优势明显。
3. 不孤立存在，沿岸拥有“运河历史文化产业带”。
4. 第五毛纺厂自身是常州近现代民族工商业的杰出代表。
5. 基地内存在文保建筑。

劣势 W（weakness）

1. 基地被居民区包围。
2. 交通流线单一，公共交通可达性不丰富。
3. 建筑面积占基地总面积比重较大。
4. 厂房风格不一，大小不一导致视觉混乱。（连排锯齿形厂房、早期江南民居等在一个空间内出现）

机会 O（opportunity）

1. 省级重点现代服务业项目，市首个文化创意产业街区。
2. 常州京杭大运河入选“世博文化体验之旅”；市政府开辟”古运河文化游“的线路。
3. 可带动常州文化创意产业的蓬勃发展。
4. 京杭大运河的“申遗”。

威胁 T（threats）

1. 如何在如雨后春笋般的创意产业园区中异军突起。
2. 如何将“运河五号”打造成为正处于起步阶段的常州创意产业的先锋榜样。
3. 如何处理基地周边居民与商业的关系。

学校：南京艺术学院　作者：袁力　老师：姚翔翔　韩巍　金晶　　1

点评人：韩巍　南京艺术学院设计学院　教授

点　评：设计以“江苏常州第五毛纺厂工业遗址景观改造”为题，探讨了工业遗址如何改造再利用的现实问题。方案从对工业遗存的区域性和局地性生态、环境、资源等问题的关注入手，以尊重可持续发展价值、满足现代创意产业发展需要为目的，就如何更好地保留历史记忆，并进行艺术化的再利用做出了有益的尝试。方案分析全面；规划布局合理；表达具体清晰。针对工业遗迹的景观改造与再利用，提出的设计对策严谨合理，富有创意。造型设计形式感强，竖向设计丰富；图面效果表现好，极具艺术感染力。缺点是局部细节不够深入，高程设计有待进一步考虑。

学校：南京艺术学院设计学院　指导老师：韩巍　姚翔翔　金晶　学生：袁力

分析与规划设计

基地现状评估分析：

园区现实存在有不同时期的各类历史建筑，在一个空间内时间跨度较大，具有拼贴性与多元化。时间赋予了它们不同的建筑形式和风格。在方案设计时应注重城市历史记忆的保护、恢复和更新，有效整合地块功能。

根据其自身的历史背景和建筑特质分为三种不同类型的建筑：1. 砖瓦房；2. 民国连排锯齿形厂房；3. 近代建筑。

秉承保护性开发利用的原则，方案将保留拥有时代烙印、历史沉淀的江南砖瓦民居和民国连排锯齿形文保建筑；将近代旧厂房进行功能转型、更新维护。

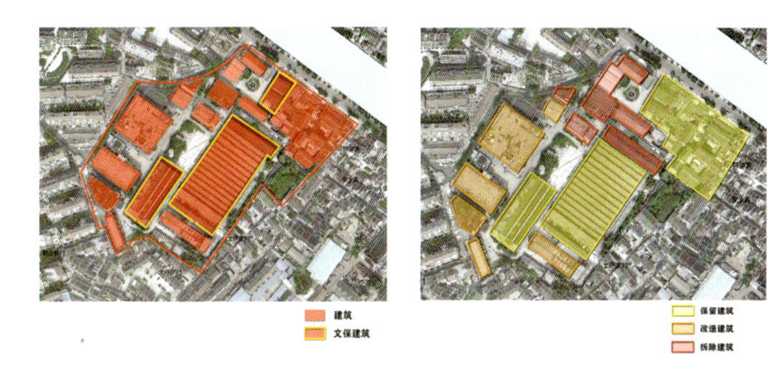

基地功能分区整合：

将九个独立建筑和一个江南民居群划分为既独立又相互关联的三个区域：

一、创意集市【江南民居建筑区】

运用“整旧如旧”的设计修缮手法，将砖瓦房结构的江南民居群变身为“创意集市”，表现艺术与商业的碰撞融合。贯穿于整个园区的水循环穿插其中，仿佛置身于江南水乡，集市浓缩了自给自足农业文明时代街巷的市井风貌，品位原生态的老常州。

二、展示车间【工业历史建筑区】

设计采取保留连排锯齿形厂房的历史原貌和文化信息的设计手法，厂房分别变身为工业历史博物馆、运河美术馆、半农摄影中心，以满足市民的公众文化需求，体现文物建筑保护的价值和原则，为常州的现代化发展留存一份文化密码。

三、设计工坊【现代后工业建筑区】

设计注重将旧厂房进行转型更新，分别改造为运河文化展示馆、演艺策划中心、设计工坊A座B座、画家楼、多功能会议中心。利用原建筑的某些特有元素，使现代后工业建筑以全新的状态呈现且留有原建筑的影子. 立方体块连接统一了设计工坊六个建筑。景观进行空间化立体化抬升，屋顶花园加上空中廊道的联系，为园区增加了景观空间，提升土地的利用率。

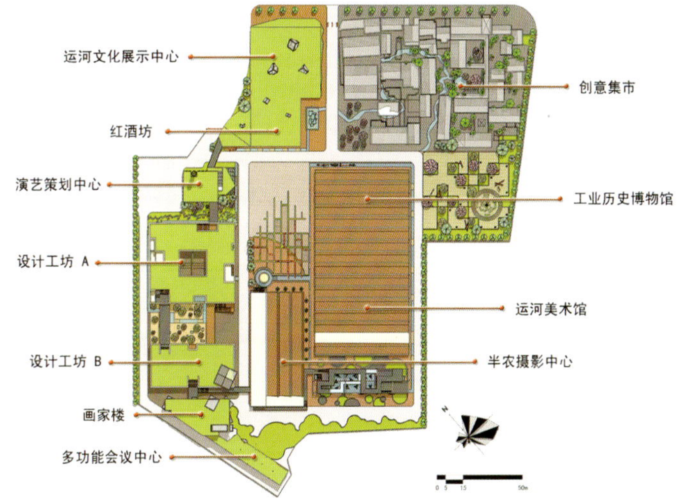

设计理念：

在运用新的设计手法和改造模式，为历史的留存注入时尚、创意元素的同时，尊重基地的可利用性与可持续发展的价值。在满足现代文化创意产业发展需要的同时，珍视场地本身的精神。

集中体现历史记忆、文化内涵、艺术创新、经济效益的和谐统一，促成历史与现代、旧与新的点面结合和共融对比。从而使传承保留的城市历史文化遗存和旧厂房成为现代城市景观的新景象，使新整合更新的现代时尚区域拥有后工业的空间美学。

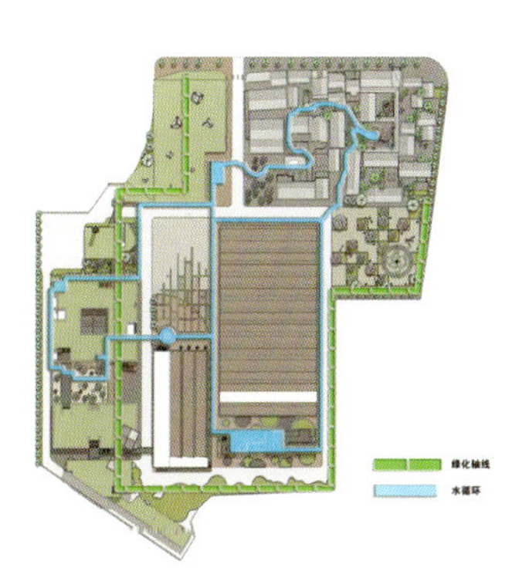

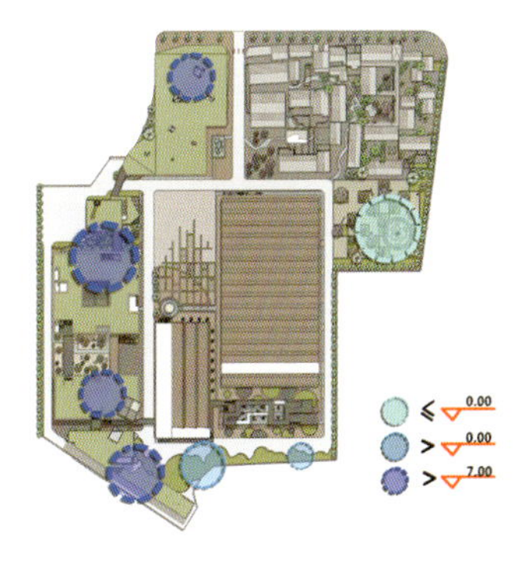

2

学校：南京艺术学院设计学院　指导老师：韩巍　姚翔翔　金晶　学生：袁力

设计方案阐述

鸟瞰图

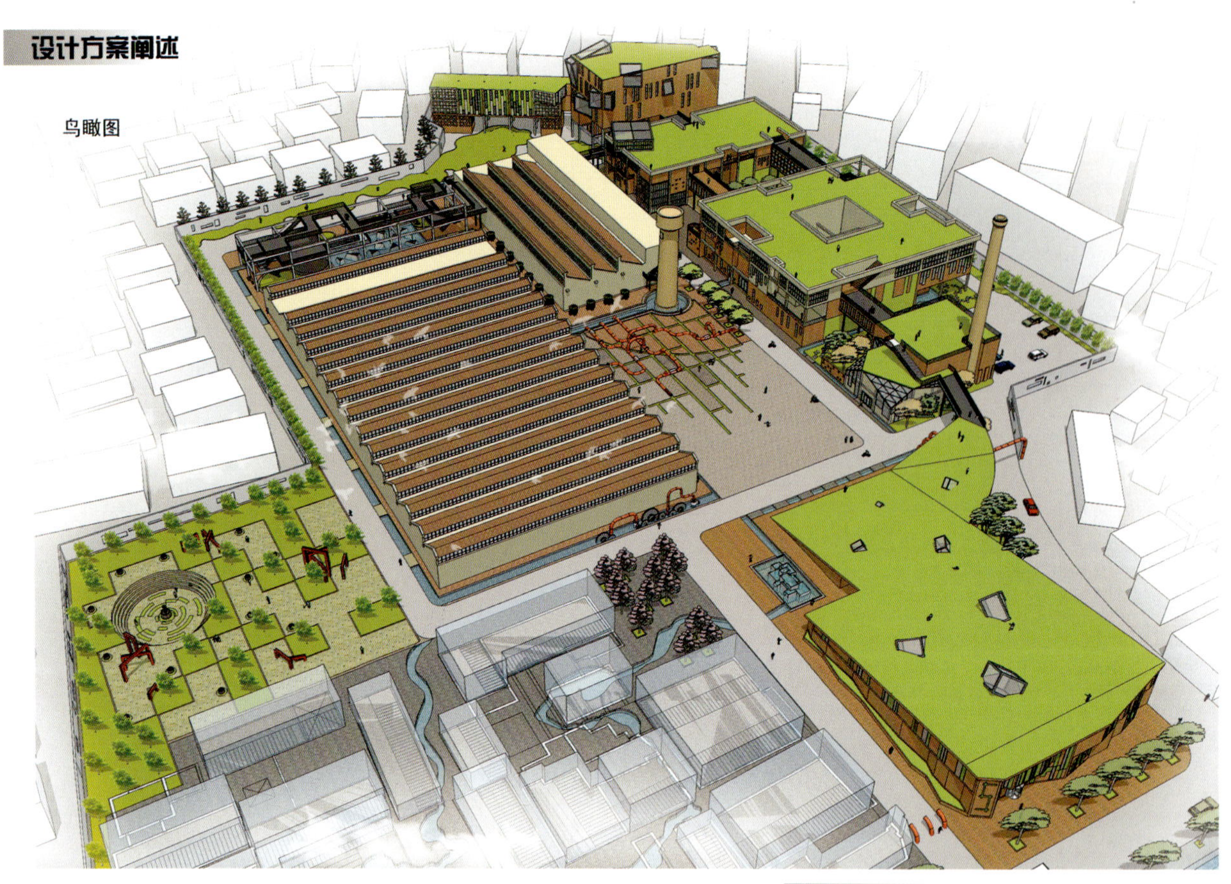

设计说明：

工业遗址改造秉承保护性开发利用的原则，对景观进行空间化的立体抬升、层次延伸，使建筑更具景观功用，水循环注入交通流线。将不同历史背景和建筑特质的建筑群进行有效的划分整合，形成新旧融合、兼收并蓄、共生共荣的区域模式。整合后的三块区域具有历史发展的轨迹性、脉络性和时间体验性表达。营造出一个集科普教育、文化娱乐、办公休闲、商业艺术为一体的创意产业园区。

主要节点时间体验性：

创意集市后花园——工业血脉广场——自然生态的微地形

农业文明被工业文明侵蚀——工业化的发展——环境恶化后对自然生态的向往

入口水景：

近园区入口，临古运河道，表现其从运河水中吸取灵性，成为水循环的源头。

水循环：

利用古运河临近基地的地理优势，将运河水触发的灵感贯穿于园区，在基地内建立水循环系统，将水道穿“创意集市”而过，围绕主体建筑而行，意在表现此园区工业的发展因水而兴，也是对基地周围水环境的一种呼应。同时人可以亲身体验行于水道上的感觉。

特色的大面积三角形屋顶有效的收集雨水可供于水循环。

水塔是整个水循环的中心也是过滤点。还原水塔功能，储蓄水用，提高水资源的回用率，减轻换水压力。运用中水回用装置将收集过滤后的排水回用于冲厕、景观绿化等方面以减少优质水源的浪费，从而带来可观的经济和环保双重效益。

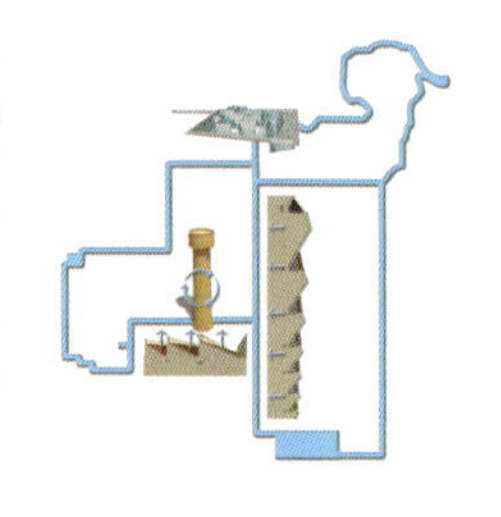

创意集市后花园：

草坪与硬质铺装相结合，绿树与红色钢构筑形成对比，表现农耕时代被工业文明所侵蚀，但在工业化的同时环境也受到了影响。在硬质铺装上一个个的树桩不光形成了天然座椅同时也给大家以联想，具有一定的科普教育意义，下沉式的乐池可供人们观赏露天音乐会。

3

学校：南京艺术学院设计学院　指导老师：韩巍　姚翔翔　金晶　学生：袁力

展示车间景观：

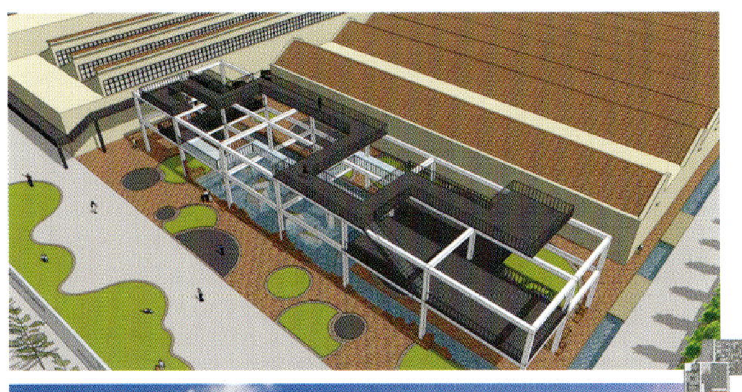

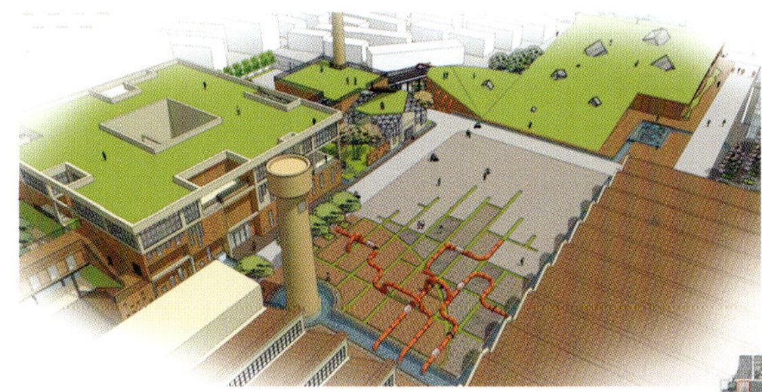

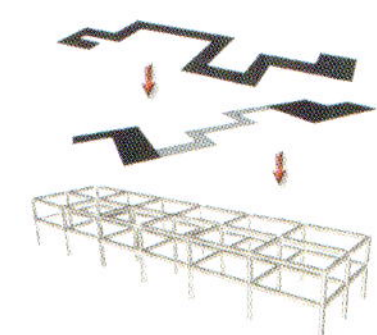

水上廊道：只保留建筑原有框架，在此基础上形成凌驾于水上的景观构筑物。水中的三角形花坛沿用了民国锯齿形厂房三角屋顶，支撑框架的棱角处零散分布着砖块，是工业废墟历史的遗存，也可作为参观者的休息座椅。

景观构筑物地面的圆形铺装，是微地形的延续与变形运用。

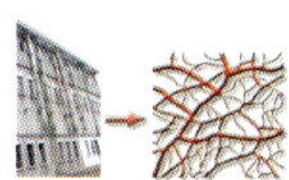

血脉广场：地面龟裂后裸露出的管道缠绕在地表，管道原型取自原有建筑立面上的工厂原始管道。管道为红色，象征工业文明的命脉，血脉在整个园区中流淌穿插，暗喻工业是推动城市发展不可或缺的力量。“血管”同时也是一个个天然座椅，供游览者休憩。红色工业命脉里流淌就是水循环提供的水资源。

设计工坊建筑景观：

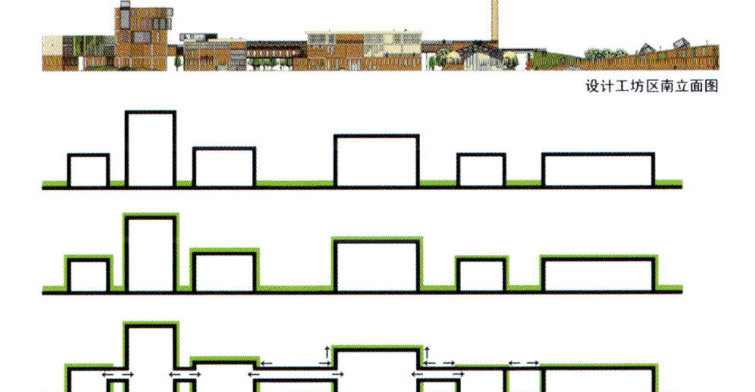

设计工坊区南立面图

位于园区北侧的设计工坊建筑区改造，以空中廊道的形式将其连接成为一个整体，这也是组成园区交通必不可少的一部分，廊道内部可供联系建筑内部交通，廊道顶部又可作为空中步道来联系建筑的屋顶绿化，使建筑内部空间与顶部空间完全分隔，同时提升了园区的绿化空间，提高了土地使用效率，加上墙面垂直绿化，使整个园区有了一个整体的立体绿化。

运河文化展示馆：

整个建筑以自然状态呈现，因此地表材质与建筑立面材质浑然一体，仿佛是原本平整的土地出现了地裂，地壳一处地表抬升，形成了崎岖不平、龟裂式的建筑立面，此立面呈不规则三角状，设计灵感来源于民国连排锯齿形厂房的三角屋顶。

屋顶草坡也是原本在地面的草坪地表抬升所致，屋顶上散落的大小不一的玻璃方块，作为建筑的采光口，同时与画家楼相呼应。景观绿化不仅仅停留于地表，还向立体空间进行延伸。

草坡倾斜的角度成为一个天然的观众席，人们可以坐在草坡上观看广场的露天演出。

草坡的最高点同时也是一个天然的观赏即将步入世界文化遗产常州古运河的最佳平台。

4

学校：南京艺术学院设计学院　指导老师：韩巍　姚翔翔　金晶　学生：袁力

演艺策划中心：

从原建筑三角式屋顶结构出发，在空间上做了一定的转换变形处理，把原本方正的三角做了立体切割，以新的形态呈现。立体采光，通透节能，晴天时房屋内可保证长时间的阳光照明。

设计工坊A：

本着传承建筑原有肌理，强化立体空间概念的设计目标。主楼A：保留建筑最上层原有窗户形态，在建筑立面分布的凹空间，为提供设计师休憩、寻找激发创作灵感提供场所。将建筑中间挖空，利于整体采光，也使整个建筑更具通透性。

设计工坊B、画家楼与多功能会议中心：

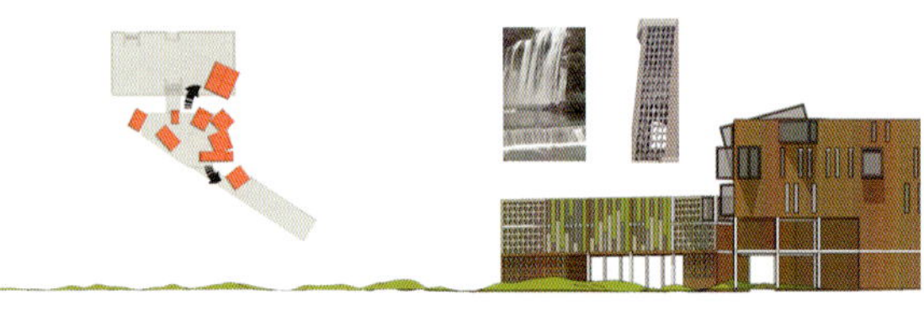

画家楼：整个园区的制高点，意图将此作为当今时尚潮流的“侵入点”，建筑立面的立方体体块似乎按耐不住，急于扭曲、旋转、脱离，改变它的原有状态，形成立体建筑空间。脱离的体块洒落到了设计工坊的辅楼B，同时也影响到了会议中心建筑的一角，让时尚创意气息浓厚的的现代后工业建筑区域达到统一和谐。

多功能会议中心：设计运用建筑原始素材加以整合扩展：镂空花纹作为建筑表皮，融合了画家楼立方体扭曲的创作手法，长条形垂直绿化似瀑布般倾泻而下，散落到地面形成一片自然草坪。

微地形：自然生态的微地形与创意集市后花园连接在一起，运用生硬的几何方块逐渐向自然动态地形过度的过程，从而反映出人们内心追求自然和谐的生存状态。

围墙：基地被八九十年代所建造的居民区围绕，为保证居民的正常生活，也利于整个园区的管理，因此围墙相对做高一些。但围墙高度的增加会带来视觉感官的压抑，所以在围墙上加上几何形态的透明玻璃，园区外的居民可透过玻璃看到园区内的景观，而对于基地本身也起到了取景借景的作用，园区外的生活场景作为一种园内景观的延伸别有一番风味，同时可减轻围墙高度给人带来的压力感。

5

学校：四川大学建筑与环境学院建筑系　指导老师：罗谦　学生：鲍捷　马琳

■项目区位

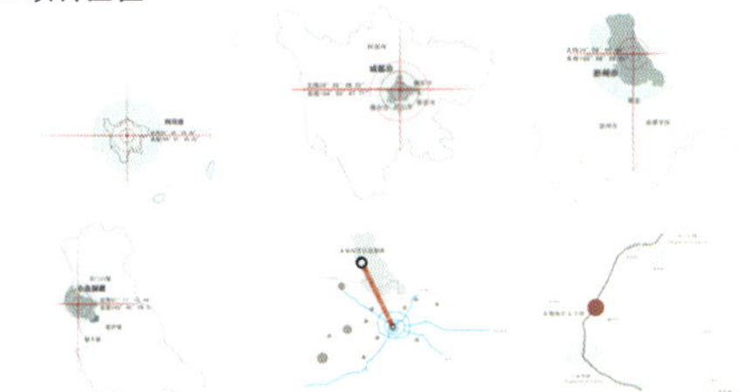

设计场地位于四川省彭州市小鱼洞镇太子村，太子村具成都市区73公里设计场地湔江滩地，地势平坦，有彭白公里从中穿过，交通便利。

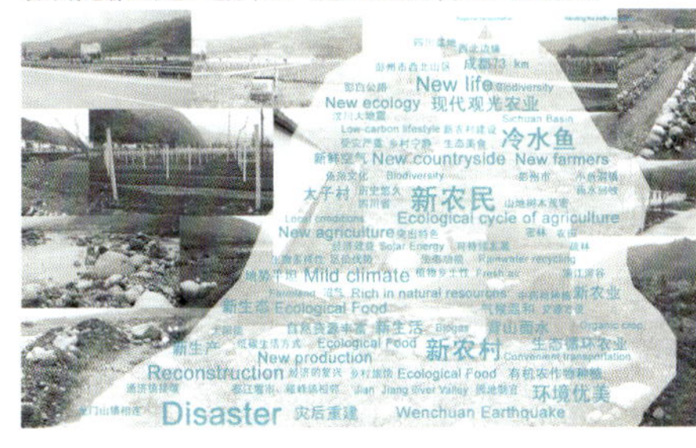

■ 景观资源分析

彭州小鱼洞镇太子村地区自然资源丰富，是重要的冷水鱼养殖基地。同时也具有丰富的矿产资源，是川芎等中药材的出场地。

小鱼洞太子村民间文化活动丰富，有山歌、盘歌、号子、民谣、围鼓、皮灯影、赶集、泡茶馆等。小鱼洞历史悠久，是古蜀鱼凫文化的发源地。

■ 场地现状分析

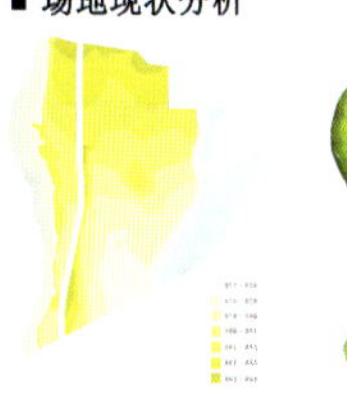
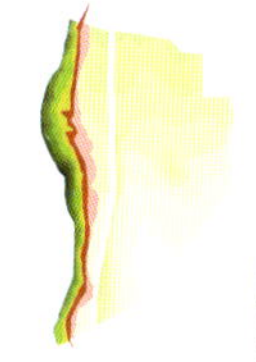
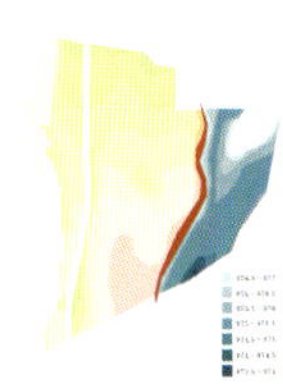
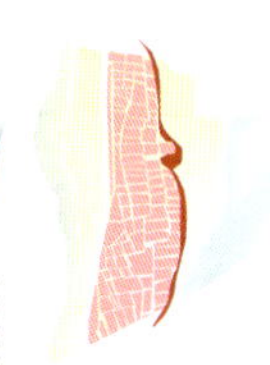
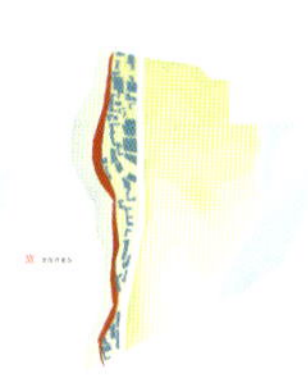
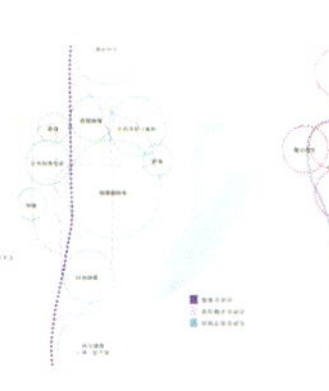
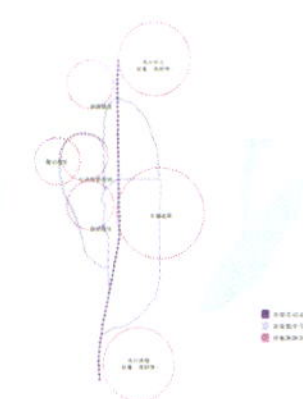

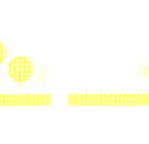

枯水位——石滩

常水位——湿地

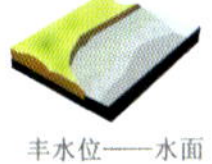
丰水位——水面

7塊主題景觀區域　7個景觀處理系統　7大活動參與體驗

Seven

災后新 農業生產 農村生活 農民生態

——四川省彭州市小魚洞鎮太子村災后新農村景觀規劃設計

基于生态足迹方法的人居环境安全评价

土地类型		全球年平均产量（kg/hm²）	该区域年平均产量（kg/hm²）	产出因子（r）	均衡因子（r）（ghhm²·hm⁻²）	面积（hm²）	生态承载力（ghm²）
耕地	猕猴桃	17800	1005.6	0.056	2.8	16.06	2.5182
	蔬菜	18000	30226.2	1.679	2.8	4.044	19.0117
	川芎	1874.99	3555.5	1.896	2.8	9.436	50.0938
牧草地	--------	--------	--------	--------	--------	--------	--------
林地	--------	--------	--------	0.91	1.1	1.33	1.3313
水域	--------	--------	--------	1	0.2	21.56	4.312
建筑用地	道路	--------	--------	1.49	2.8	1.86	7.759
	宅基地	--------	--------	1.49	2.8	1.328	5.54
能源用地	--------	--------	--------	--------	--------	--------	--------
区域总生态承载力：EC=1.8628+8.3211+73.8567+1.3313+4.312+7.759+5.54=102.9829ghm²							
扣去生物多样性保护的承载力部分：（12%）即：12.3579 ghm²							
扣除后的生态承载力：（88%）即：83.35 ghm²							
人均生态承载力：（88%）即：0.3308 ghm²							

消费账户	消费种类	人均消费量 货币量（元/人）	人均实际足迹 耕地（hm2/人）
食物账户	植物食品	2565	3.076
	动物食品		
	其他		
住宅账户	住房	354	1.024
	生活用品	736	0.883
服务账户	交通通讯	642	0.77
	医疗	346	0.415
	教育	315	0.378
生产账户	农业	1081	1.297
能源账户	能源	100	0.119
区域人均生态足迹	ef=3.076+1.024+0.883+0.77+0.415+0.378+1.297+0.113=7.962 hm2/人=0.7962 ghm2/人		
区域总生态足迹	EF=0.7962 ghm2/人*252人=200.6428 ghm2		

EC<EF 生态赤字
I=EF/EC=2.4 可控的中轻度恶化状态
减少生态赤字 → 减少生态足迹 → 低碳生活；增加生态承载力 → 休闲农业；→ 生态平衡 → 构建理想人居环境
继续发展 → 生态恶化

■ 景观评价

SWOT分析

Strength

小鱼洞太子村地区生态环境优越，气候宜人，文化底蕴深厚，特色资源突出，临近有蟠龙谷、白水河自然保护区等旅游景点，是促进区域旅游经济发展的优势增长极强。冷水鱼资源丰富，特色鲜明。

Weakness

小鱼洞太子村地区知名度不够，没有形成有效合理的旅游景观规划，旅游资源开发程度相对较低，震后房屋尽毁，许多景点可达性不强，部分地方缺乏服务网点、导游图和安全防护设施。

Opportunity

应以灾后重建为契机，使当地居民生活品质及居住环境得以提高，以创造持续稳定的农业旅游观光模式为目标，使农民能在自己家门口致富，从而减少农村剩余劳动力向城市流转所造成的社会压力。

Threats

汶川大地震后彭州景区和旅游镇破坏较为严重，重建中区域复兴难度较大，需要各方面的专家献计献策及当地政府和灾民不断克服困难、坚持不懈的努力。

S—O 策略

1、景观资源丰富，周边旅游地点众多，在其他资源也在同时建立后，可以连接成为一个旅游网络。
2、作为龙门山风景名胜区的中间位置，整个园区可以成为一个对午餐接待能力很强的区域，可以成为中转休息园区。
3、成为一个人力发展观光旅游的农业园区，利用小鱼洞的冷水鱼资源形成特色产业。

W—T 策略

1、加强对经济发展的思考，重点在于改善灾民的生活。
2、加强对于社会的公司合作，达到协作重建，相互得到利益的模式，发挥公司的社会能力，弥补政府的资金不足。
3、新模式必定对大陆的灾后重建和新农村建设做出重要的尝试，提出新的可能性。

W—O 策略

1、关注灾后农村对城市的回馈能力。
2、受灾后的地块被重塑，各种以前好的不好的东西被推翻，呼唤新的建设，为新的设计的新想法创造了条件和发挥空间。
3、政府重建资金的提供，要求每个新的村镇能发挥其独特功用。

S—T 策略

1、景观资源在地震后形成新的风景特色，适合开展新的旅游。
2、结合原来的青山绿水又重建园区，形成更有特色的有吸引力的新农业园区。
3、加大园区的防灾避灾能力。

AVC分析

基于同济大学在乡村景观评价方面的研究，运用同济大学刘滨谊教授提出的AVC综合评价体系对小鱼洞太子村地区的基本景观资源进行评价与分析。

Attractions 吸引力

1、区位：+ + +
2、自然景观：+ + +，舒缓的湔江河滩 + ，温泉 + + +，丰富的生物景观资源 + + +，宜人气候 + + +
3、人文景观：鱼凫古镇 + +，冷水鱼 + + + ，小鱼洞大桥 + + +
4、地区规模：+
5、现状市场规模：+，规划后未来市场规模 + + +
6、市场形象：现状+ ，通过开发规划塑造，突出地方特色，市场形象 + + +
7、区域自然环境：+ + +
8、区域经济环境：+ +
9、产品结构：+（单一）
10、区域旅游资源组合：+ +
11、区域未来发展的展望：彭州灾后旅游复兴市场规模形成 + +，特色地震遗址景观旅游的形成 + +，小鱼洞太子村区生态旅游的形成 + +，发展速度 + +，整体市场形成：2—5年 + +
12、整体景观环境改善前景的展望：+ + +

Validity 生命力

1、发起过程与阶段：起步和开发初期 +
2、产品生命周期：初期起步阶段，+没有完整的产品形象 - -
3、土地利用：河滩景观 + +，温泉 + + +，鱼凫古镇 + +，景观空间 + + + +
4、发展余地与前景：+ + +
5、动静空间：动静空间结合+ +，空间面积 + +
6、旷奥空间：山间平坝为旷空间+ +，奥空间面积较少
7、特色价值：自然 + +，人文 + +，综合 + +
8、发展的制约因素：灾后旅游复兴市场尚未形成 - -，产品宣传力度不够 -，生态容量有限 - -

Capacity 承载力

1、环境承载力：地域面积大，但承载力一般 +
2、道路系统承载力：道路系统较单一，承载力小 +
3、设施承载力：由于灾后重建工作正在进行，估计现状日承载力为0，但重建过后扩大余地较大 + + +
4、生态容量：一般 +
5、经营容量：目前较小 +，但重建后容量会逐步扩大
6、社会心理容量：该地区是以自然景观与特色美食为主导，旅游复兴呼声很高，社会容量较大 + + +

注：+ 表示呈现经济因素：+ + + 较好，+ + 好，+ 一般；- 表示成制约因素：- - - 强制约，- - 中等制约，- 弱制约

中国环境艺术设计学年奖

学校：四川大学建筑与环境学院建筑系　指导老师：罗谦　学生：鲍捷　马琳

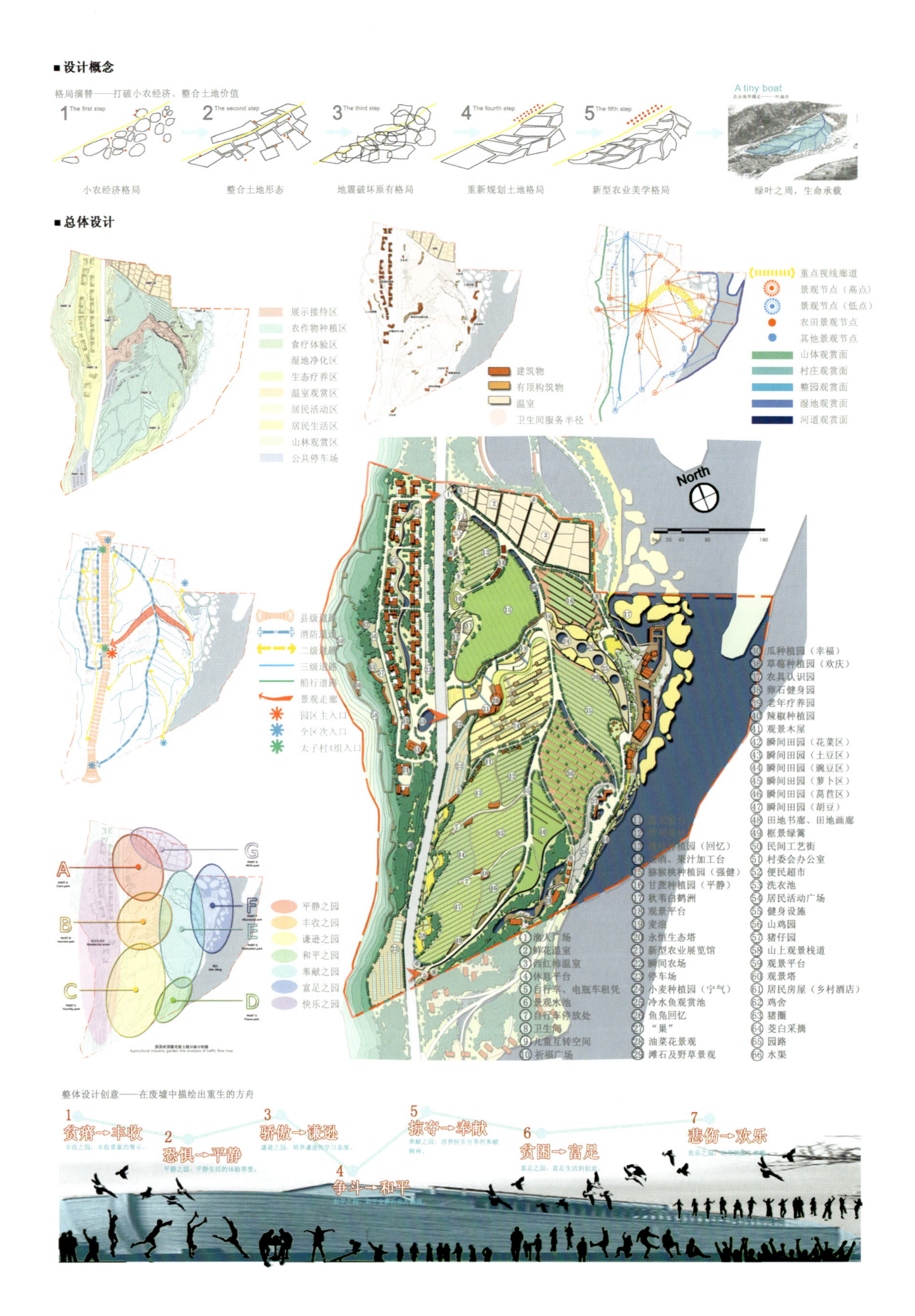

学校：四川大学建筑与环境学院建筑系　指导老师：罗谦　学生：鲍捷　马琳

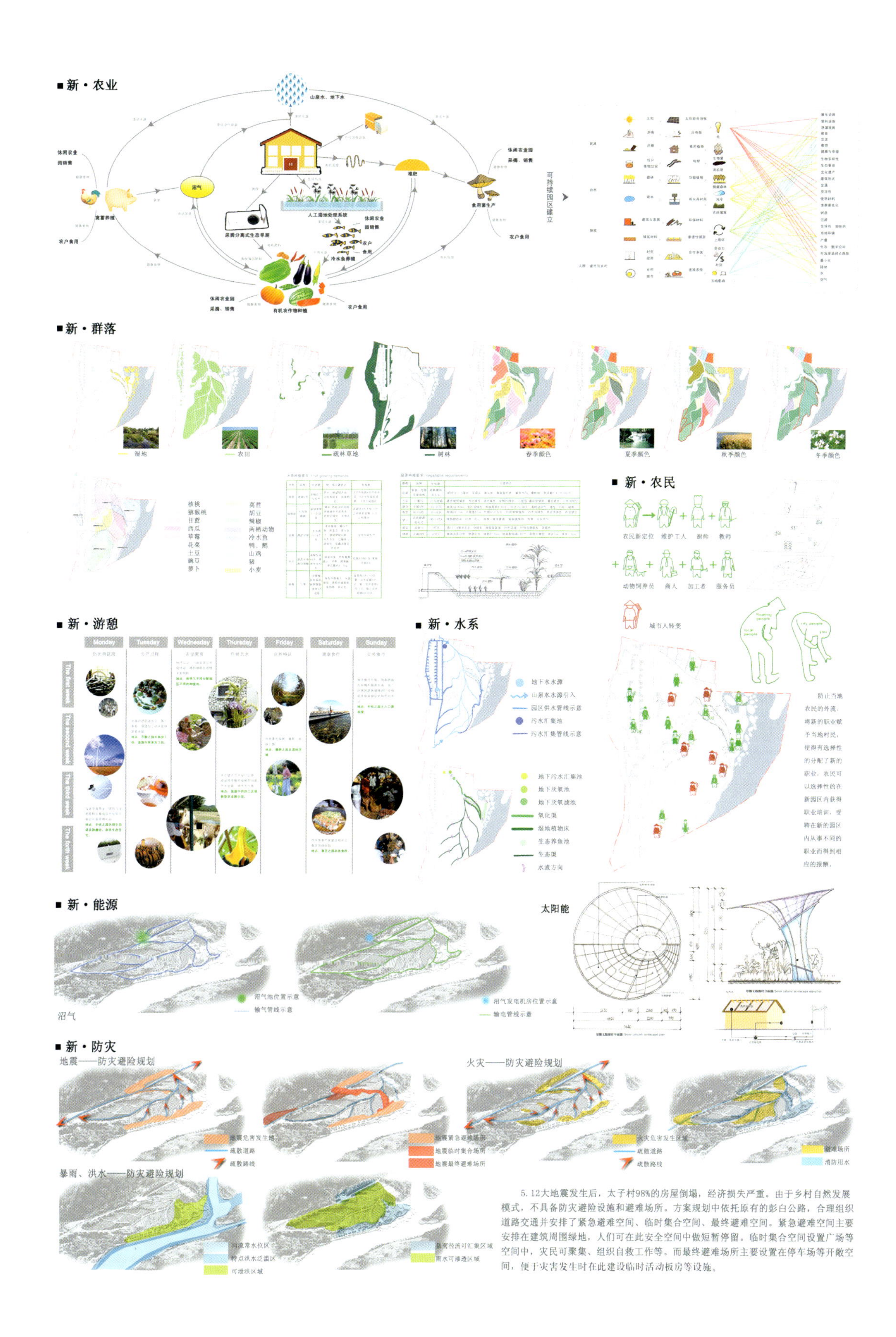

5.12大地震发生后，太子村98%的房屋倒塌，经济损失严重。由于乡村自然发展模式，不具备防灾避险设施和避难场所。方案规划中依托原有的彭白公路，合理组织道路交通并安排了紧急避难空间、临时集合空间、最终避难空间。紧急避难空间主要安排在建筑周围绿地，人们可在此安全空间中做短暂停留。临时集合空间设置广场等空间中，灾民可聚集、组织自救工作等。而最终避难场所主要设置在停车场等开敞空间，便于灾害发生时在此建设临时活动板房等设施。

学校：四川大学建筑与环境学院建筑系　指导老师：罗谦　学生：鲍捷　马琳

■ 分区设计

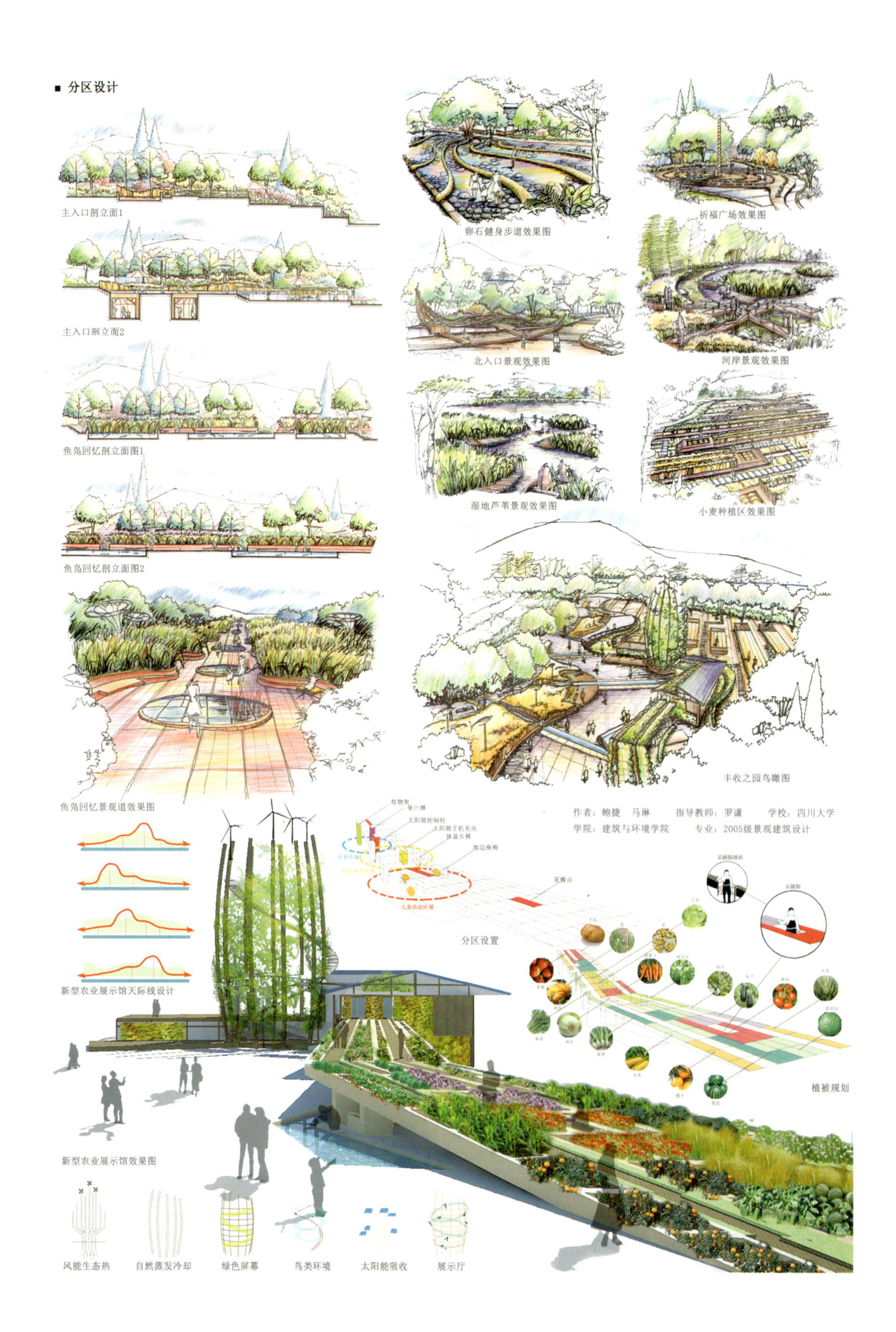

学校：上海大学美术学院艺术设计系　指导老师：田云庆　学生：王珺　王嫣

01

LANDSCAPE RESTORATION

LANDSCAPE DESIGN

滨水工业遗址公园景观设计方案

LANDSCAPE

PARK DESIGN OF WATERFRONT INDUSTRIAL SITE

项目背景

苏州河是我国近现代民族工业的发祥地之一，见证了我国民族工业企业的产生、发展的变迁的历史，承载了上海工业发展一百多年的荣辱变迁，曾孕育了一大批我国近现代史上知名的民族工业品牌，并积淀了灿烂的民族工业文化。

项目定位

认为把艺术介入空间，可以为城市滨水工业遗址的景观改造和再生提供一种新的方法

随着人们闲暇时间的增多及生活压力的增大，居民对城市游憩地的需求也呈现上升趋势。人们所追求的就是忙碌生活中的一种惬意感，这种感觉首先通过优美的环境体现出来。同时工业遗产的存在不仅仅见证了工业历史的进程，更是一座城市工业文化的延续。**艺术能改变环境**。以装饰雕塑与装置作为艺术媒介引入环境之中，使其与环境结合产生新的含义，将带有主题意义雕塑装置放置在一个有生命的空间、有机空间，使环境恢复人性。

学校：上海大学美术学院艺术设计系　指导老师：田云庆　学生：王珺　王嫣

学校：上海大学美术学院艺术设计系　指导老师：田云庆　学生：王珺　王嫣

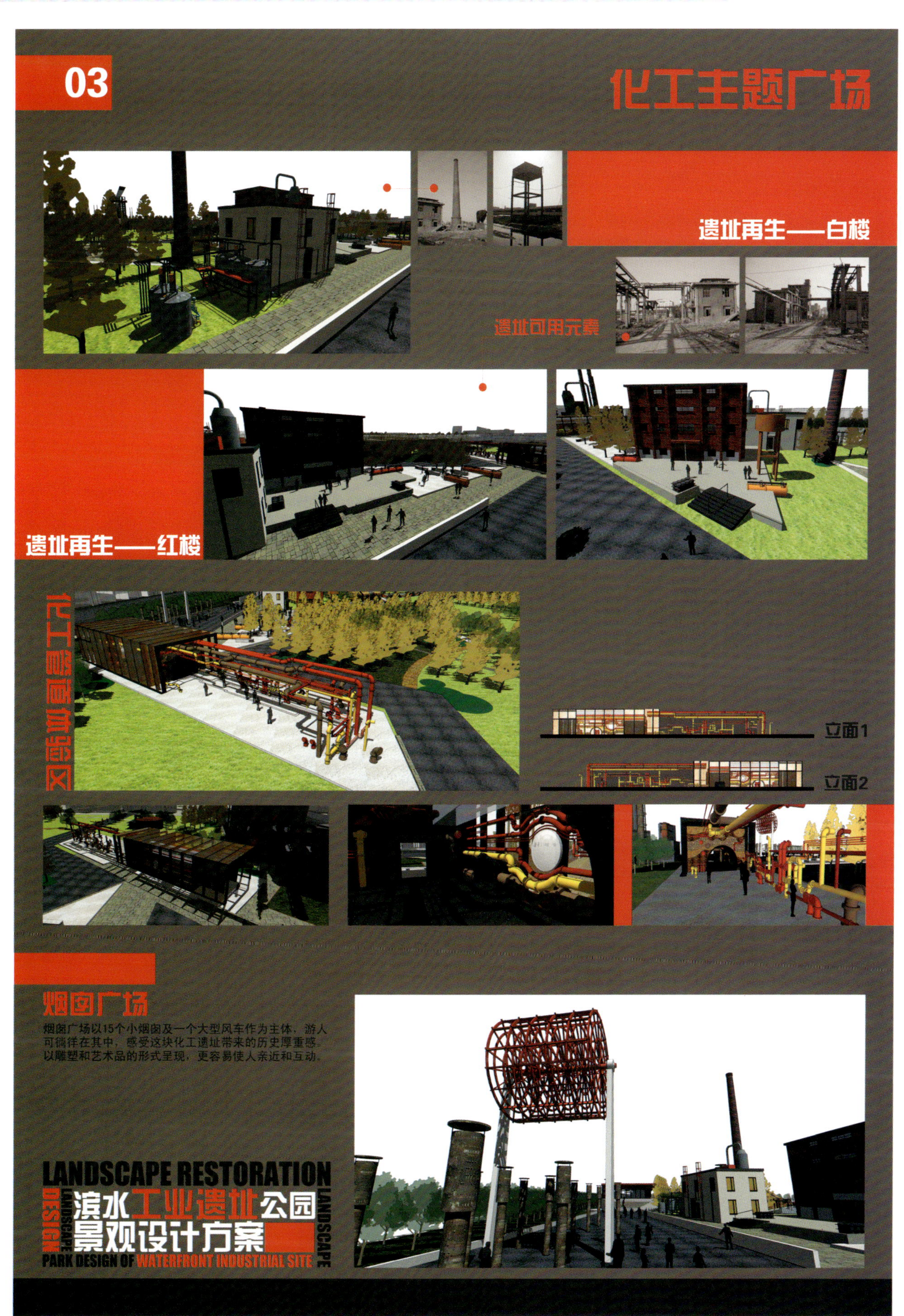

学校：上海大学美术学院艺术设计系　指导老师：田云庆　学生：王珺　王嫣

学校：中国美术学院环境艺术系　指导老师：沈实现　学生：何洋　吴沈魏　晋亚日

The Design of Landscape Architecture Experimental Base and Green house

景观设计学实验基地及生态温室设计

RECYCLE 调研版 I

PART 1 场地定位Site Location

杭州地处长江中下游平原，属于亚热带季风性气候，四季分明，温和湿润，光照充足，雨量充沛。年平均气温16.2℃，夏季平均气温28.6℃，冬季平均气温38℃。无霜期230－260天。年平均降雨量1435毫米，平均相对湿度为76%。较为优越的气候条件造就了杭州良好的植被。位于杭州西南角的象山植被茂密，原有生态保留完好。基地位于中国美术学院象山中心校区内的象山西南坡，基地内阳光充足。

Hangzhou is located in the middle and lower reaches of Changjiang River plain , belong to the subtropical monsoon climate , four distinct seasons , warm and humid , adequate light , rainfall . The annual average temperature is 16.2 ℃,average summer temperature is28.6 ℃ ,the average winter temperature is38 ℃,frost-free period230-260 days . Average annual rainfall 1435 mm , average relative humidity of 76% . More favorable weather conditions created Hangzhou a good vegetation . Xiang hill is located in southwest corner of HangZhou with dense vegetation , the original ecological reserves intact . Our site located in the southern slope of Xiang hill in China Academy of Art , Xiangshan Campus Center , Sunny venue.

PART 2 场地分析Site Analysis

1-1剖立面 Profile 1-1

基地水文、地质概况Site hydrology, geology

基地属于碳酸盐岩层寒武奥陶系杂质灰岩。土壤主要为红壤和黄壤。

水文现状分地表和地下两部分。地表没有天然水系，泄洪主要靠人工沟渠。地下水资源较为丰富，受地质构造控制，赋存于溶蚀盆地里，属于覆盖型裂隙————喀斯特水，覆盖型岩溶水天然水位埋深 2—10米，年变幅一般2—4米，具承压性。单井涌水量可达1000—2000立方米/天。水质良好。在现有温室有一处地下水作为温室用水，是目前排水渠排水主要来源，最后汇入基地南部的一条泄洪河。总体来说，水文情况良好，水资源较为丰富，适合浇灌植物，也为方案用水提供了更多的可行性。

Site belonging to the Cambrian carbonate rocks of Ordovician limestone impurities . The soil is predominantly red and yellow .

Hydrological situation falls into two parts , the sub-surface and the underground . No natural surface water , flood discharge mainly by artificial floodway . There is abundant of groundwater resources , Controlled by the geological structure , Stored in the basin where erosion , belong to the fissure where be covered--- karst water . Natural water level is 2-10meter deep , generally 2-4 meter in amplitude , have pressure . Single hole up to 1000-2000 cubic meters of water each day,and Good water quality . There is an existing underground water as greenhouse use, is the main water source of floodway , finally import a flood river in south of site . Speaking overall , hydrological well and there is full of rich underground water , good for watering plants and make more methods to designing the plan water use .

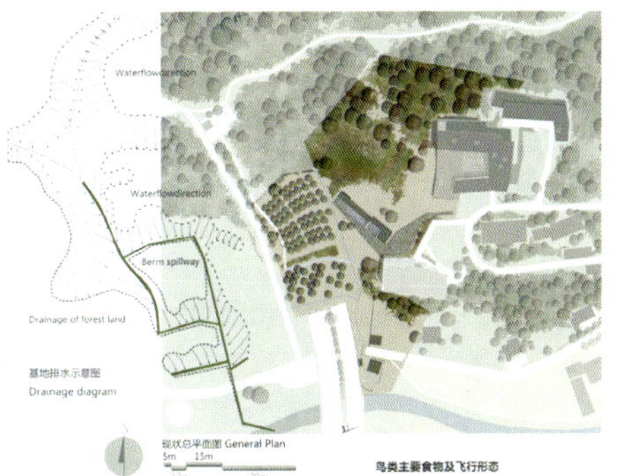

基地排水示意图 Drainage diagram

现状总平面图 General Plan

鸟类主要食物及飞行形态

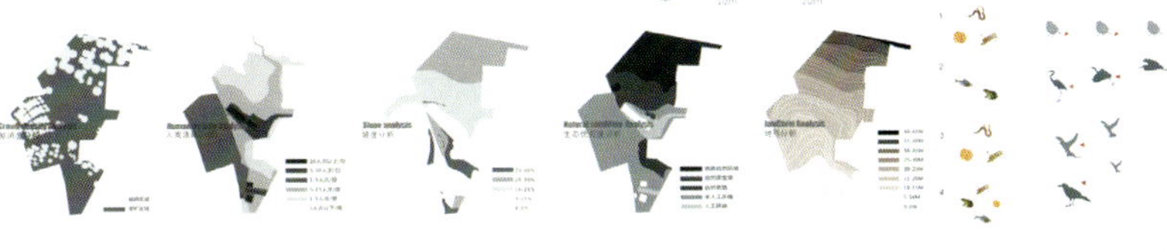

动植物状况Animal and plant condition

象山地处钱塘江拐弯处的湿地平原地带，加之象山属于午朝山余脉，有100余米的地形变化，造就了该基地兼有湿地、山地生态系统的特征，是具有重要意义的典型生物"跳板石"。因此关注小型动物的生活行为模式并适当照顾在设计规划中就显得尤为重要。经过初步分析，该区域主要包含以下几类动物：小型啮齿动物、偶蹄动物、昆虫、鱼类、鸟类、爬行类。这里主要包含的是昆虫、小型啮齿动物和鸟类。

In addition , the Xiang hill is located in the corner of the Qiantang River , belong to wetland area climate , additionally the Xiang hill is a series of mountain in WuChaoShan , the 100 meters high of terrain changes contributes to the characteristics base of both the wetland and mountain ecosystems . Is a typical significance of biological "springboard Stone" . Therefore concerned with the small animal life and behavior patterns in the design and planning and appropriate preferential treatment is especially important . After a preliminary analysis , the site mainly includes the following categories Animals : Small rodents, hoofed animals, insects, fish, bird, reptile and so on . Here mostly of insects, small rodents and birds .

象山乡土植物分类Indigenous Plant classification

象山鸟类活动区间及筑巢高度分析 The Birds Nested Activities And Highly Analytical

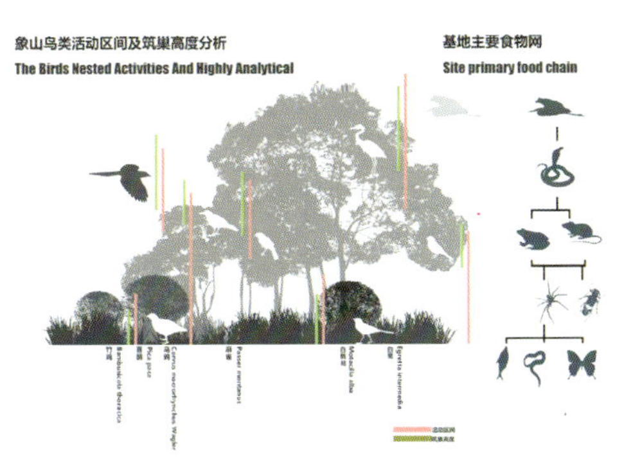

基地主要食物网 Site primary food chain

主要蛾类保护对象寄主

单位：摄氏度

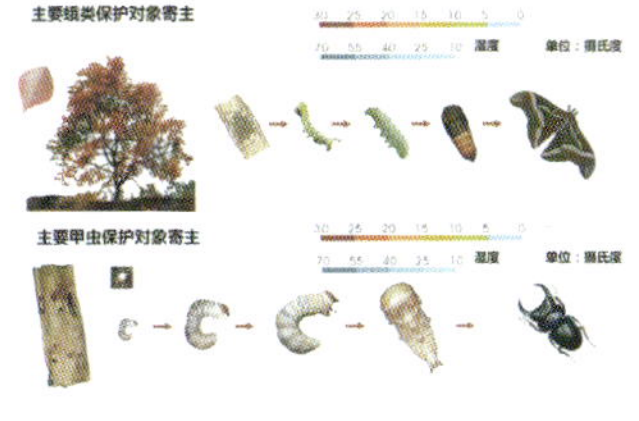

主要甲虫保护对象寄主

点评人： 沈实现　中国美术学院建筑艺术学院　工学博士　讲师

点　评： 因学院学科发展的需要，在校园的山麓上将新建生态温室，以此为契机，拓展设计内容，带领学生进行真题假作，最终的选题定为——景观设计学实验基地和生态温室设计，综合了场地设计、建筑设计和部分室内设计的内容，构成一个大景观的概念，这也体现出环艺专业共融共通的特点。

学生的灵感来源于现场凌乱的生活垃圾和建筑垃圾，以Recycle（"回收——循环"）为概念展开设计，定位明确，逻辑清晰，最终方案也兼顾了艺术和功能的平衡，不失为一件优秀的毕业设计作品。

学校：中国美术学院环境艺术系　指导老师：沈实现　学生：何洋　吴沈褪　晋亚日

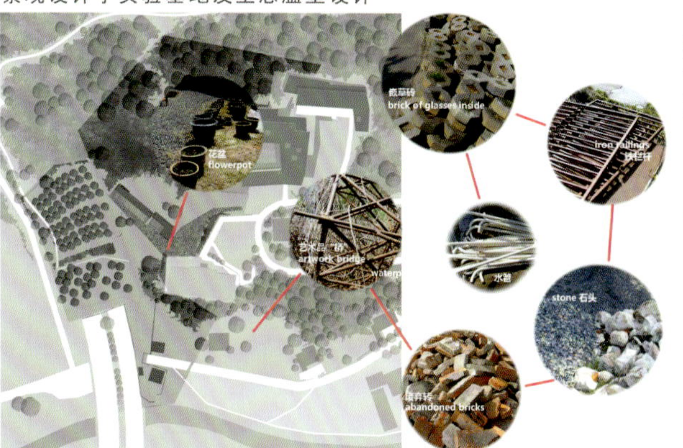

基地随处可见被废弃的材料，除了建筑废材外，还包括艺术品“桥”，颓废的美令人震惊，惊叹之余是悲凉。

Abandoned materials can be seen here and there.Not only building waste resources,a artwork named “Bridge” still be abandoned.The beauty shocked me at once,then sorrowed up.

场地设计？landscape design?

我们能做些什么？what can we do?

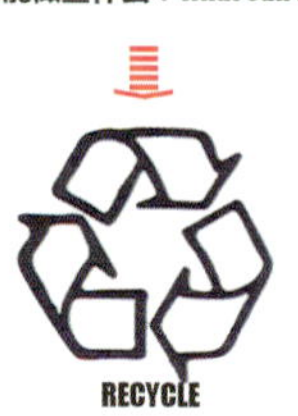

前期我们提出了些回收利用的方案，并在现场和模型室做了各种各样的尝试，包括利用废弃砖做的道路铺装，嵌草砖堆砌的花坛，可移动式花圃。

The point we offered more recycling schemes, then in the site and model shop we do a lot of tries. Including the use of abandoned bricks to make road,and bricks with the grass border of flowers, the removable type of flower bed.

嵌草砖是基地随处可见的废材，废弃已久的嵌草砖孔中已长出青草，酷似玛莎.斯瓦茨的公共艺术，我们将这些嵌草砖砌在路边做挡土墙，形成独特的景观效果。

废弃的铁门位于水生植物圃区块，十几块铁门做防锈处理后能够埋入土中作为精致的小型试验圃，有的则可以嵌入路面成为铺装，空隙中可以装上LED光带或植物，并与瓦砾结合作为水生植物圃的主要的RECYCLE景观。

RECYCLE廊道是进入基地的主要道路，用现有的废弃转头筛选打磨后铺设，砖头逐渐跳跃消隐进草坪中，单侧现有排水沟改造成移动式花坛，增加人与景观的互动。

1.我们在场地南端道路边，利用场地上废弃的红砖制作的道路铺装实体模型。这段材质将应用于实验基地南北走向主要干道中。2.利用铁栏杆与瓦片配上场地现有的景天科植物制作的路边景观。3.我们在模型室制作移动花圃模型。4.河岸边，为嵌草砖花坛理地。5.在现有温室楼顶，景天科植物开得很旺盛，于是配上一些被废弃的碎瓦，又是一组铺装的展示。

场地上有很多做清水混凝土多余的白色的PPC水管，可以用于老墙面顶部的排水，将水管接于墙顶的排水构造上并做成廊架，下雨时形成有趣的水景，晴天则形成丰富光影。

附中每年毕业生废弃的画架是很好的景观构成元素，将画架排成各种富有形式感的景观小品零星分布于跌宕起伏的视景线两侧，并缠绕各种藤蔓制成垂直绿化的隔断。

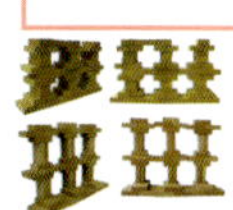

丰富的砖墙垒法一直是美院校园一大特色，学校有众多留空的砖墙，为同学们尽情发挥公共艺术创意提供了舞台。我们将延续这一传统。

学校：中国美术学院环境艺术系　指导老师：沈实现　学生：何洋　吴沈飔　晋亚日

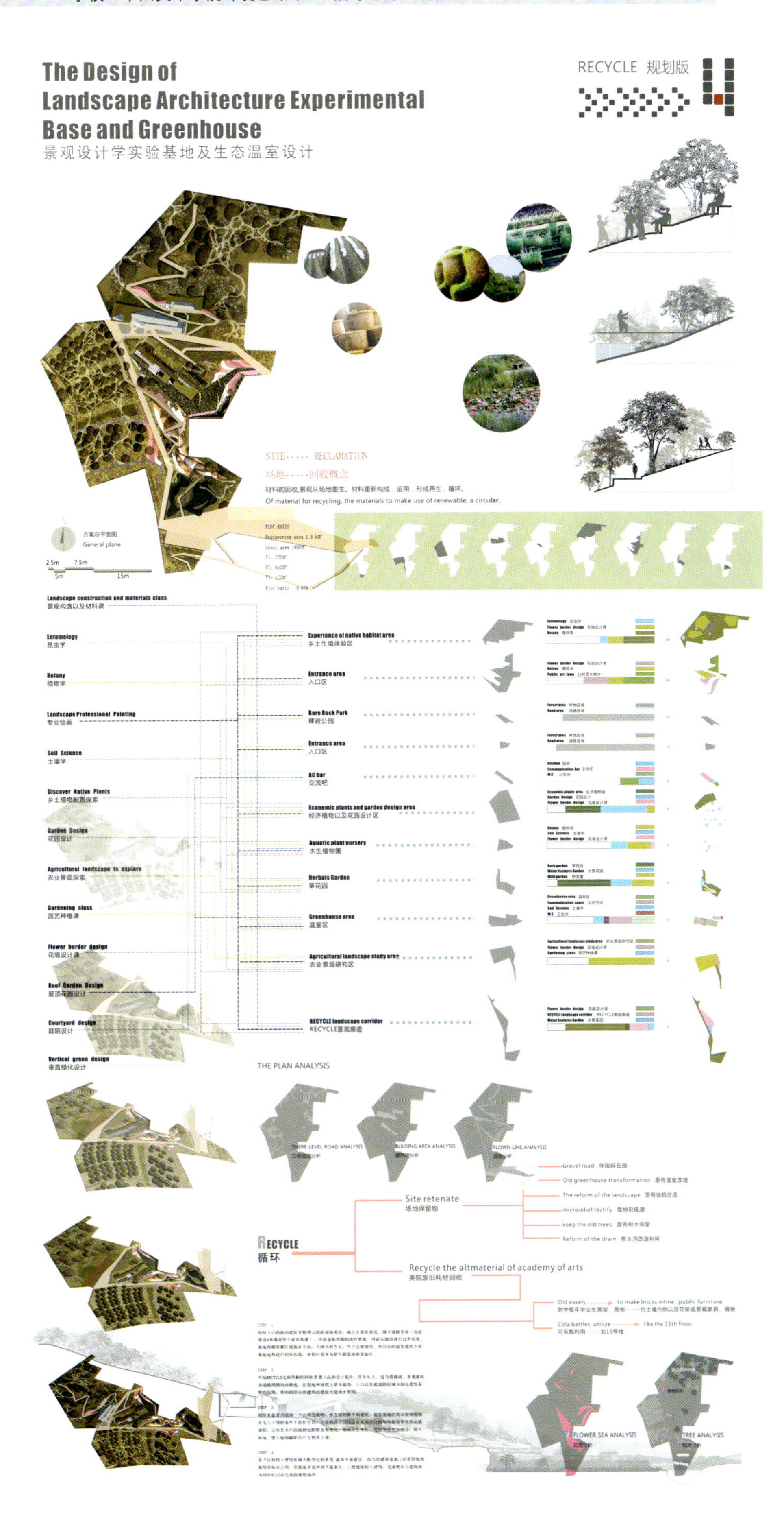

学校：中国美术学院环境艺术系　指导老师：沈实现　学生：何洋　吴沈鹏　晋亚日

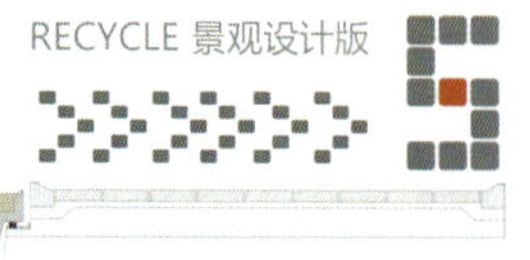

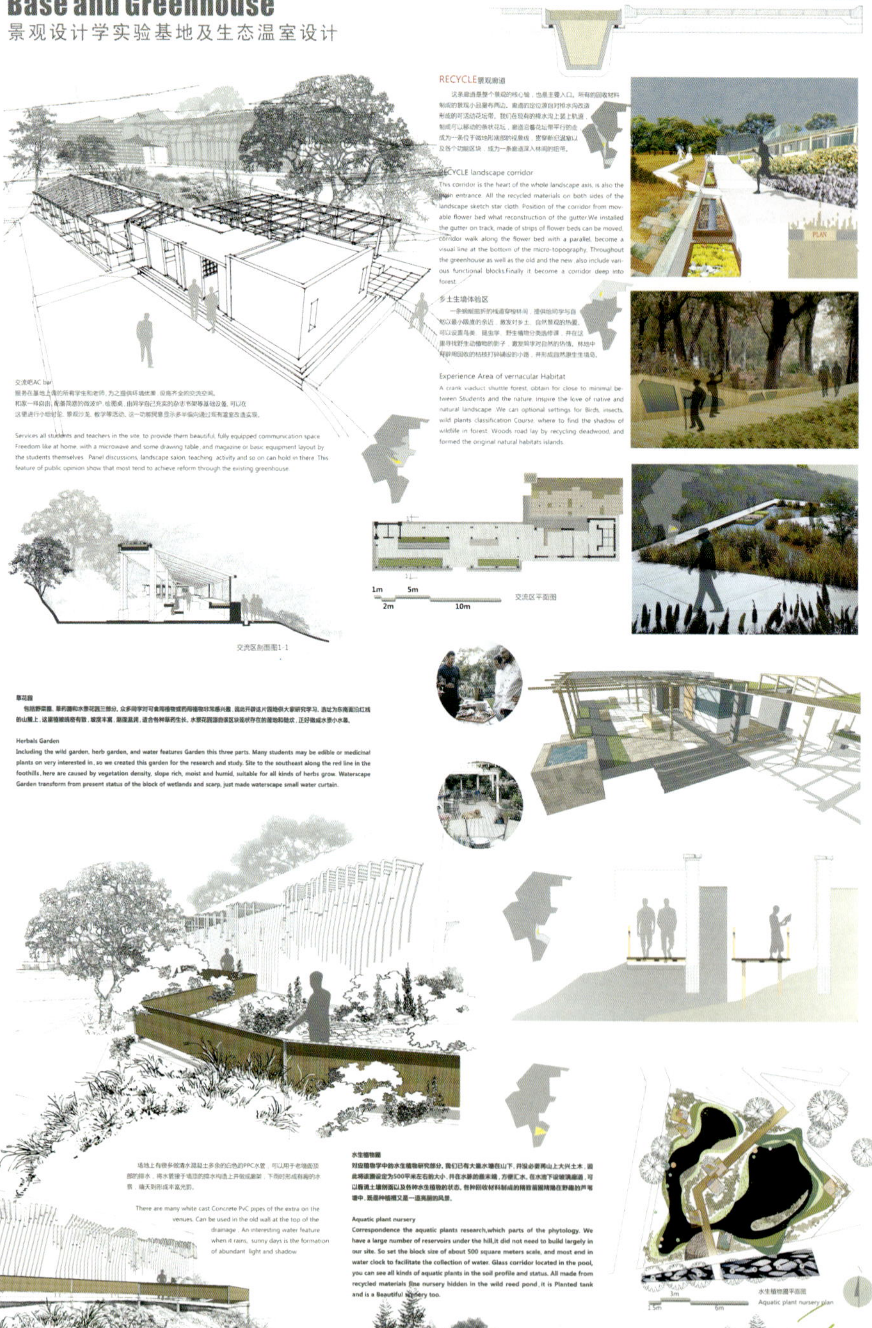

学校：哈尔滨工业大学建筑学院艺术设计系　指导老师：赵晓龙　邵龙　学生：魏铭

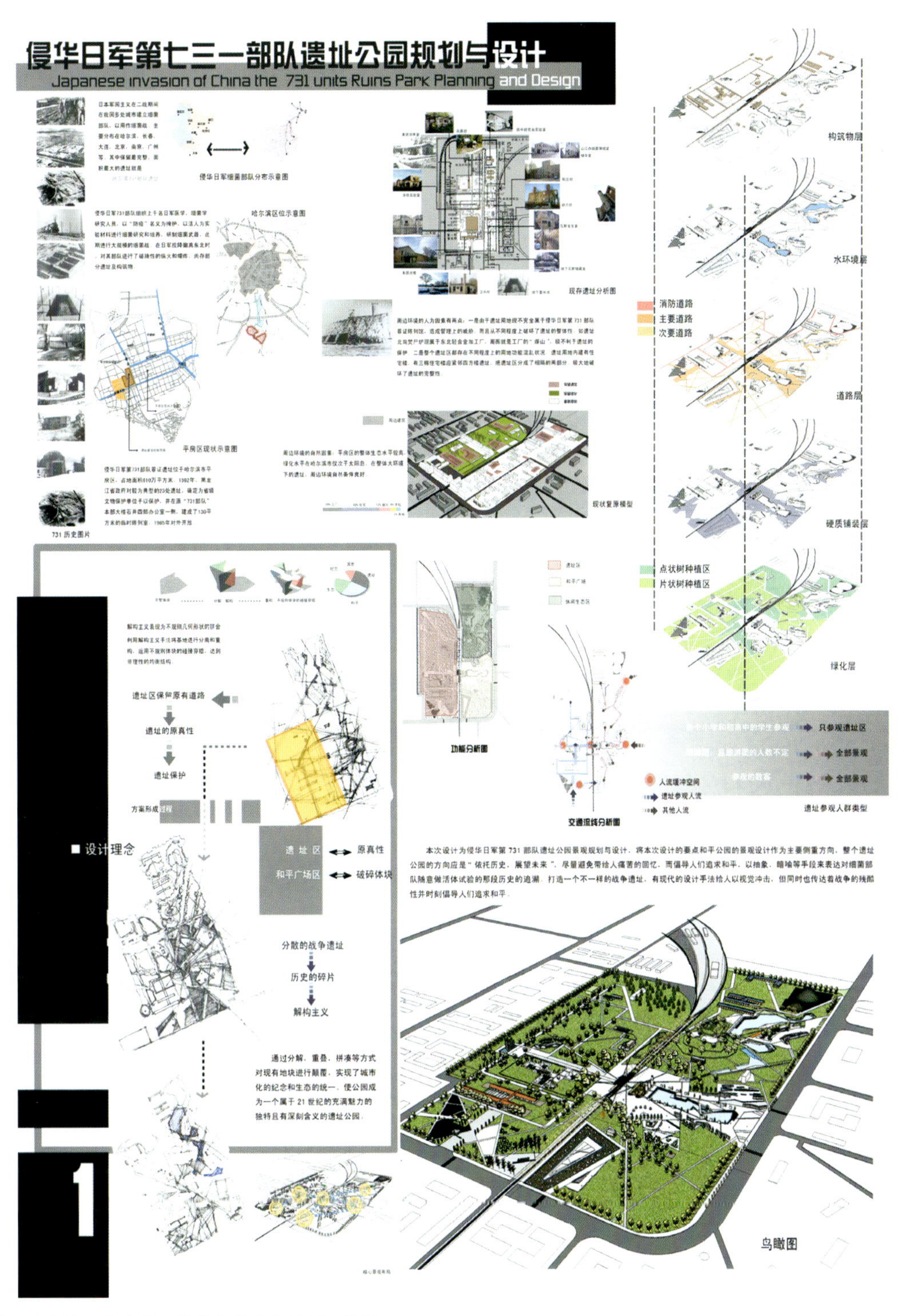

点评人：邵龙　哈尔滨工业大学建筑学院艺术设计系　教授

点　评：该方案为侵华日军第731部队遗址公园景观规划与设计，以和平广场的景观设计为侧重点，不以战争遗留的残酷记忆为主导，重点在于倡导和平的理念。以抽象、暗喻等手段来表达对细菌部队活体试验历史的追溯。用现代的设计手法给人以视觉冲击，同时也传达着战争的残酷性并时刻倡导人们追求和平。

设计主线为"历史碎片——带来希望——推崇和平"，线路清晰明了。历史碎片的表达摆脱了传统的设计方法，利用解构主义手法将地块进行分离与重组，利用不规则体块的碰撞、穿插，达到一种非理性的均衡结构。与之相配的雕塑及球形碑林则给人带来希望。所有设计的要点都最后归为"和平理念"，将设计理念升华。使其成为一个充满独特魅力且具有深刻含义的遗址公园。

整个区域的解构空间处理在视觉上给人最直观的感受。遗址区的独特设计在于：体验了战争的残酷痕迹且又流露出平和的气息，跳脱以往战争遗址给人的压迫感。空间结构与惨痛破碎记忆心理同构，形式与内容统一，通过体验历史的伤痛萌生和平的珍贵道理。

"三区"即，遗址区、和平广场、生态公园，看似独立又相互关联，重点明确，整个区域设计松弛有度。以时间流线和心理流线来合理串联三个区域。在"三区"之中穿插着"两点"：火车模拟景观长廊和球形碑林。"两点"景观设计重视与人的互动，强调人是景观设计中的主角，让参观人群参与其中并很自然的融合在内，在整体设计中起着点睛之笔的作用，与设计主题相互辉映。这样，"三区两点"构成整体的设计。

学校：哈尔滨工业大学建筑学院艺术设计系　指导老师：赵晓龙　邵龙　学生：魏铭

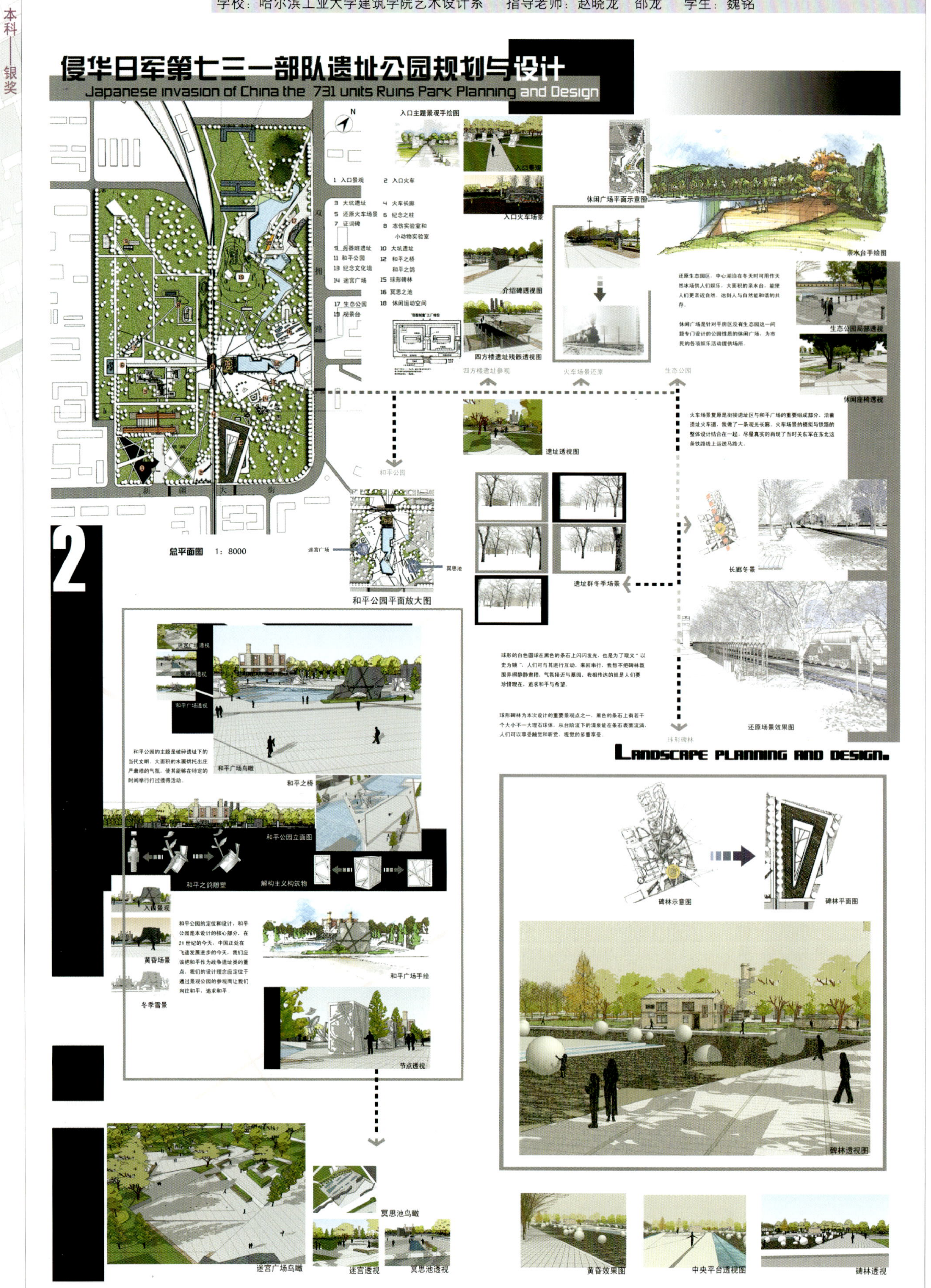

学校：合肥工业大学建筑与艺术学院艺术设计系　指导老师：陈刚　魏晶晶　学生：郑云

学校：合肥工业大学建筑与艺术学院艺术设计系　指导老师：陈刚　魏晶晶　学生：郑云

本科——铜奖

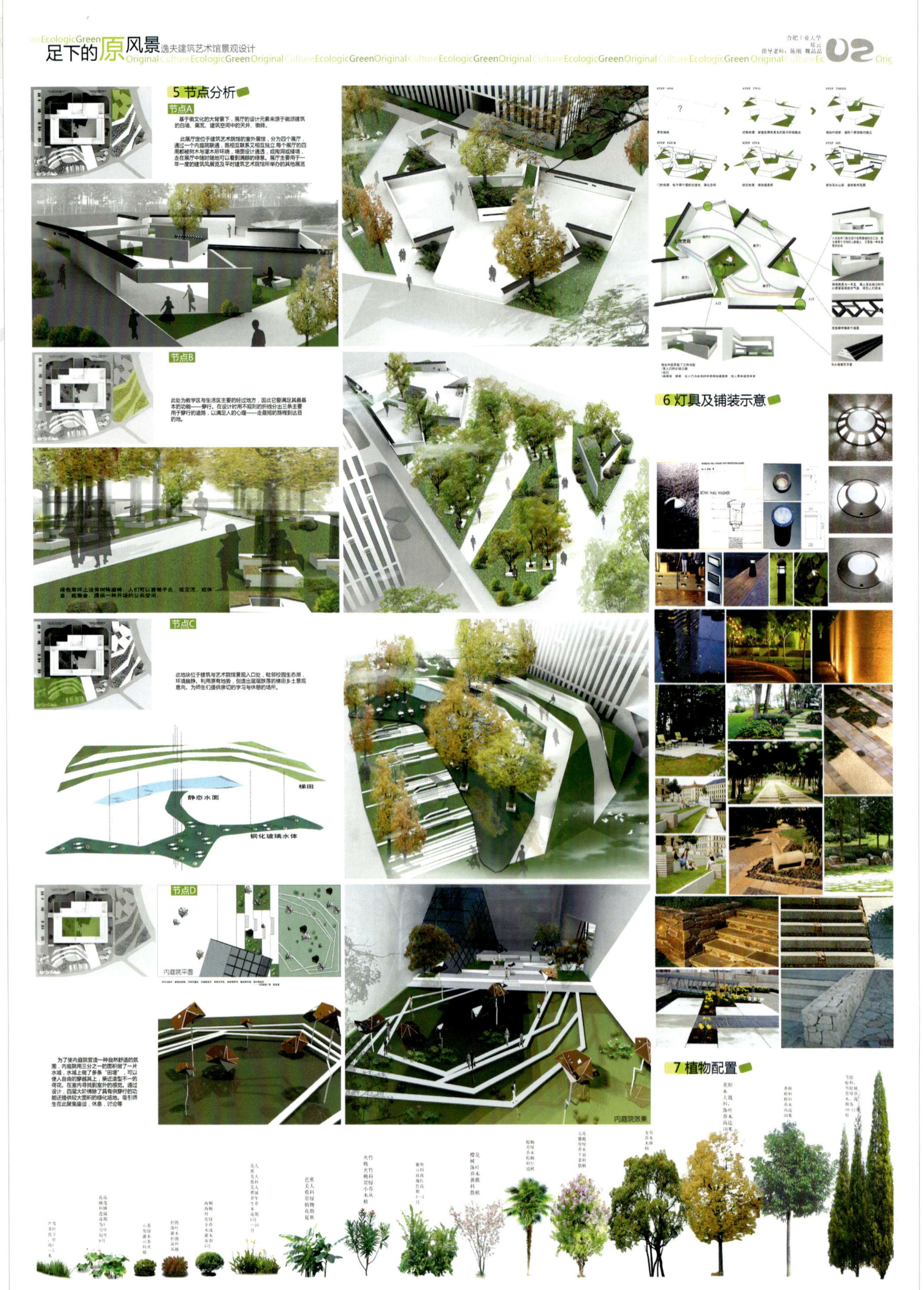

学校：哈尔滨工业大学建筑学院建筑系　指导老师：邵郁　学生：李宗渝

国家开发银行黑龙江省分行办公楼设计

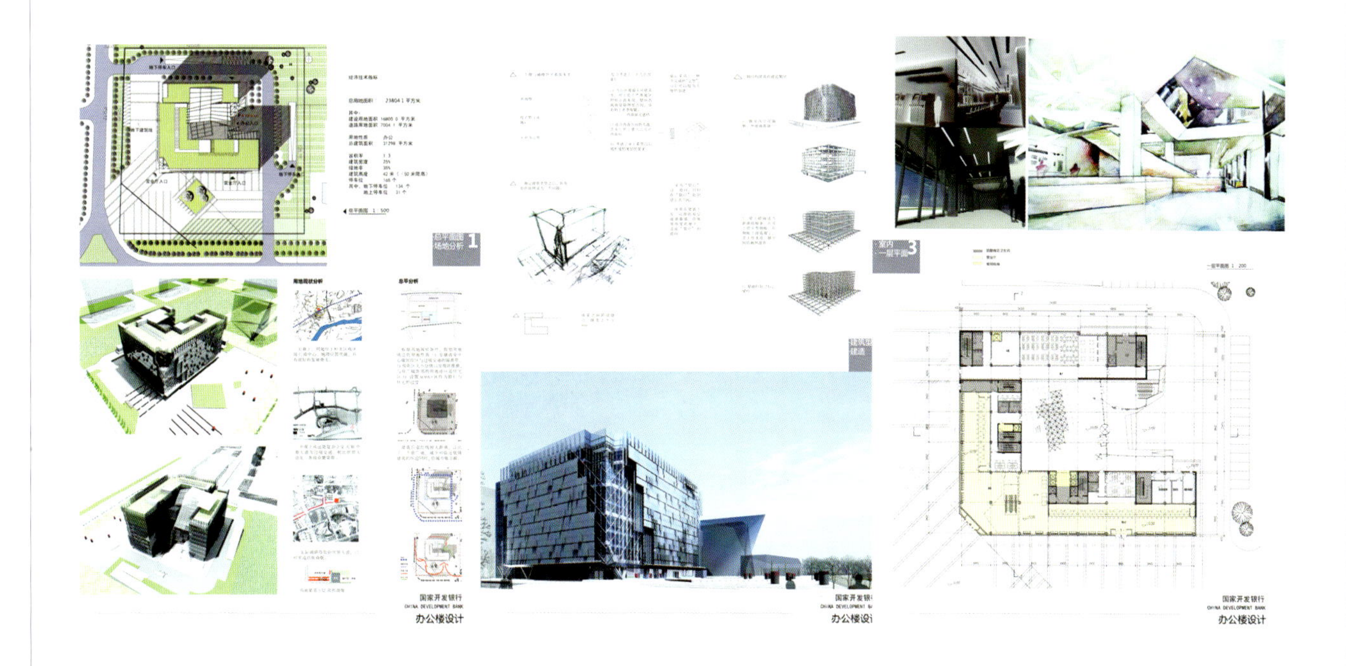

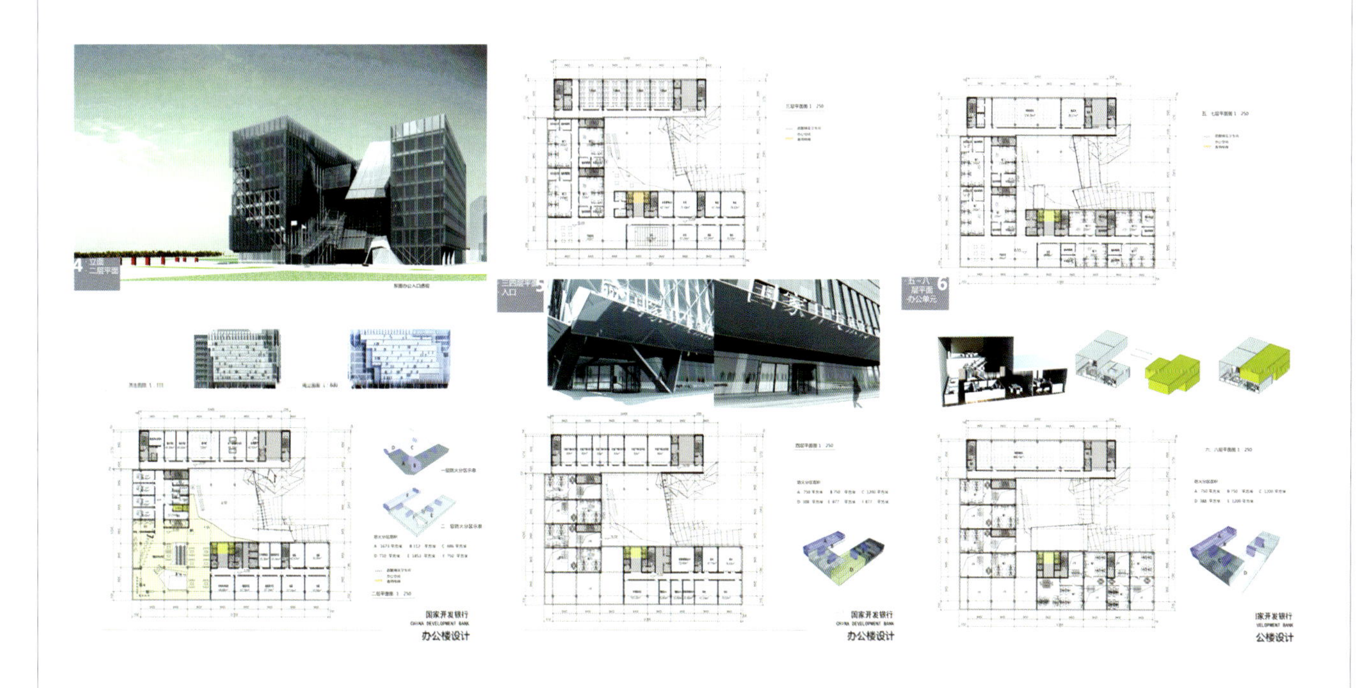

中国环境艺术设计学年奖

学校：哈尔滨工业大学建筑学院建筑系　指导老师：邵郁　学生：李宗渝

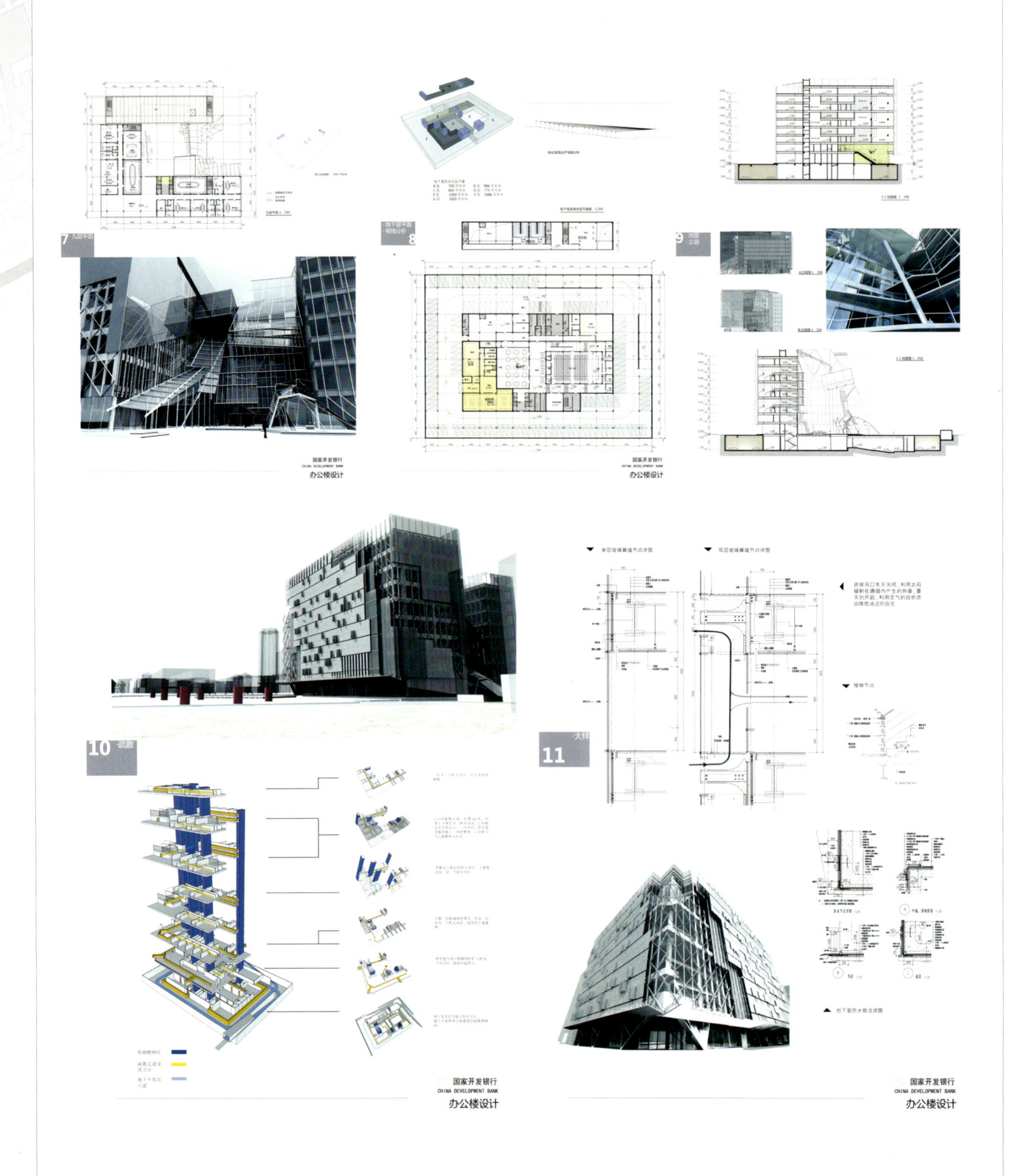

学校：西北农林科技大学艺术系　指导老师：陈敏　刘艺杰　学生：王洋

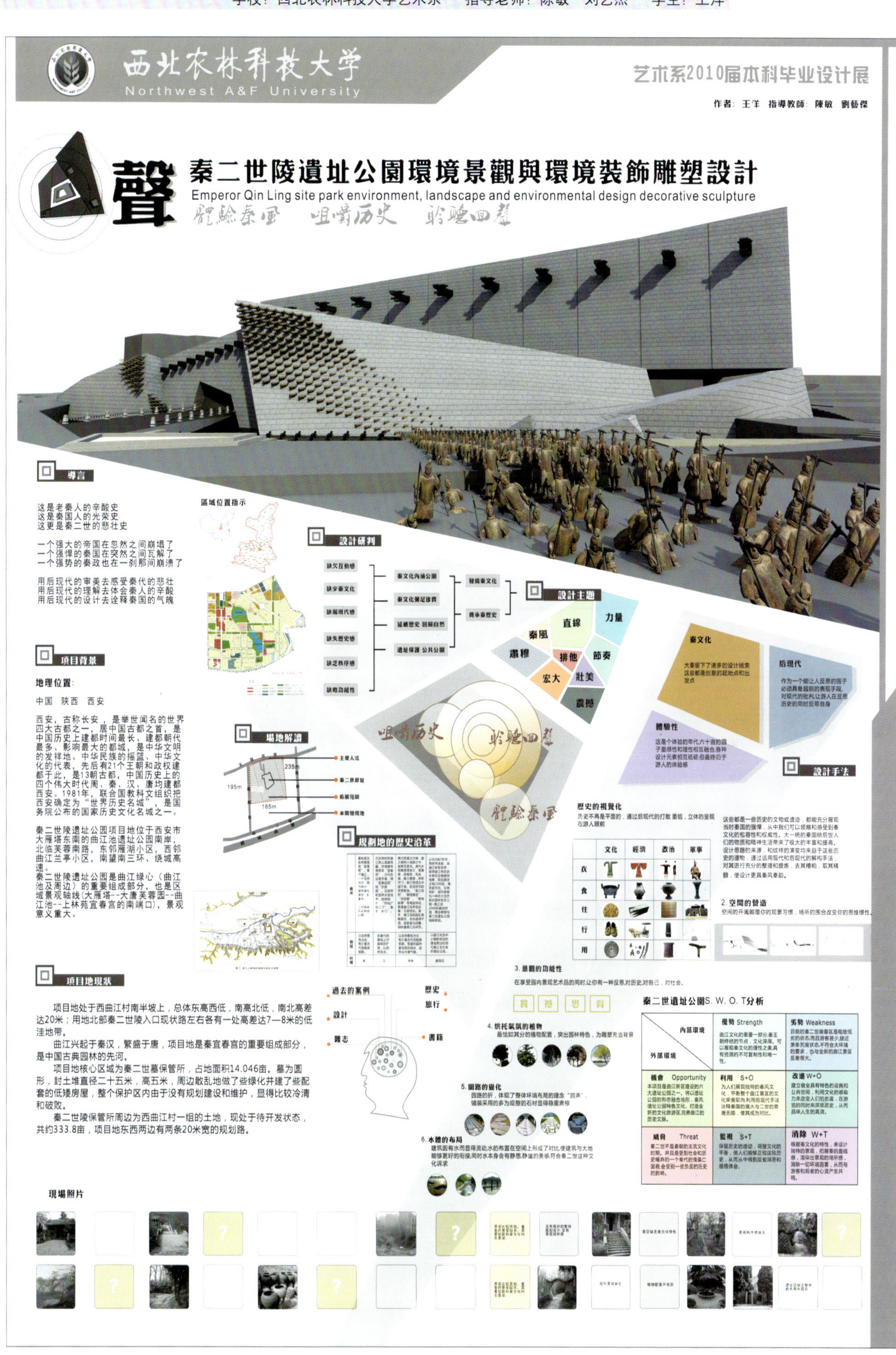

学校：西北农林科技大学艺术系　指导老师：陈敏　刘艺杰　学生：王洋

本科——铜奖

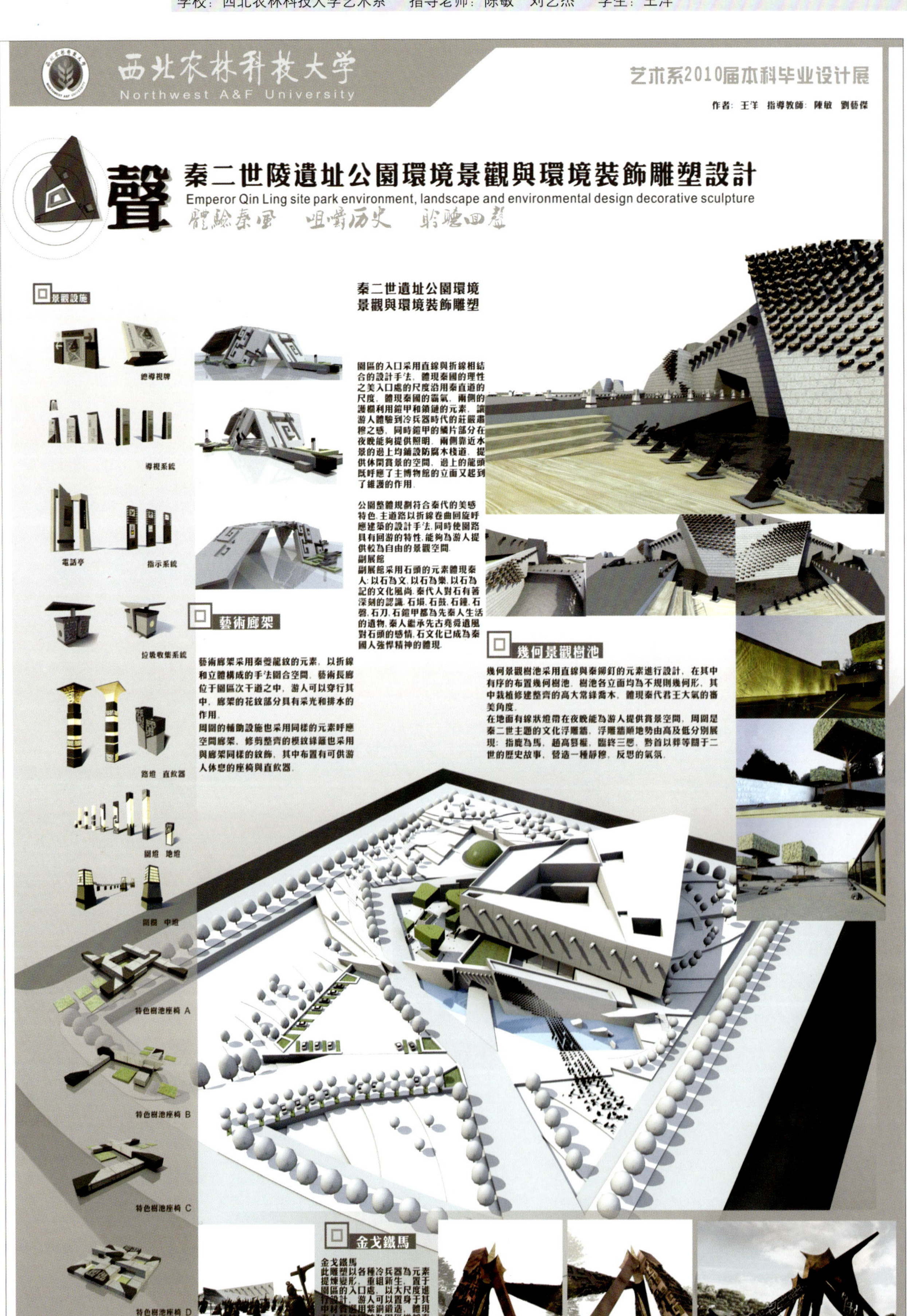

学校：哈尔滨工业大学建筑学院艺术设计系　指导老师：吕勤智　于稚男　学生：金梦

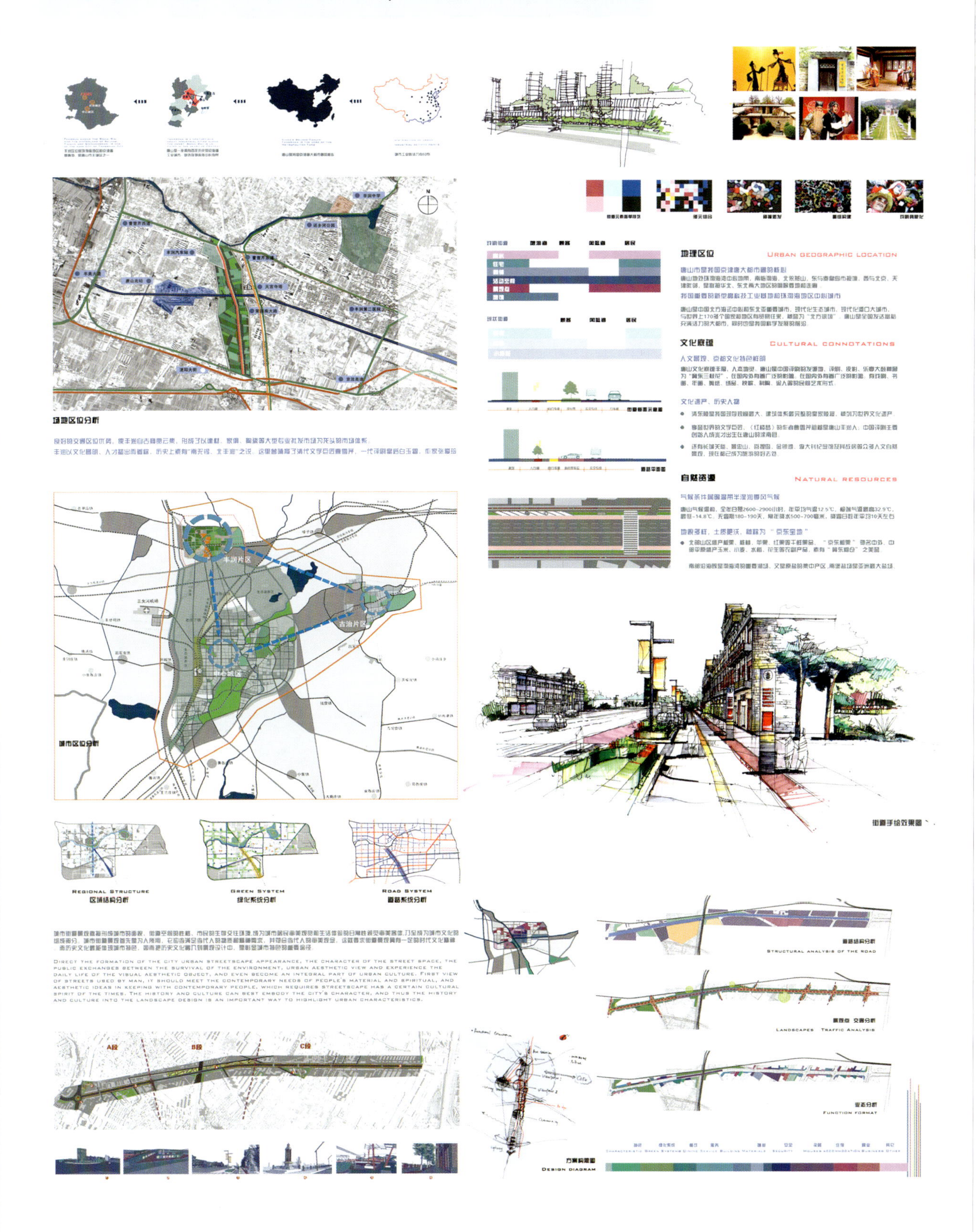

学校：哈尔滨工业大学建筑学院艺术设计系　指导老师：吕勤智　于稚男　学生：金梦

DRAMACITY 唐山市唐丰路街道景观环境艺术设计 03

TANG FUNG STREET IN TANGSHAN CITY, LANDSCAPE ART AND DESIGN

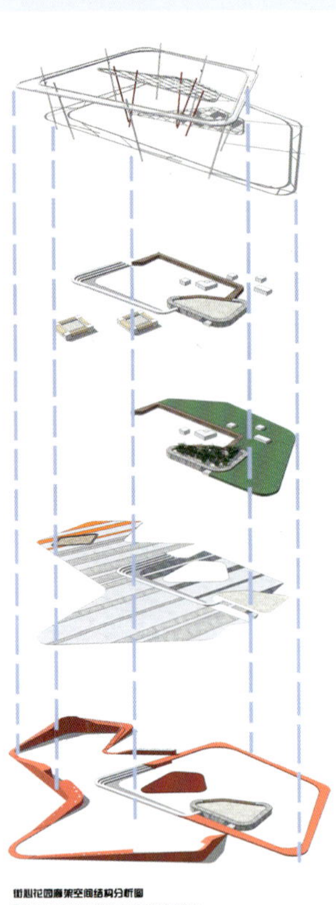

街心花园廊架空间结构分析图

ENTRANCE GREENBELT LANDSCAPE NODE

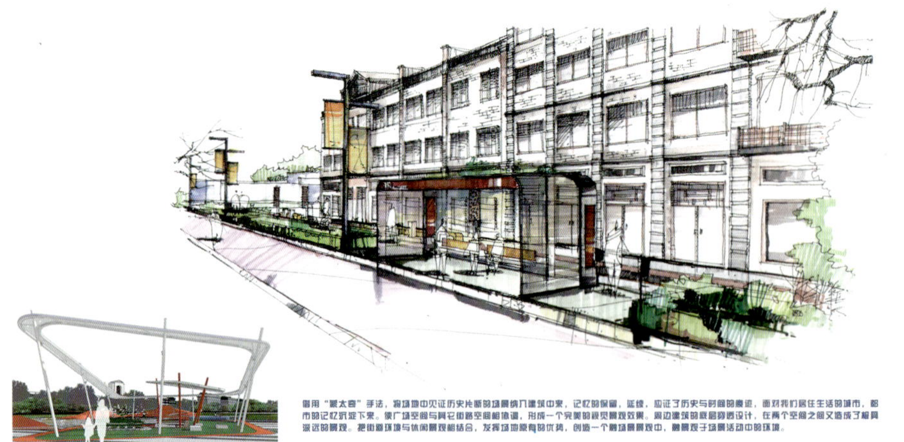

借用“蒙太奇”手法，将场地中见证历史片断的场景纳入建筑中来，记忆的保留，延续，应证了历史与时间的痕迹，面对我们居住生活的城市，都市的记忆沉淀下来。使广场空间与其它街路空间相协调，形成一个完美的视觉景观效果。周边建筑的底层穿透设计，在两个空间之间又造成了相互渗透的景观。把街道环境与休闲景观相结合，发挥场地原有的优势，创造一个融场景于景观中，融景观于场景活动中的环境。

街心花园景观廊架

街心花园景观节点

街心花园综合活动设施

THE STREET LANDSCAPE PERSPECTIVE 街道景观透视图

导引系统色彩分析

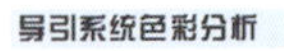

给人光明，活泼轻松的感觉，对人视觉冲击缓和

能营造喧闹、热烈、欢快的气氛

庄严、肃穆、稳重

视觉冲击力极强烈，识别性强，吸引人注意，并使人产生警觉

在导引系统设计中，色彩是形成系统性和可识别性的重要方法，在实际运用中应注意色彩的面积对比、纯度对比、色与形的关系等。色彩上运用黄色，视觉冲击及强烈，识别性强：吸引人注意，并能使人产生警觉。色彩是创造街道气氛和空间性格的重要手段。色调要协调而鲜明，色彩应以温暖而热烈为主，使其充满欢庆气氛，吸引人们前往。铺地的色彩与主体建筑要取得和谐统一的效果，避免色彩杂乱无章。小品、雕塑的色彩宜鲜亮，起到画龙点睛的作用。

通过建筑立面、街道空间形态、环境设施的整合，形成完整的空间体系和秩序；通过街道布置、街头绿地、公共设施补偿区域绿化，增加垂直绿化，优化环境质量；把街道在功能上细分，空间上集聚，形成较强的集群效应，引导良好的街道景观环境秩序，形成独具特色的城市景观大道。

组合设计法

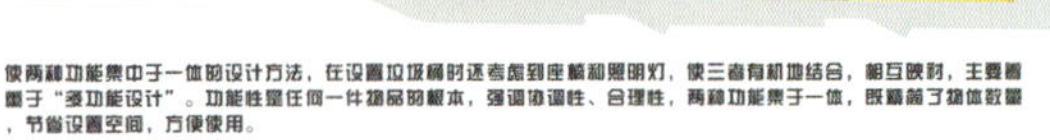

使两种功能集中于一体的设计方法，在设置垃圾桶时还考虑到座椅和照明灯，使三者有机地结合，相互映衬，主要着重于“多功能设计”。功能性是任何一件物品的根本，强调协调性、合理性，两种功能集于一体，既精简了物体数量，节省设置空间，方便使用。

MAKE TWO FUNCTION CENTRALIZED INTEGRATION IN THE DESIGN METHOD, SET IN THE TRASH WHEN CONSIDERING THE SEAT AND FLOODLIGHT, MAKE THREE ORGANICALLY, AND MAINLY FOCUSES ON THE MUTUAL MULTIFUNCTIONAL DESIGN ", ". ANY ITEM IS FUNCTIONAL, EMPHASIZES THE HARMONY, RATIONALITY, TWO KINDS OF FUNCTION, WHICH CAN SIMPLIFY THE NUMBER OF OBJECTS, SAVE SETTINGS SPACE, CONVENIENT USE.

学校：广东工业大学艺术设计学院环境艺术设计系　指导老师：王萍　学生：程结成

2010 广州海事文化公园总体规划设计

Guangzhou Cultural Park in Marine Design

设计说明：

广州海事文化公园选址在广州南海神庙附近。南海神庙作为古代出入广州的交通要道，商船众多，港口贸易频繁，这蕴含了大量与海事文化相关资源。

本人认为广州有着如此丰富的文化资源，非常有必要建设一个有以航海为中心、涉及海洋文化诸个领域为展示内容的公园来展示其两千多年的海洋文明。

在设计过程中注重体现场地的历史与文化内涵及特色的场所性原则，将广州二千年来保持长盛不衰的海上丝绸之路发祥地的海洋文明向人们展示，同时要满足市民的休闲、娱乐、教育等需求的功能性原则，让人们能够系统对广州的海洋文明和海洋知识了解的同时具有一个休闲娱乐的空间；还有就是要强调自然生态适应性的生态原则，在“野草之美”的环境中展示“海洋文明”。总之，力求将公园建设成一个市民休闲、旅游和教育的综合性城市公共开放空间公园，同时也是广州的一个爱国主义和海洋科普的教育基地。公园的建成将推进南海神庙申报世界文化遗产项目的进展。

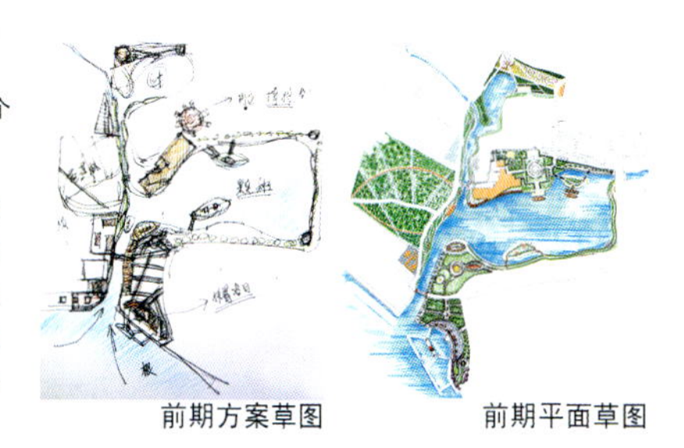

前期方案草图　　前期平面草图

广州海事文化：

场地信息：

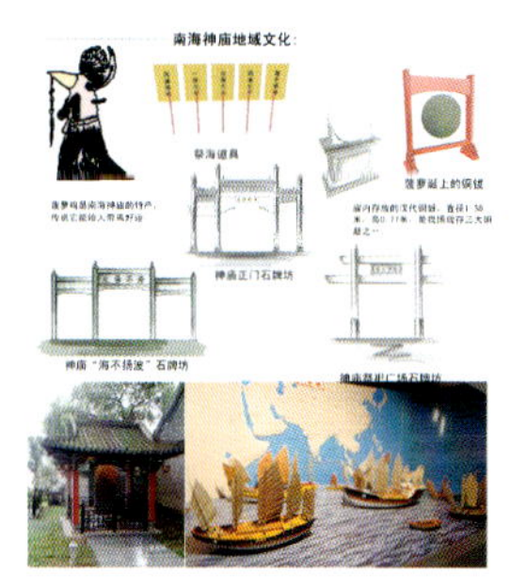

场地现状：

当前，南海神庙周边环境不容乐观，令人难以想象具有一千多年历史文化沉淀的南海神庙周边环境如此的“不搭调”，种种情况不禁让人扼腕叹息。保护环境，拯救文化的行动势在必行，刻不容缓！其中最主要存在以下问题：

①南海神庙傍的庙头涌水体污染严重，河水发黑发臭，严重影响南海神庙形象。并不能体现岭南水乡特色及海洋文化特征。

②严重缺乏景观休闲观赏设施，如景观雕塑和景观建筑等，难以体现其地域特色。

③严重缺乏休闲娱乐广场设施，人们的休闲娱乐消遣成为迫切要解决的问题。

④地域植物利用不充分，整个规划区植物物种单一、植物配置欠佳、绿化率偏低。

中国环境艺术设计学年奖

学校：广东工业大学艺术设计学院环境艺术设计系　指导老师：王萍　学生：程结成

公园选址

基地分析

南海神庙坐北朝南，前堂后寝，中轴线前有“海不扬波”石牌坊，中轴线上主体建筑有五进，由南至北分别是头门、仪门、礼亭、大殿后殿，以及新建的昭灵宫大殿。

区域划分

场地现状

功能分区

景点分析

人流路线

概念来源

“一棵葫芦”的总体规划理念

“一棵葫芦”包括根、茎、叶、果实等部分，每每一部分都有其自身的生理特性和作用，结合公园的功能，当地的地域文化及其场地条件，可以将公园划分为四大区域进行规划，分别为入口休闲区、环湖景观区、珠江滨水区、生态过渡带。

叶子（陪衬、辅助）

藤蔓（连接、延伸）

果实（精华、营养沉淀区）

根部（源头、营养来源）

分区意向

道路系统

水陆系统

视点分析

植物种植

总平面布置图

主要景点：

1. 入口广场
2. 滨海渔民社会
3. 方盒子休息区
4. 龙舟竞渡
5. 野草景观带
6. 停车场
7. 风帆船影休闲空间
8. 广州海事博物馆
9. 启航雕塑广场
10. 中心广场
11. 图腾柱阵
12. 游船码头
13. 水景广场
14. 亲水廊道
15. 休闲平台
16. 港湾景观墙
17. 古船风采
18. 绿葫岛
19. 休闲会馆
20. 儿童乐园
21. 滨水入口小广场
22. 海浪滨水广场
23. 铁索回廊
24. 沉箱装置空间
25. 风帆灯塔
26. 标志雕塑
27. 绿色会馆
28. 江滨大道
29. 菠萝庙造船厂参观基地
30. 码头印象亲水平台
31. 蕉林廊道展区
32. 大型船只展示方盒

1:3000

学校：广东工业大学艺术设计学院环境艺术设计系　指导老师：王萍　学生：程结成

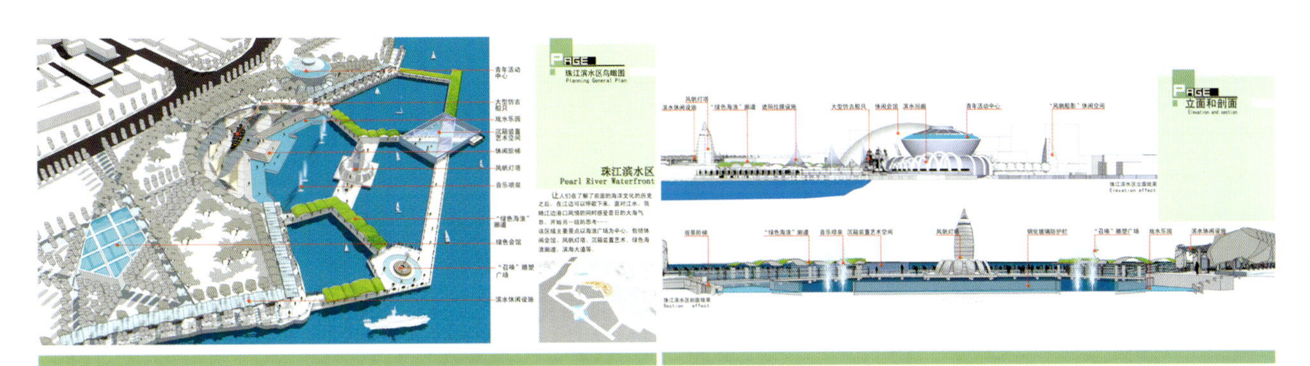

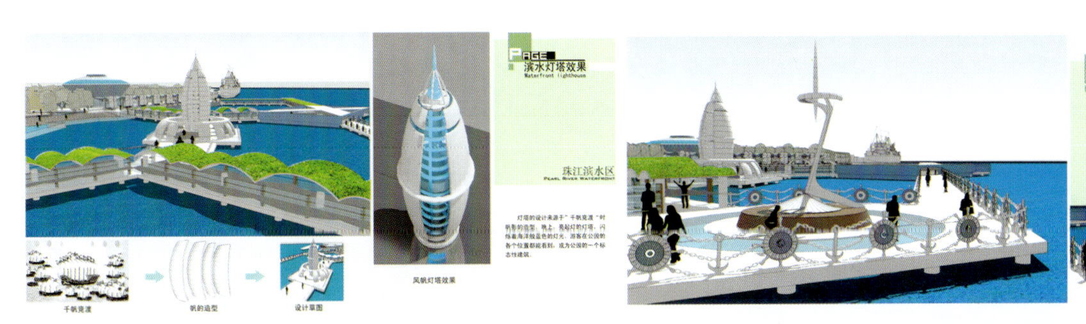

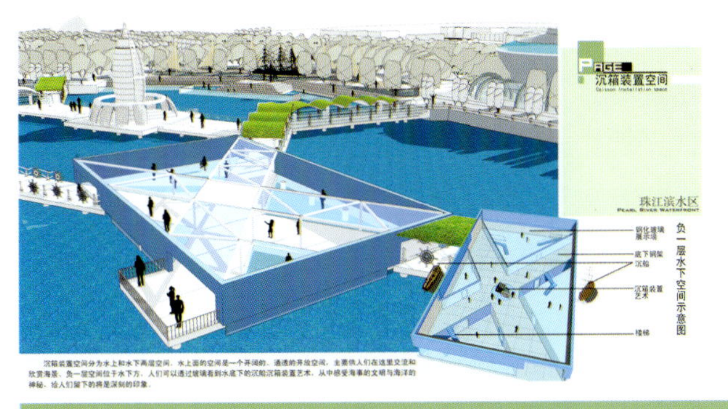

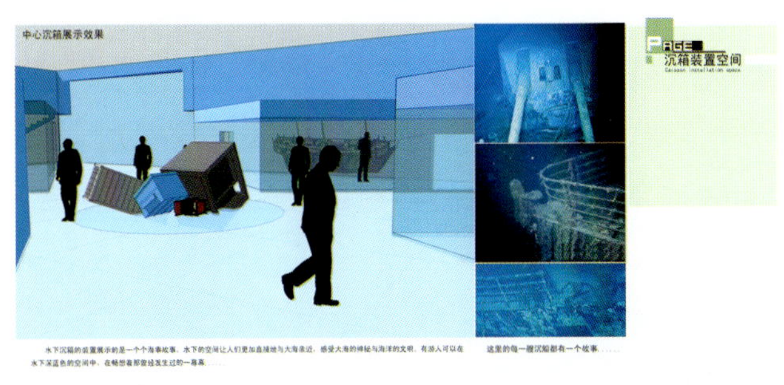

中国环境艺术设计学年奖

学校：广东工业大学艺术设计学院环境艺术设计系　指导老师：王萍　学生：程结成

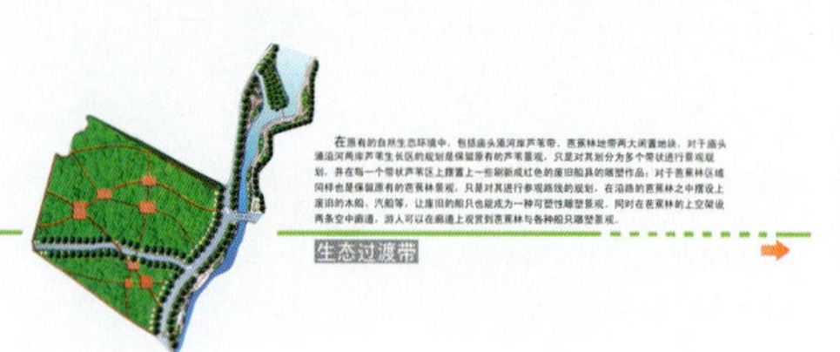

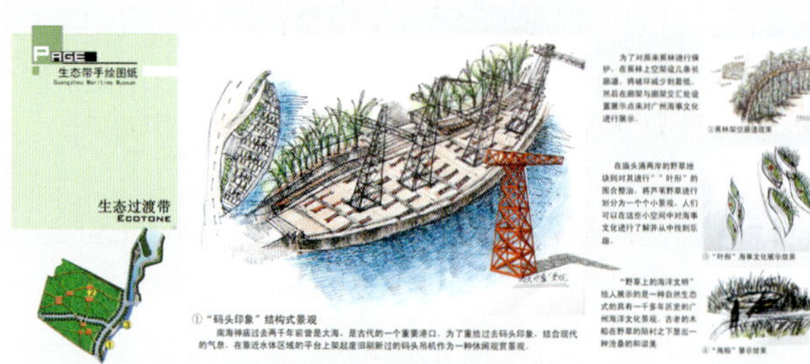

"野草上的海洋文明"系列效果之一

"野草上的海洋文明"系列效果之二

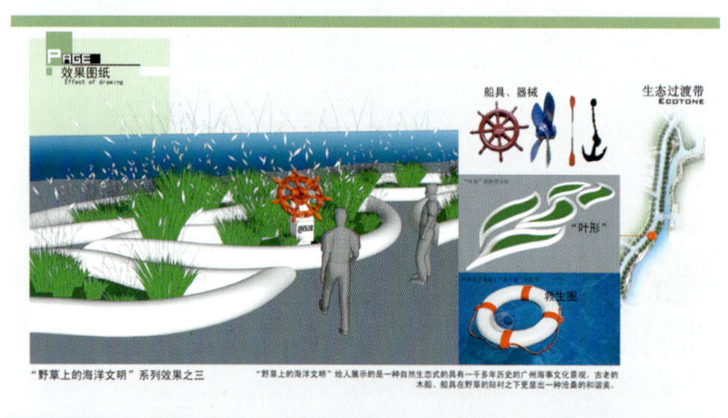

"野草上的海洋文明"系列效果之三

学校：深圳大学设计学院环艺设计系　指导老师：蔡强　学生：张伟福　杨文龙

深圳大学南区新校园景观规划设计

SHENZHEN UNIVERSITY MINAMI-KU NEW CAMPUS IN MASTERPLAN

—"时"与"思"

项目类型：校园景观
项目地点：深圳市南山区
作者：张伟福
指导老师：蔡强

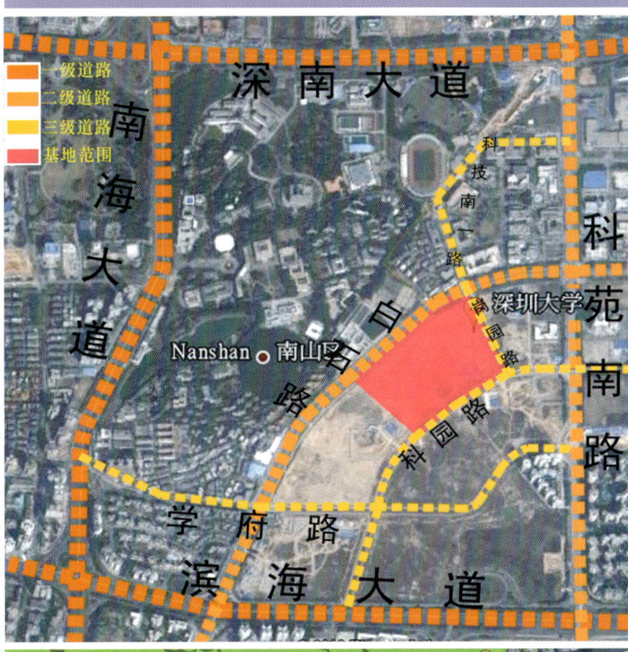

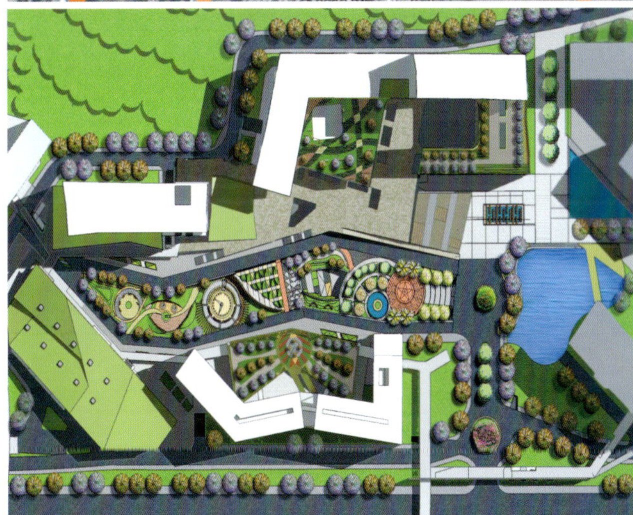

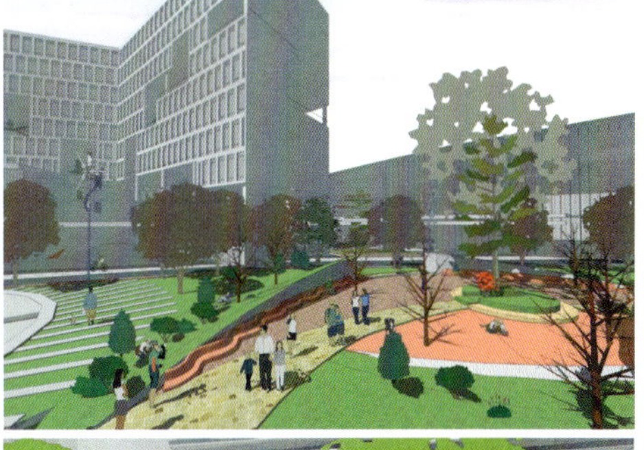

一、基地概况

本项目位于南山区深圳大学南门对面，四面围绕着白石路、岗园路、学府路、科园路，学府路，地理位置优越，交通方便，是深圳大学新建校区，景观规划分为两部分，我们项目是A标段景观，以建筑中心景观带为主，空中景观为辅。内部建筑功能包含了艺术学院，传播学院，实验中心，信息中心，理工科教学楼，食堂。

二、基地背景

深圳大学是深圳特区唯一一所综合性大学，在办学上深圳大学在向“在国内外都有较大影响的高水平、有特色、综合性教学研究型大学。”的目标发展。深圳大学秉承有教无类的教学风格向全社会接纳求学的学生，这样就避免不了扩招，然而要实现这一目标就必须要扩张校园，发展校园规模与环境，深圳大学南区新校区就是深圳大学步出扩张的步伐。发展校园的同时校园环境也是不可或缺的部分，校园环境为学校师生提供一个集生活、学习、交流、休闲于一体的环境空间，设计有隐性教育意义的景观文化意象、创造以人为本的校园景观进行了探索，以“时”与“思”为主题对南区新校区景观进行规划设计，对实现可持续发展的生态景观和人与自然的和谐共处有重要的意义。

三、设计理念

1. 创造一个满足师生心理特征的景观空间；
2. 营造一种有隐性教育的景观文化意象；潜移默化地影响师生的态度、情感和价值观；
3. 在功能上满足生活、学习、交流、休闲的景观空间。

四、设计目的

在毕业之际，大部分大学生都会有一种感叹，那就是光阴似箭，大学4年时光眨眼间已到尾声，叹惜自己没有更好的去珍惜大学这4年的美好时光。所以在本设计方案中就是抓住这一点出发，如何让校园景观意象对大学师生产生隐性教育是我们考虑的重点。

五、理念来源

景观化校园文化与隐性教育意义的景观意象文化进行探索，从而以“时间与思考”的文化意象进行设计，以机芯组合概念为出发点，注入日晷与现代手表元素，让人去思考时代的变迁与时间的流逝，从而更好地珍惜校园学习时光。设计皆在满足师生的学习、生活、交流相结合的环境景观，突出校园的人文情怀、绿色情调和育人功能，体现具有深圳大学特色的人文校园景观。

六、节能规划

由于建筑设计考虑周密，使基地内常年会有风，让空气流通，在道路照明上设计风能与太阳能结合的感应路灯，作为道路照明的能源，感应路灯可以自动感知天暗时亮灯，天亮时熄灯，节省电能。

01

中国环境艺术设计学年奖

学校：深圳大学设计学院环艺设计系　指导老师：蔡强　学生：张伟福　杨文龙

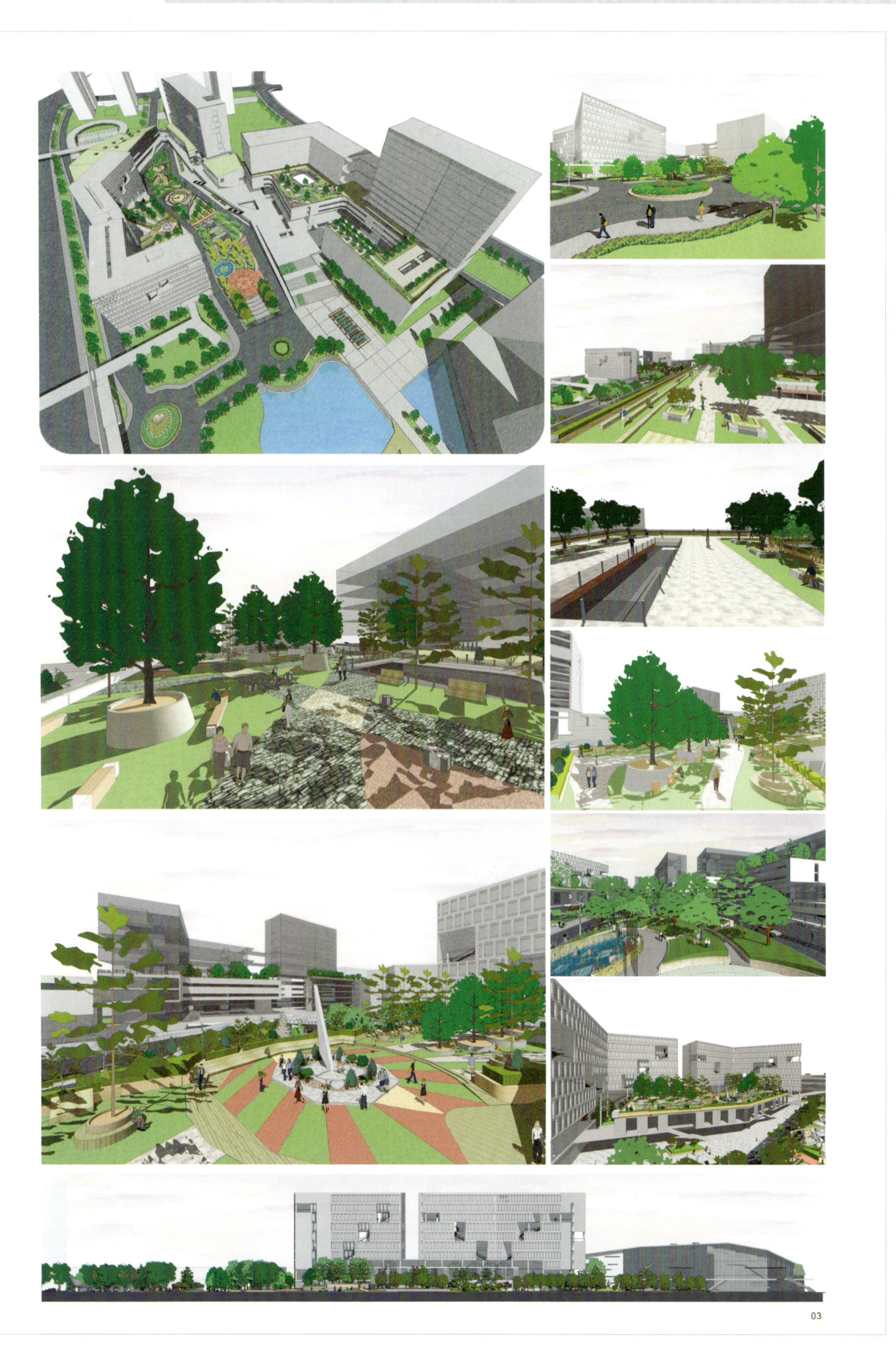

学校：西北农林科技大学艺术系　指导老师：陈敏　刘艺杰　学生：董洁

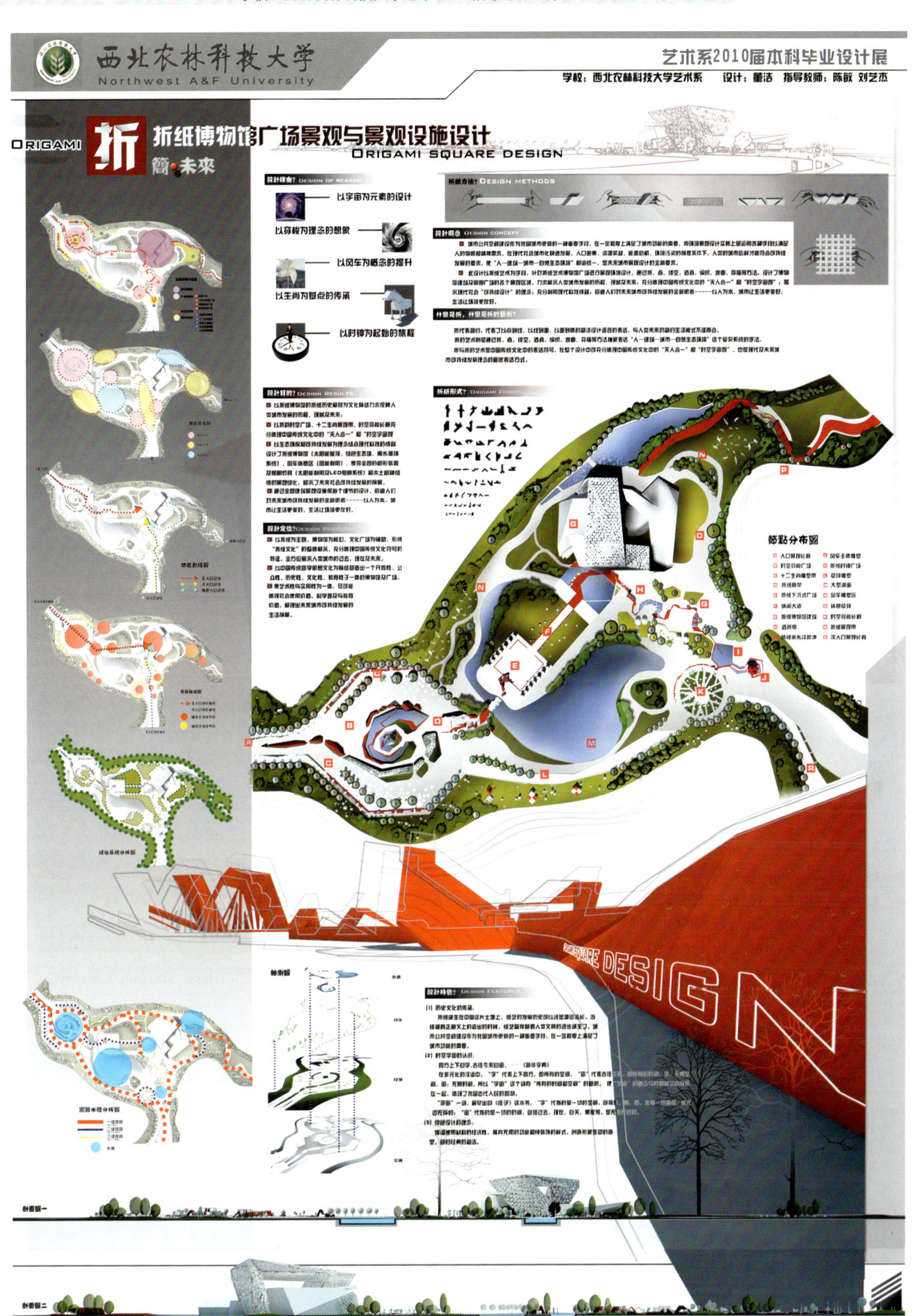

学校：西北农林科技大学艺术系　指导老师：陈敏　刘艺杰　学生：董洁

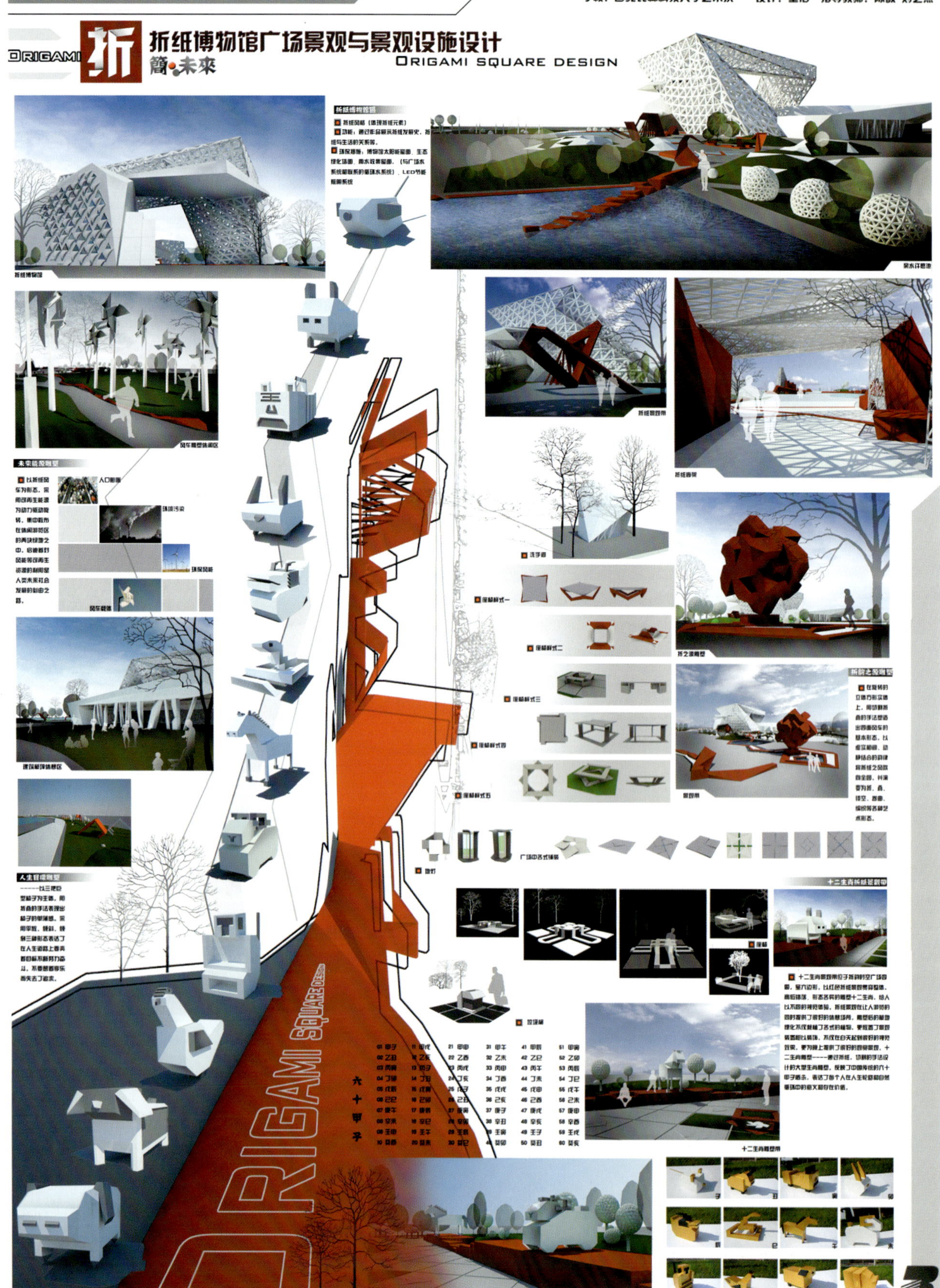

学校：江南大学设计学院建筑与环境艺术系　指导老师：史明　学生：李萌

青岛小港湾滨海景观设计

Qing Dao Xiao Gang Bay Shore Area Landscape Design

设计出发点：

城市高度发展的今天，环境正处于危机的边缘，生态环境遭到破坏，文化归属感渐渐丧失。

我们再也感受不到大海的潮涨潮落，感受不到日暮黄昏，更感受不到清晨迷雾中青草的香气，一切与自然的联系被断绝在城市之外。

这种危机并不仅仅是城市居民对他们日常接触到的城市生活中环境污染的零星认识，更重要的是阻断了人类生活与自然活动的联系。

我们就像是被困在城市的方盒子里，没有新鲜空气的注入，为此我开始寻找这股新鲜的空气……

一处被人遗忘的港湾……

一个即将翻开新乐章的地区……

我找到了鲜活的空气

一处被人遗忘的港湾……

小港湾地处青岛老城区中心地带，随着城市中心向东迁移，地区经济状况、生活环境都在衰退，昔日繁忙的货运港口已不见了踪影。

一个即将翻开新乐章的地区……

早在2004年政府已经决定对基地进行改造，并将基地上的旧码头拆除，今后取而代之的将是现代化的商贸旅游区与沿海风光带，有着百年历史的小港湾即将退出人们的视线。

我找到了鲜活的空气…… 新的生命力

设计表达了我们在尊重地域文化的基础上，利用城市中走向衰败的场地（城市与海洋的交界处），注入自然这股新鲜的空气，创造性地将自然与人工结合，赋予它们新的生命力，为人类提供更好的生存环境。

01分析篇_项目概况

小港地区背景：被遗忘的地块

小港湾始建于1889年德国殖民时期，青岛第一个港湾，位于胶州湾东岸，城市老港区南部，地处青岛市西部老城区。占地128公顷（合1940亩），海岸线全长4.8公里。

由于港口功能日渐弱化，老城区生活环境恶化，港湾逐渐被人们遗忘。

发展前景：迎来新的契机

政府将对小港湾地区进行大规模的改造工程。通过恢复海岸线风貌，拓展商贸功能，突出旅游观光，商贸居住，餐饮娱乐，文化休闲，商务办公，水产渔业等功能定位，将其打造成香港维多利亚港式海滨风貌带，港湾即将重新焕发活力，翻开新的篇章。

定位：生态型国际化滨水城市

功能：休闲旅游，餐饮娱乐、商务、商贸为主滨海栈道、滨海广场、休闲绿地

渔人码头、水上娱乐、海鲜餐饮

人群：各地的游人、周围居民、高素质人才

基地选址

未来展望

基地原貌

基地概况：

占地约4.8公顷，海岸线长约300米。基地属于已拆迁地块，原有码头已被全部拆除

优势：

1. 处于青岛西部老城区沿海的门户地带，这里是带动区域活力复苏的关键。
2. 地处老市中心附近，周边有着丰富的旅游资源。
3. 属于湖泊式港湾，具有大海之美无风浪之忧，可充分开发利用沿海景观和水上娱乐项目。
4. 港湾三面围合，有良好的景观优势。
5. 北面远处的跨海大桥，可作为借景处理。

劣势：

1. 基地原有建筑大量拆除，文化遭到了严重破坏，使基地缺少历史延续性。
2. 基地属于人工填海港口，自然景观欠佳。
3. 驳岸形式呆板，人与水的互动性较差。
4. 考察了现状又结合港湾区今后发展的新定位，使基地有了双重限定条件，给设计增加了难度。

基地现状

点评人：史明　江南大学设计学院建筑与环境艺术系　副教授

点　评：设计方案建立在较为科学理性的对基地及周边环境的分析基础之上，以"文化轴"和"自然轴"两条轴线贯穿始终，引入"海浪"为主题元素，用地形的高低起伏模拟海水波浪的变化，且用现代的形式延续港湾文化，促使人与自然相互对话，启发都市人重新思考人与自然的关系，同时塑造了具有海洋性格特征的现代化的滨海城市形象。方案立意独到，布局合理，形式感强，体现了分析问题→寻找对策→解决问题的科学理性的工作过程，表现了对建设可持续的环境友好型城市和人性场所的深刻思考，设计成果难能可贵地实现了个性与整体性的完美结合。成果表达充分完整，工作量饱满，与设计目标有较高的一致性。

学校：江南大学设计学院建筑与环境艺术系　指导老师：史明　学生：李萌

青岛小港湾滨海景观设计

Qing Dao Xiao Gang Bay Shore Area Landscape Design

01分析篇_周边环境分析

□ 此区域是青岛老城区最繁华的地段，不仅有像中山路这样的百年老街，而且各种旅游景点密布其间，这里是老城区的黄金地段。

基地作为连接各各商贸区的中转站，将有效地带动西部老城区的活力，创造良好的城市滨水景观带，优化城市功能与空间布局，创造有凝聚力与现代气息的空间景观，提升青岛作为国际化海滨城市的重要形象。

基地周边环境现状图

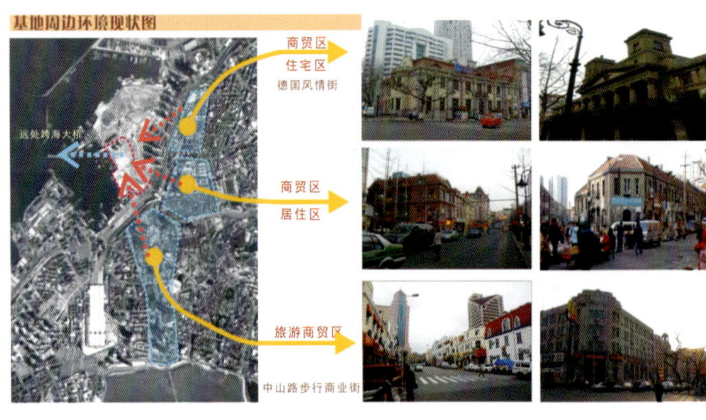

景观介入方式分析

入口	进入方式	主要介入人群	人流量
A 中山路商业街方向入口	穿过高架铁路桥进入，以步行为主	购物人群 游人 居民	●●●●
B 德国风情街方向入口	经历史风貌街进入，以步行为主	游人 购物人群	●●●
C 商务度假区入口	从商务度假酒店方向，以步行和车行为主	旅游团	●●
D 沿海景观区入口	经沿海风光带，步行和车行为主	旅游团	●●
E 沿海景观区入口	经沿海风光带，步行和车行为主	游人 居民	●●●
F 商贸住宅区入口	从南部商贸住宅区进去，以步行为主	居民 购物人群	●●●

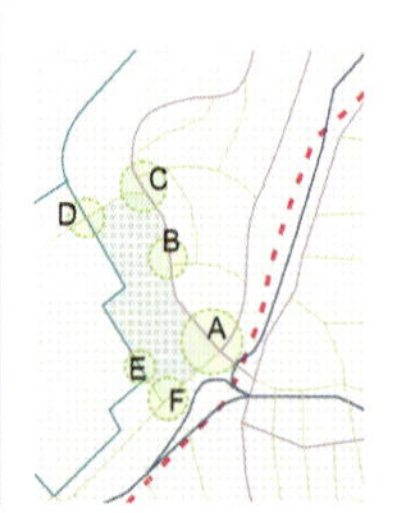

基地周边交通分析图

小港客运站

大港客运站

第六海水浴场、栈桥

黄岛轮渡

青岛火车站

铁路

立交桥

主干道

道路通达性好，干道连接多处站点

基地周边环境设想图

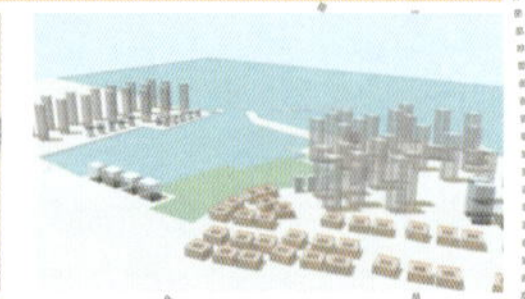

01分析篇_设计理念

形式语言提炼

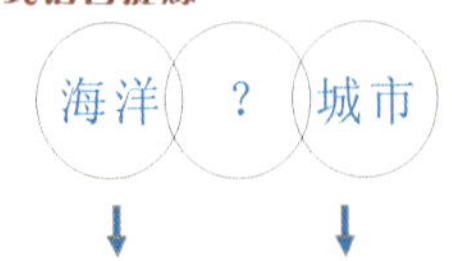

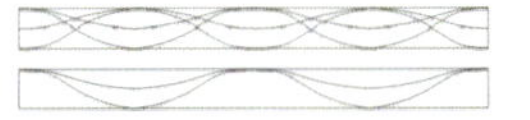

总体立意：

1. 展现现代化的青岛城市形象：青岛是一个与国际接轨并跻身于世界前列的沿海城市，而拥有百年历史的港湾地区作为青岛最早的港口，老城区的门户地带，代表了西部老城区滨海形象，所以设计用地形的高低起伏模拟海水波浪的变化，用一种现代的形式打造出具有海洋气势的现代化的滨海城市形象。

2. 体现人与自然的融合：设计分为两大区域——人工景观区与自然景观区，以"文化轴线"和"自然轴线"两条轴线贯穿始终，在海陆交接地带产生人与自然的对话，使人们充分融入到环境中，启发都市人重新思考人与自然的关系，启发人们体味自然感知自然。

形式语言：用地形的起伏模拟海水波浪的变化，用一种现代的形式延续港湾文化

材质语言：硬质景观多以木材质为主，构思来源于木船的"船板"

设计目标：

生活：为西部沿海地区居民提供一处沿海滨水公共活动空间

经济：通过对小港地区码头功能的置换，带动周边地区活力复苏

文化：重塑港湾文化，创造出具有区域特色的旅游休闲空间

旅游：作为区域地标，为外地游客展示岛城风貌

自然：模拟自然带变化，成为城市的天然氧吧

设计定位：

纪念和休闲于一体的城市滨海开放绿地

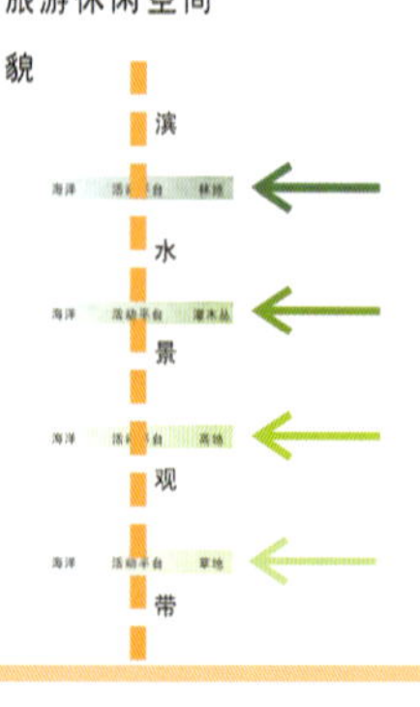

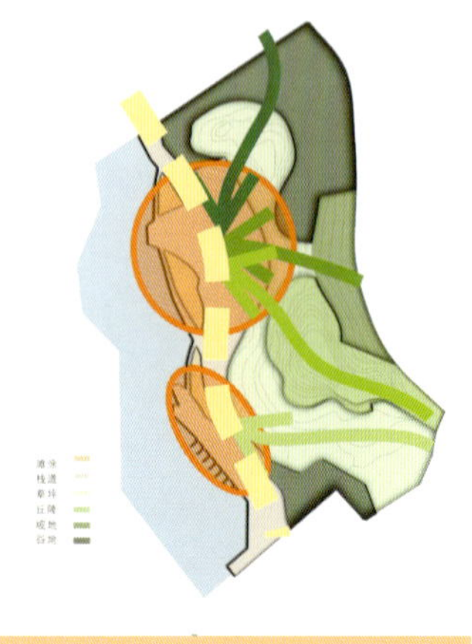

学校：江南大学设计学院建筑与环境艺术系　指导老师：史明　学生：李萌

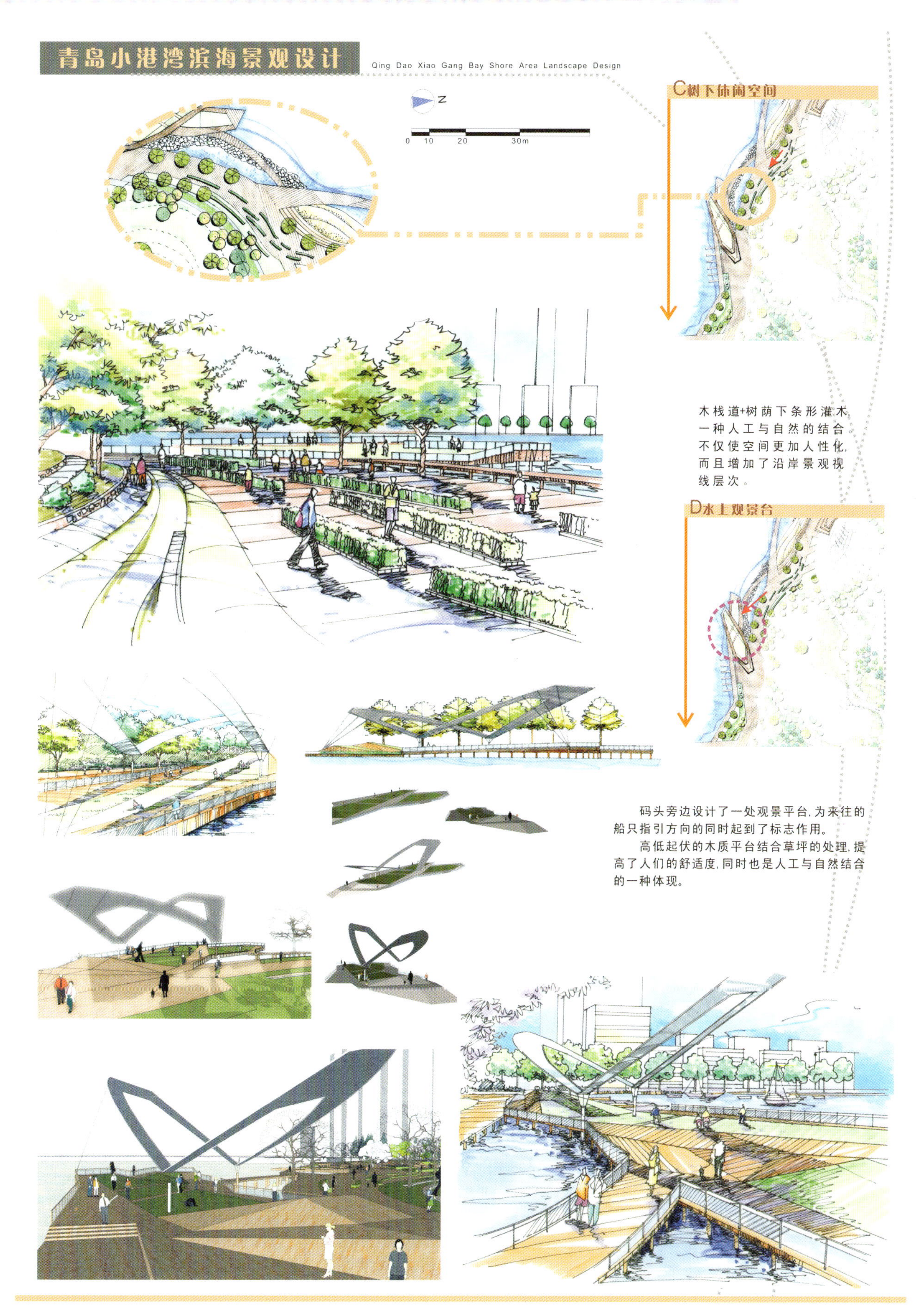

学校：江南大学设计学院建筑与环境艺术系　指导老师：史明　学生：李萌

青岛小港湾滨海景观设计

Qing Dao Xiao Gang Bay Shore Area Landscape Design

G潮汐广场

水面与海水同涨同落

潮汐广场作为区域地标，集纪念性与参与性于一体，是整个设计的高潮点，人们参与其中，体味着大海的瞬息万变，达到寓教于乐的作用。

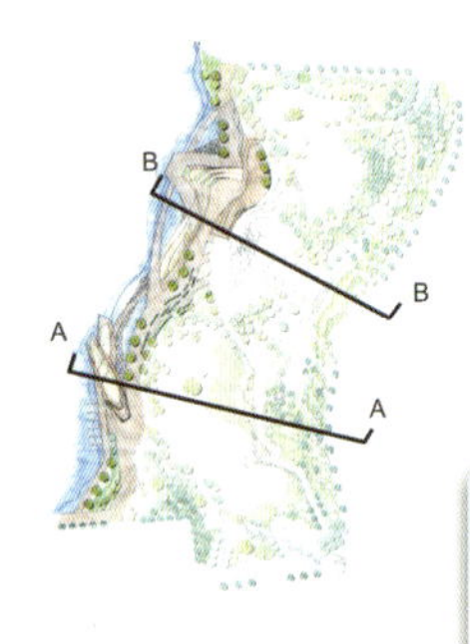

A－A

B－B

学校：中国美术学院环境艺术系　指导老师：康胤　学生：杨洋　林墨洋　宋雯

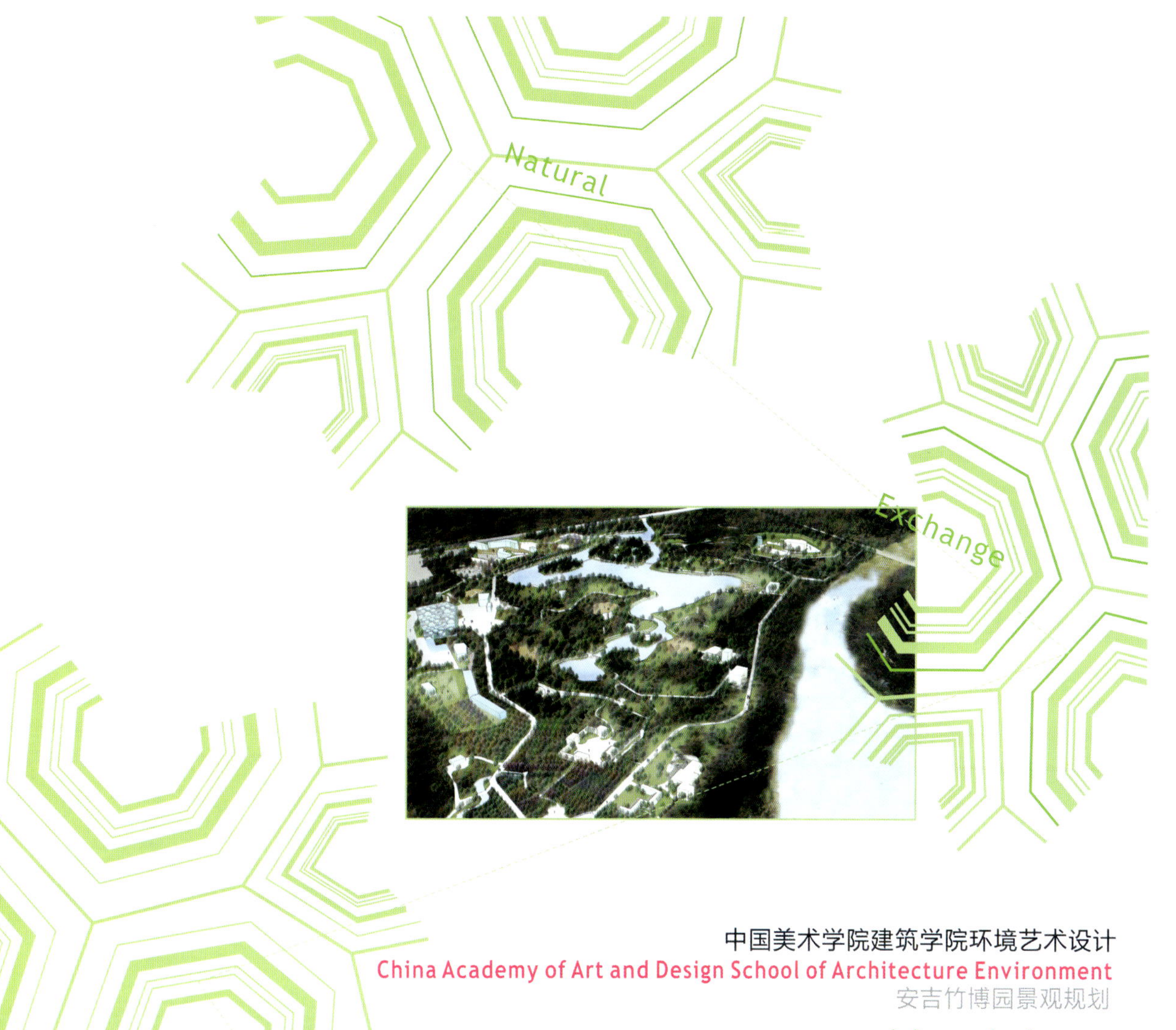

中国美术学院建筑学院环境艺术设计
China Academy of Art and Design School of Architecture Environment
安吉竹博园景观规划

竹·树

作者：杨洋 林墨洋 宋雯
指导老师：康胤

竹树作品简介：

浙江安吉竹博园的规划设计。设计灵感来源于对竹子特性的认识和了解，竹子不同于一般的植物，其地下茎（即根）结构特殊，表面上植株独立，但地下却紧密地连成一片整体，相互串联支持，盘根错节，这样的竹根脉络甚至是地表面积的数倍，有了根的支持，才有竹子的挺拔苍翠，风雨不倒。由此我们得出"竹树"的概念，再经由前期调研分析场地，进而概念结合场地，保留场地内优势之处，解决场地的种种劣势与不足。利用"竹树"的基本型，我们在场地内归整和置入了五大块内容：科普、文化、自然、生活、世界；利用路网来连接各个景点，增加有意思的新景点，淘汰无档次的旧景点，正如竹子一种新旧交替的循环生长过程。在设计上，我们也考虑到人群定位问题，我们每个人来到竹博园都有一份自己对竹的理解、认识、喜好，而竹博园就是一张非常大的脉络网格"竹树"，这棵"竹树"正是由各种各样的与竹有关的元素链接组成，所以来到竹博园除了可以学习了解科普，也是来寻找自己对竹的这份印象。也可以理解为寻找一个根、一种记忆，而我们设计所做的也许正是解锋之过程，剥去包裹在外的一层面纱，让人真正地触摸到竹上的点点滴滴，重新认识竹、了解竹。

Popular Science

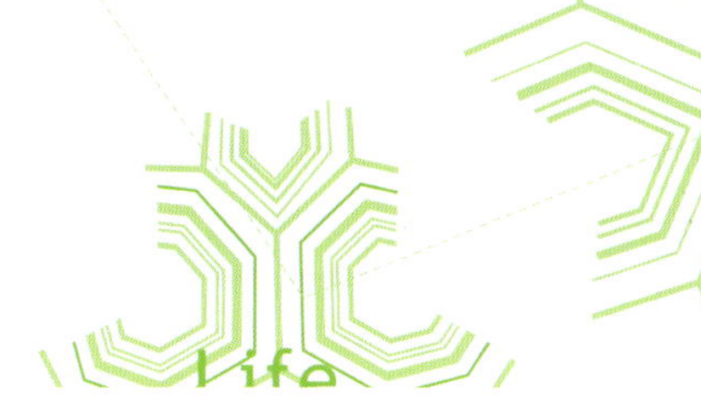

学校：中国美术学院环境艺术系　指导老师：康胤　学生：杨洋　林墨洋　宋雯

设计概念

Comparison of bamboo and tree　竹子与树的比较

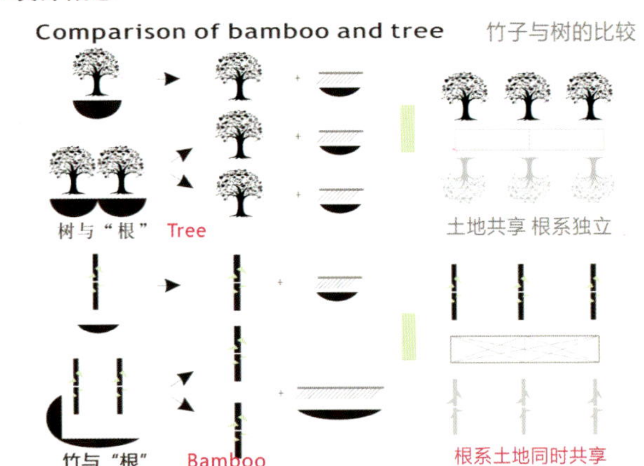

土地共享 根系独立

根系土地同时共享

Growing　"一棵竹子，一片竹林"

Rhizome
Bamboo shoots
Bamboo

竹鞭　竹笋　新竹　循环的过程

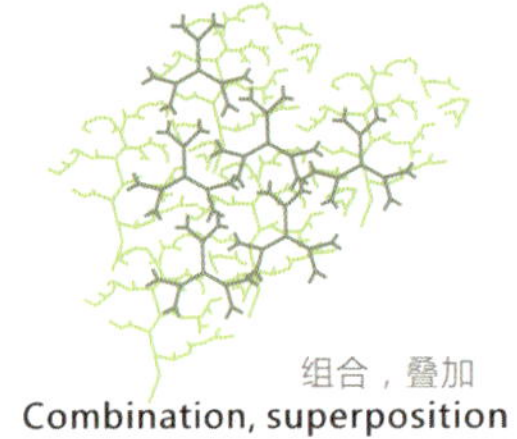

组合，叠加
Combination, superposition

monocase　Taproot　Fibrous roots

"竹树" ZHU SHU

竹子的地下茎的结构比较特殊,表面上植株独立,但地下却紧密的连成一片整体,相互串联支持,提供养分,这样的竹根脉络甚至是地表面积的数倍,有了根的支持才有竹子的挺拔苍翠,风雨不倒.

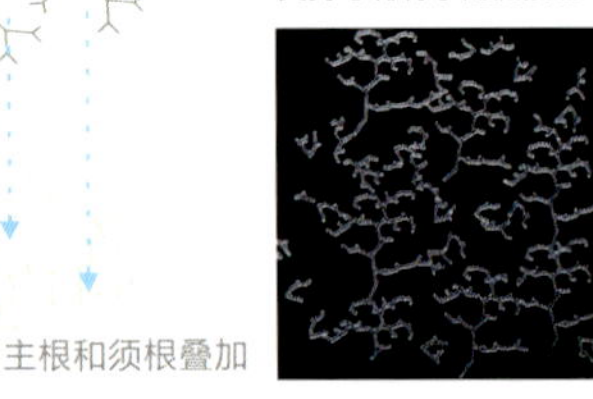

主根和须根叠加

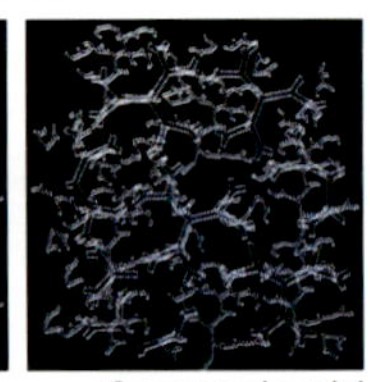

Conceptual model

人群定位分析

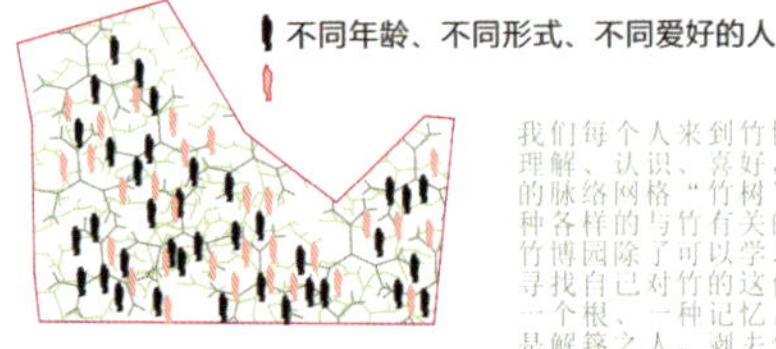

不同年龄、不同形式、不同爱好的人

我们每个人来到竹博园前都有一份自己对竹的理解、认识、喜好，而竹博园就是一张非常大的脉络网格"竹树"，这棵"竹树"正是由各种各样的与竹有关的元素链接组成，所以来到竹博园除了可以学习科普、了解科普，也是来寻找自己对竹的这份印象，也可以理解为寻找一个根、一种记忆，而我们设计所做的也许正是解释之人，剥去包裹在外的一层面纱，让人真正的触摸到竹上的点点滴滴，重新认识竹、了解竹。

Here, by popular science, entertainment, leisure and other ways to experience a variety of different bamboo, look for bamboo in their minds, learn more about bamboo, is a "roots" of travel

场地调研

31%　42%　21%　6%

特色景点游客总量：178万（年）

竹博园位于安吉灵峰山景区，临近04省道，交通便利。园区主要以科普知识为主,另外设有游乐活动项目以及歌舞表演,但游览后整体感觉风格薄弱,科普知识传达形式单一,游乐活动内容太多,且杂乱,没有体现竹博园的特色.景点大多散置,没有形成整体联系,缺乏管理.

概念结合场地

The concept of implant site　将"竹树"植入场地

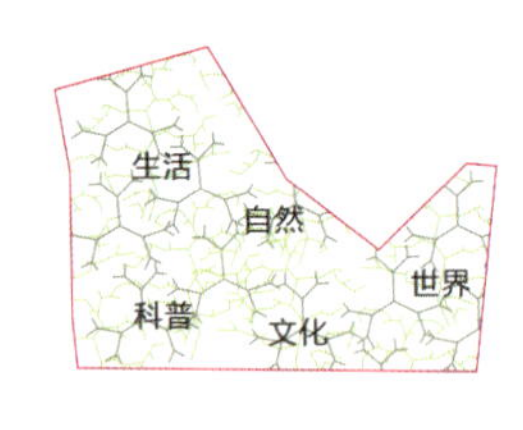

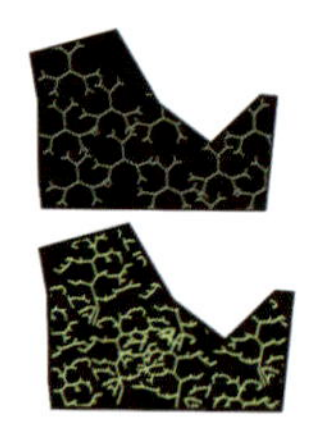

The context of the formation of bamboo culture network　ZHU SHU "竹树"

把竹看做是本体，则各种各样的竹文化艺术都变成了分支脉络，大的分支如各个国家间的竹文化，再到小的脉络如国内的各个地区的竹文化，再到竹本质特点竹墨，竹艺等，……也是最大的一个最大的"竹树"，从而才有了今天我们对于竹子的如此多的喜爱、关注，甚至称"竹文化"为"中国文化"。

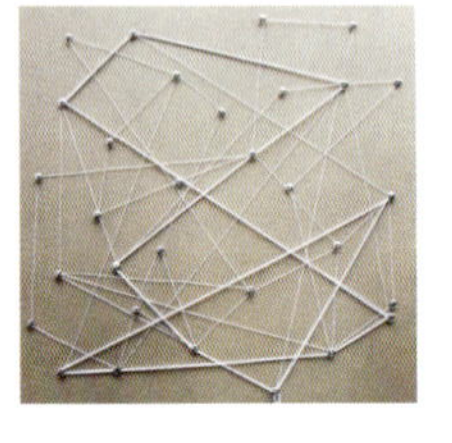

Science, nature, culture, life, communication
科普，自然，文化，生活，世界

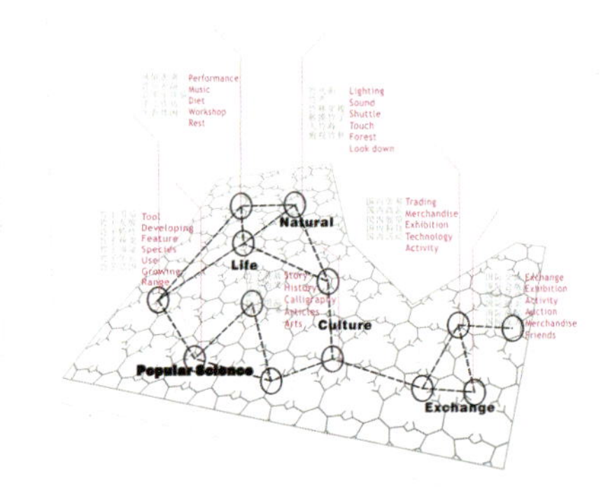

学校：中国美术学院环境艺术系　指导老师：康胤　学生：杨洋　林墨洋　宋雯

节点设计

游乐区

互动式游乐区和观赏式小园区设计手法蕴含“竹树”的主题思想，打破各类型人群之间的隔阂，增加几个群体穿插交流的机会，像竹根一般相互盘根错节。游乐的装置都运用竹作为材质，形式上也以竹根为基本型。互动式游乐区以互动玩乐促进人群交流，让中年人也能参与其中。观赏式小园区则是侧重于中老年人群。

竹峰栈道

竹峰栈道始于千浪阁，止于梅林。犹如不断生长的竹根般穿行于苍翠欲滴的竹林中，有时隐密在竹林中感受穿梭的风，有时则跃居于竹林顶端俯视全景，景观视野在不断变化中。

熊猫区

熊猫区在竹博园内作为符号核心，是吸引客流的一个重要因素，所以对原先的熊猫馆进行了改造，使其成为功能俱全的熊猫区。改造后熊猫区由室外馆、室内馆、多媒体室、商店、展览区和游乐区组成。

树屋区

在松树林区内置入树屋，以竹子为建筑材料，增加竹博园特色。竹子生长迅速，吸收二氧化碳是普通树木的4倍。环保、节能和人性化会成为未来建筑的核心，竹子符合这样的要求。

十大竹乡展区

竹子产业的发展,不仅在中国,也更多的在国外,中国作为最大的竹子输出国,科技含量以及发展程度却不及国外科技的发展,增加这样的国际平台能更好地增加交流.同时也可以借这个平台邀请更多的设计师来参与一场竹子的创意设计,内容上包括了建筑\景观装置\服装\摄影\工业设计等。

温室区

浒溪东侧场地以温室为主要核心展开，主要形体也是竹根的抽象立体化后形成的。温室区不仅可以作为竹子参观教育基地，也是给国内各个竹类行业以及全世界的竹类企业、艺术家、建筑师提供了一个全新的交流平台，能更好地促进竹类低碳环保事业的发展。

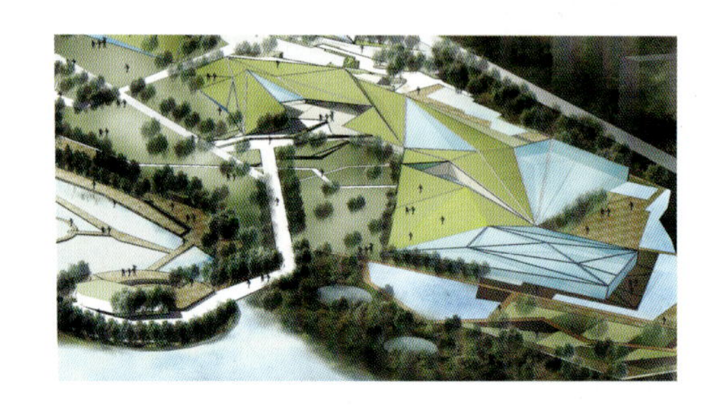

学校：清华大学美术学院环境艺术设计系　指导老师：苏丹　郑宏　于历战　学生：吴尤　毛晨悦

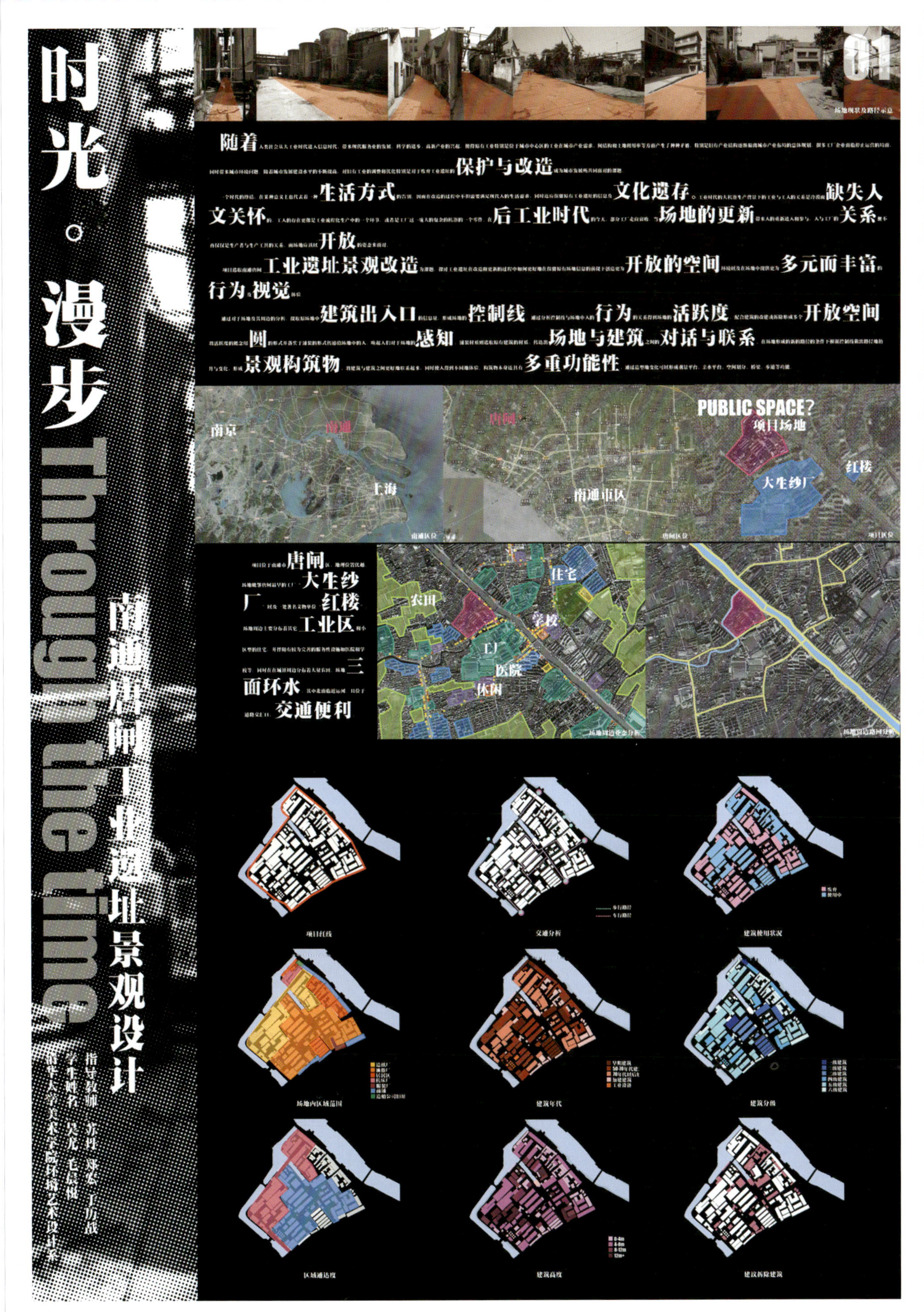

学校：清华大学美术学院环境艺术设计系　指导老师：苏丹　郑宏　于历战　学生：吴尤　毛晨悦

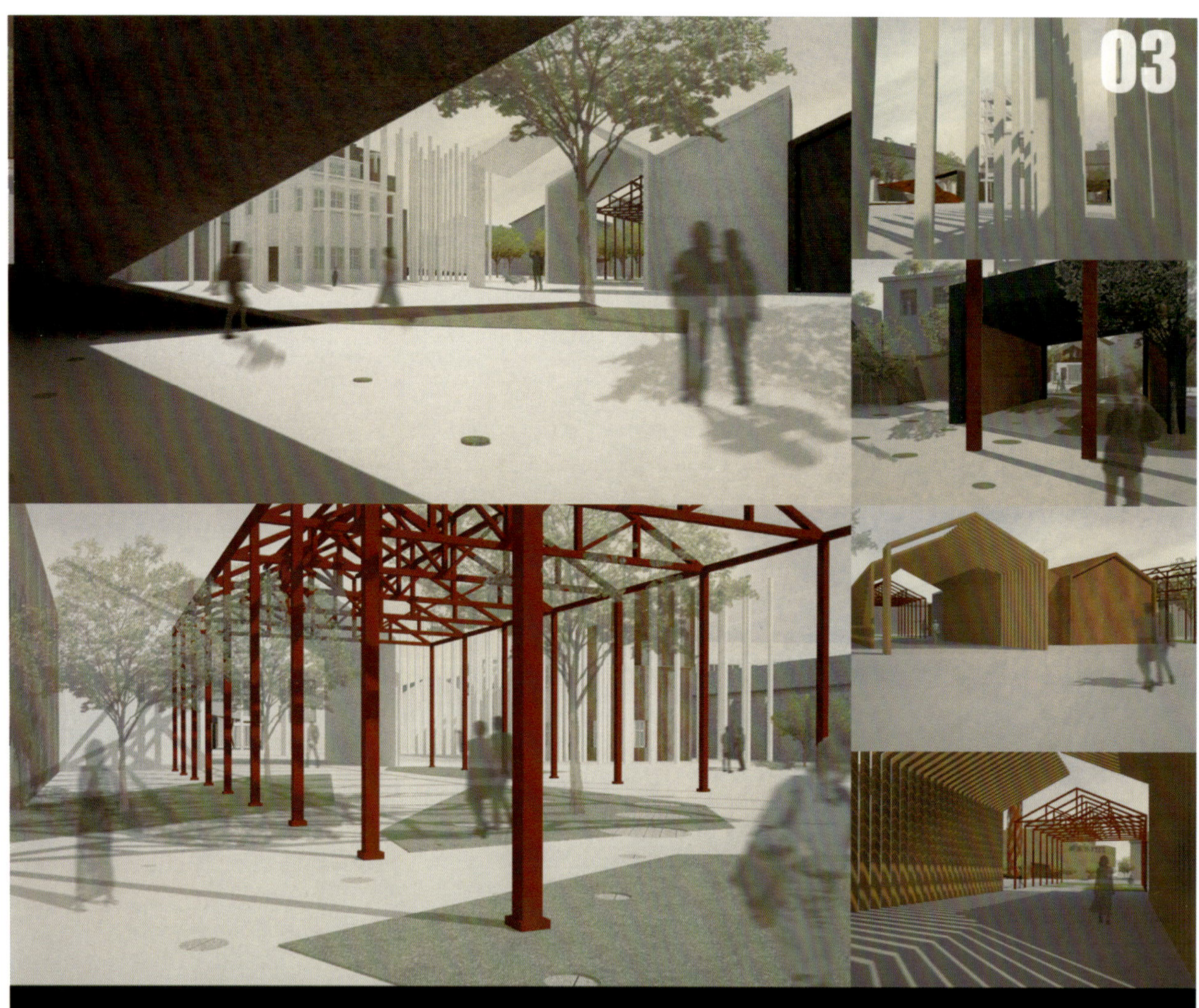

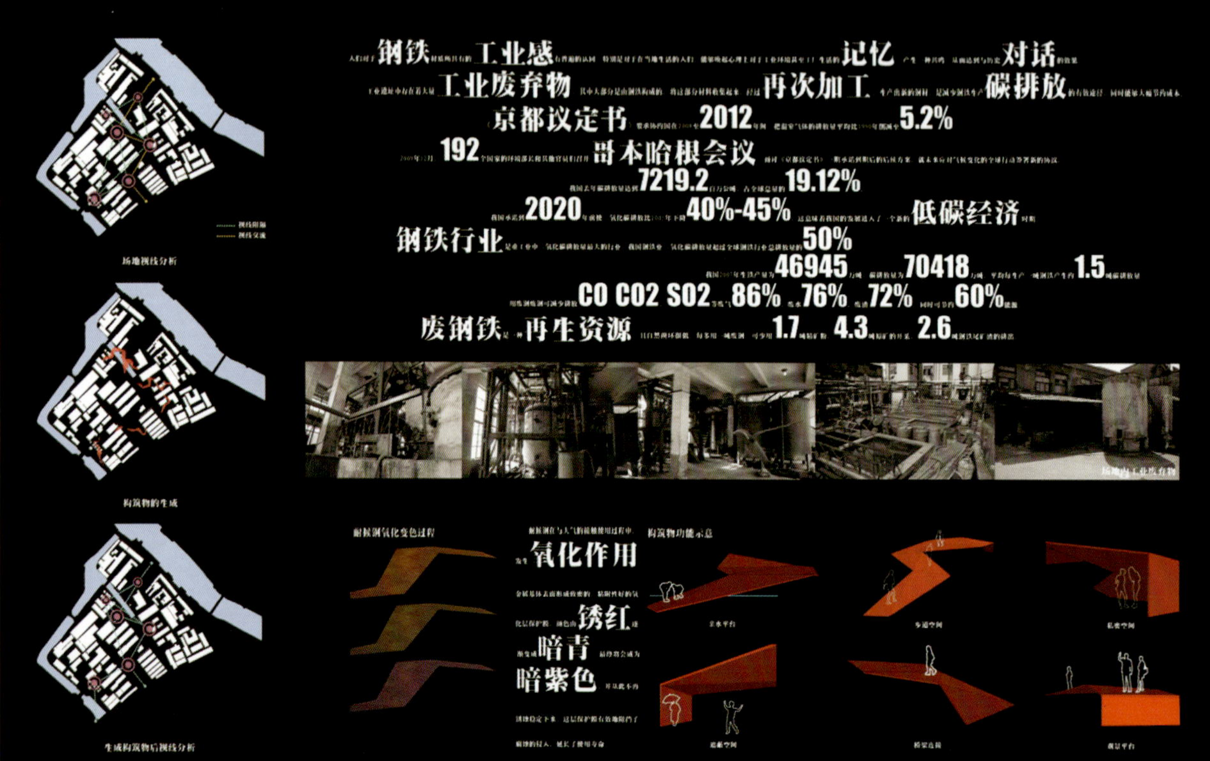

学校：清华大学美术学院环境艺术设计系　指导老师：苏丹　郑宏　于历战　学生：吴尤　毛晨悦

学校：清华大学美术学院环境艺术设计系　指导老师：苏丹　郑宏　于历战　学生：吴尤　毛晨悦

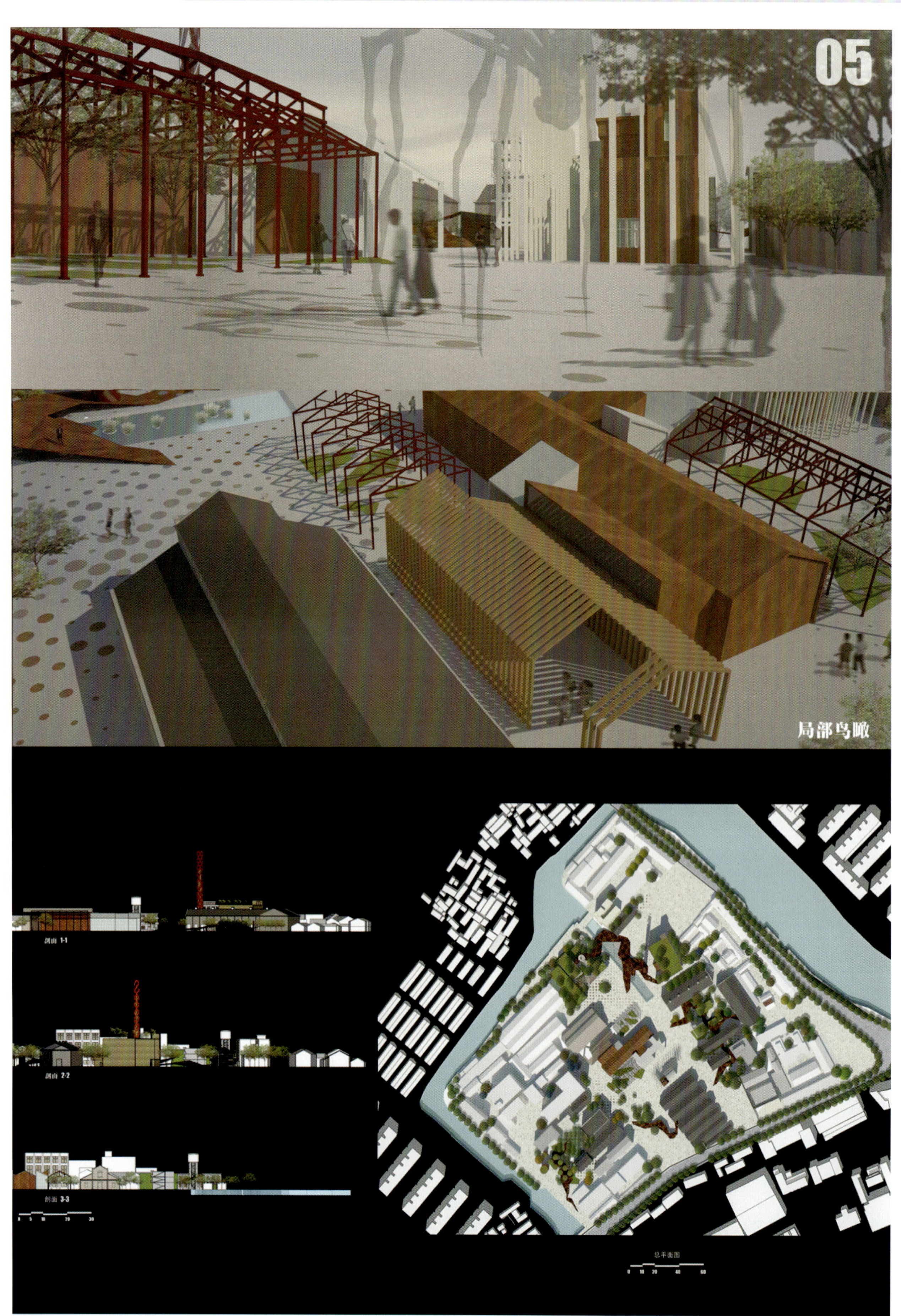

学校：华南理工大学建筑学院　指导老师：谢纯　萧蕾　李博勰　学生：刘浩然

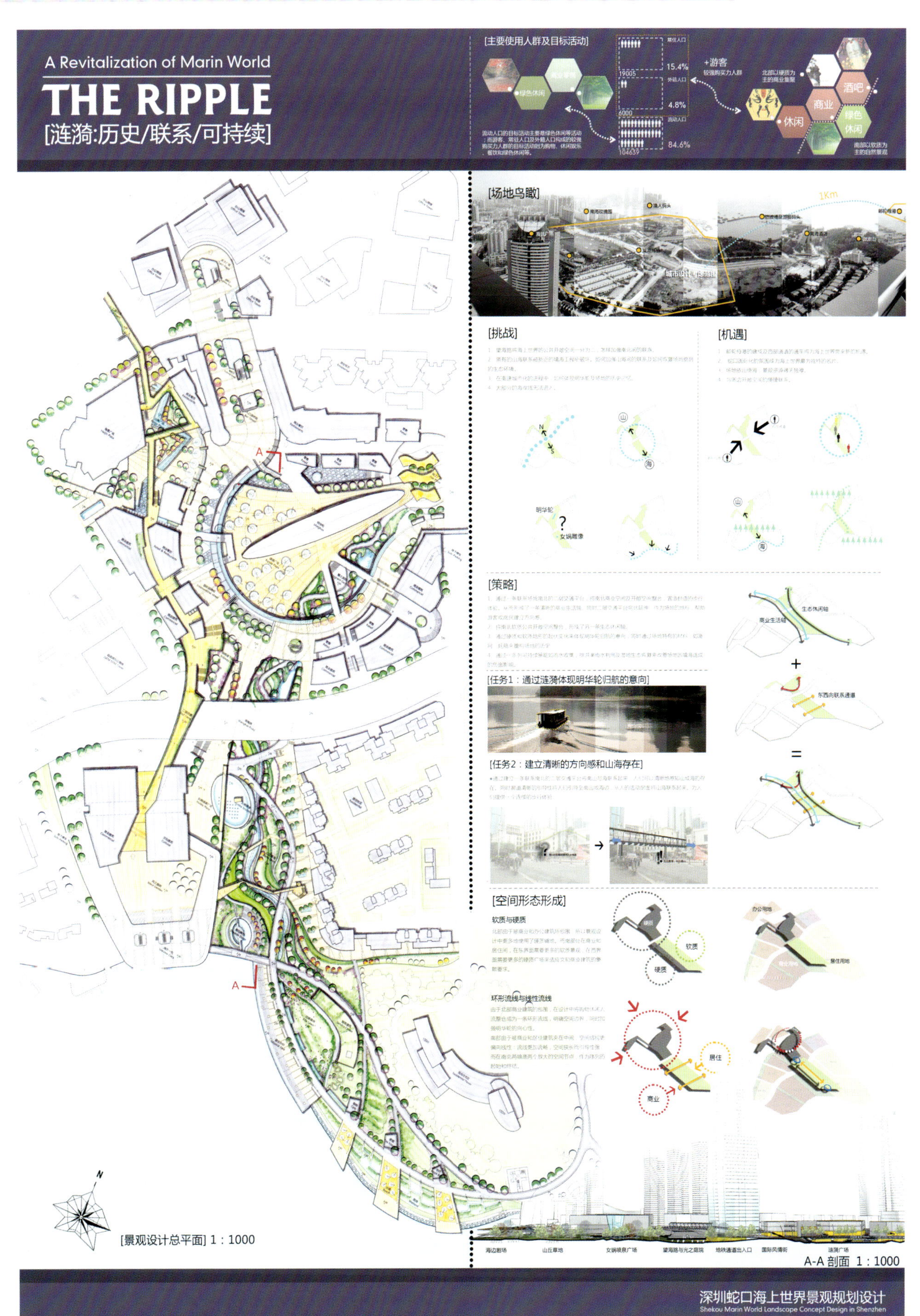

中国环境艺术设计学年奖

学校：华南理工大学建筑学院 指导老师：谢纯 萧蕾 李博勰 学生：刘浩然

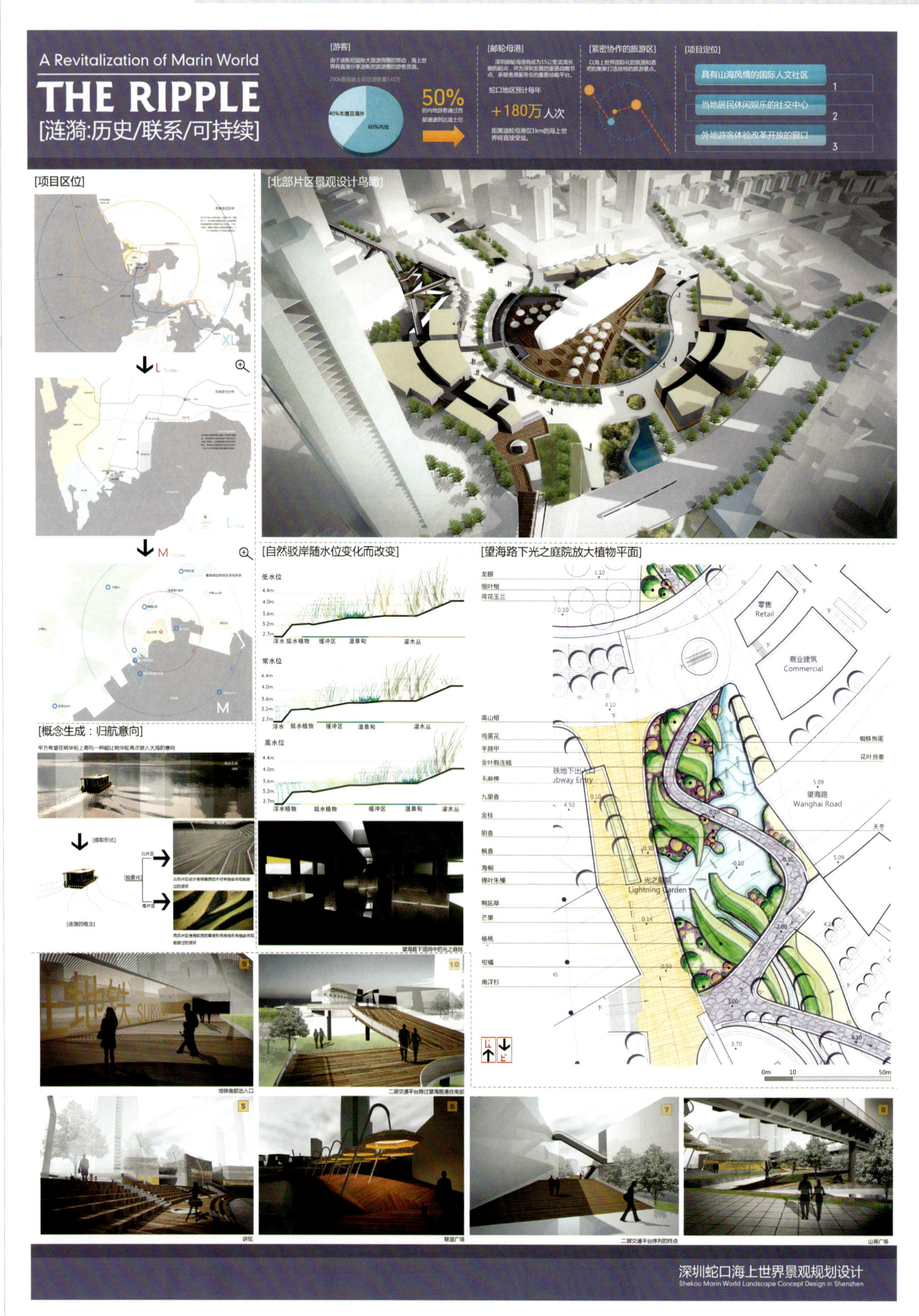

学校：华南理工大学建筑学院　指导老师：谢纯　萧蕾　李博勰　学生：刘浩然

学校：华南理工大学建筑学院　指导老师：谢纯　萧蕾　李博勰　学生：刘浩然

A Revitalization of Marin World

THE RIPPLE

[涟漪:历史/联系/可持续]

[照明设计平面]

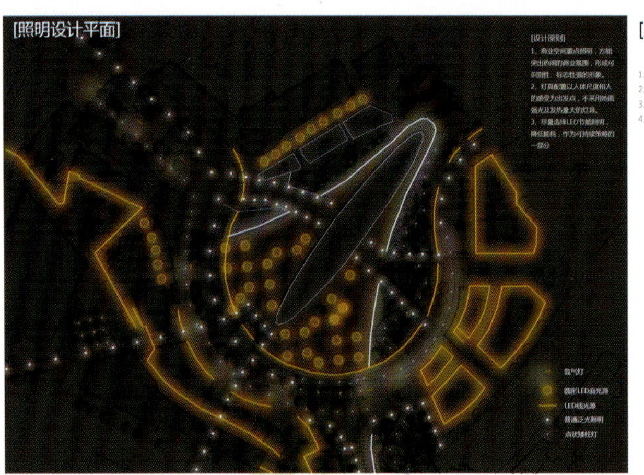

[二层交通平台]

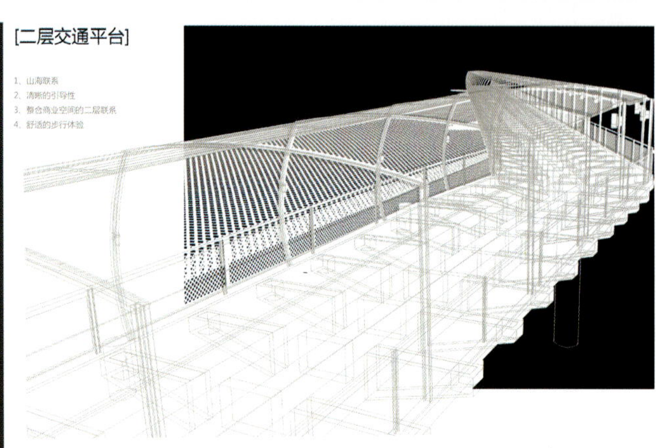

二层交通平台与种植槽

[场地内标志物视线分析]

利用中国传统园林中的框景和对景手法来回应场地中的两个最主要的被观视觉存在

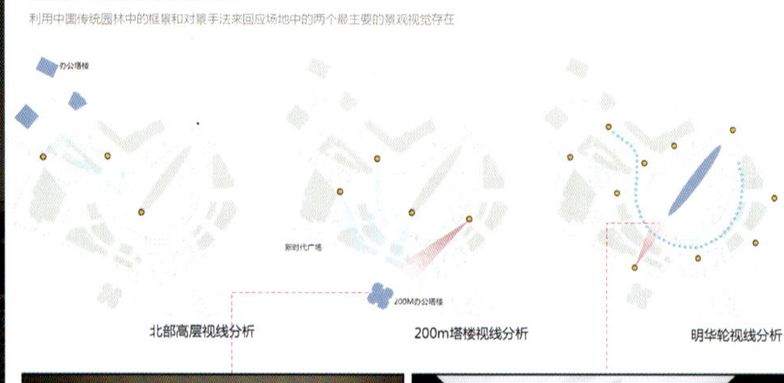

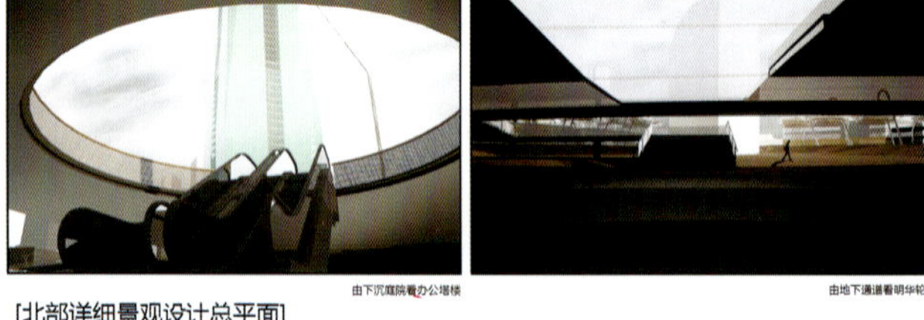

由下沉庭院看办公塔楼　由地下通道看明华轮

通往南山的二层交通平台

二层交通的垂直交通

[北部详细景观设计总平面]

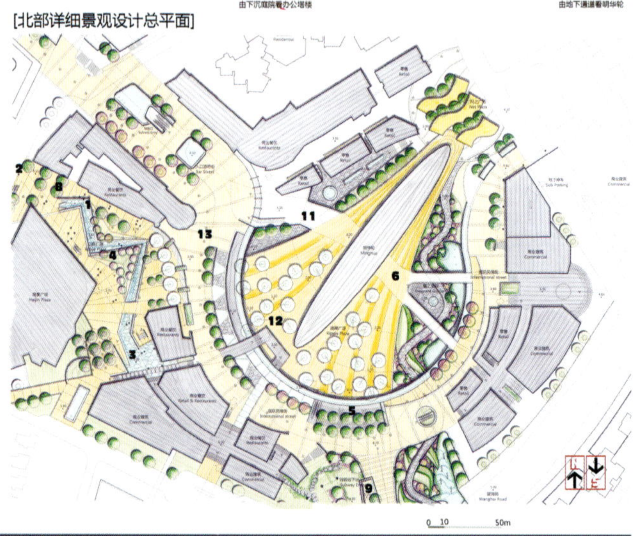

深圳蛇口海上世界景观规划设计

Shekou Marin World Landscape Concept Design in Shenzhen

环境艺术设计室内奖

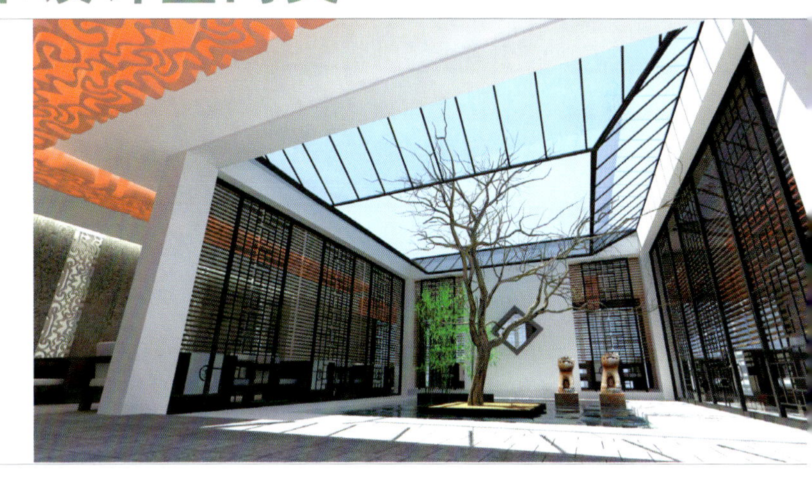

学校：福州大学厦门工艺美术学院环境艺术设计系　指导老师：卢永木　学生：任志远

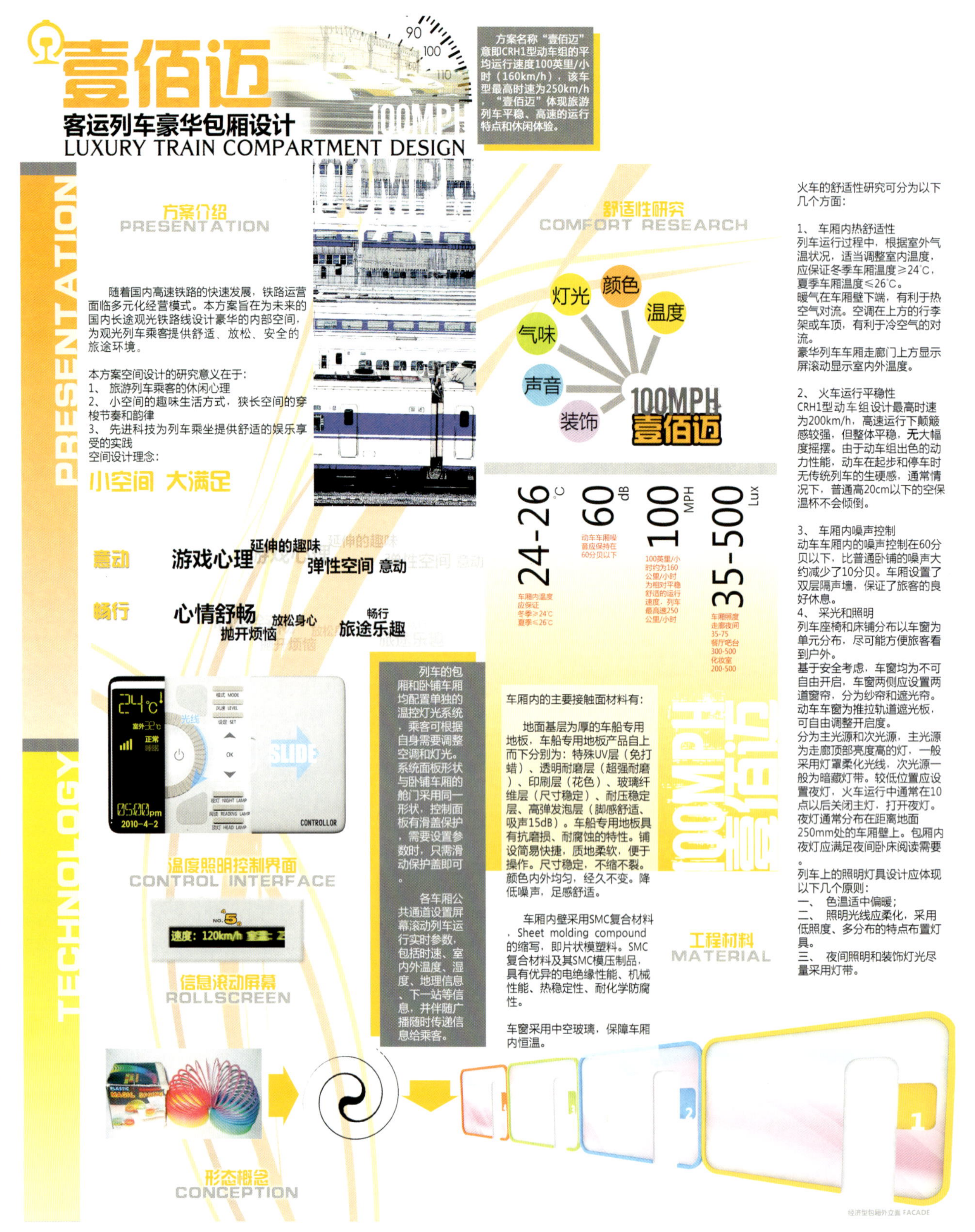

点评人：卢永木　福州大学厦门工艺美术学院环境艺术设计系　讲师

点　评：该作品定位结合我国即将进入高铁时代的发展状况，认真调研动车的翔实数据，并进行类比分析，建设性地提出具有创新的研究方向。在设计过程中对人体工学进行深入探讨，根据旅程的不同方式提供了几种可供选择的空间需求。空间设计细致得体，审美性强。整体设计秩序感很强，逻辑清晰，较系统地阐述了创新设计的思维与手法。

在导师的引导下，学生的独立思考、设计深度和制作效率是该作品具有可看、可读和可琢磨的关键。作品的说服力在任志远同学在设计中对高铁列车分析透彻，观点独到，并为其未来发展作出了应有的贡献。

学校：福州大学厦门工艺美术学院环境艺术设计系　指导老师：卢永木　学生：任志远

学校：福州大学厦门工艺美术学院环境艺术设计系　指导老师：卢永木　学生：任志远

LUXURY
FORM
豪华包厢加入木纹和地毯的元素，配合更加华丽的灯光效果营造出低调奢华的气息。
100MPH
壹佰迈
豪华包厢布局
LUXURY COMPARTMENT LAYOUT
床和沙发连接处的S型功能柜可存放物品，固定电话和水杯。并有液晶屏幕显示列车实时运行参数。
豪华包厢
LUXURY COMPARTMENT
CRH
休息室布局
LOUNGE COMPARTMENT LAYOUT
经济型包厢
SINGLE COMPARTMENT
休息室为休闲娱乐空间，每个单元设置四个特制按摩椅，兼具按摩、茶水、影音、足疗等功能。休息室为半开放式围合，使乘客在较通透的空间内
意动·畅行
VELOCITY & FREEDOM

学校：福州大学厦门工艺美术学院环境艺术设计系　指导老师：卢永木　学生：任志远

学校：广东工业大学艺术设计学院环境艺术设计系　指导老师：黄华明　刘怿　学生：陶成添

意江南

——杭州天都城度假村 Hangzhou TianDucheng Resort

点评人：黄华明　广东工业大学艺术设计学院副院长　教授、刘怿　环境艺术设计系　讲师

点　评：该作品提炼了江南传统建筑的诸多设计元素，运用简化、打乱、重构等设计手法呈现出一个高雅、幽静、大气，同时又不失个性的现代中式餐饮空间。室内整体功能布局紧凑、合理。我们不仅能看到熟悉的庭院、水池、连廊等因素在联系空间、模糊空间界限方面所起的作用，而且游走于各个室内场景，我们又能感受到门、窗花等建筑构件营造的“借景”所起的延展空间的效果，充分体现出江南传统建筑对作品的影响。

由于设计中大量出现了石材、玻璃等硬质材料，作者恰到好处地利用了水体、光柱及植物等来柔化空间，打破了建筑材质坚硬和冰冷的感觉。特别是水体的运用非常巧妙，以水的通透扩宽了空间视界，以水的涟漪激活了空间的氛围和情感，同时，以淡淡的水体带出了几许江南水乡的韵味。总体而言，作品较好展现了作者良好的设计素养，于大局处入手，于细节处点睛，基于传统又不拘于传统，对一个学生而言，这一点是难能可贵的。

学校：广东工业大学艺术设计学院环境艺术设计系　指导老师：黄华明　刘怿　学生：陶成添

学校：广州美院继续教育学院环境艺术设计　指导老师：李泰山　学生：高攀

点评人：李泰山　广州美术学院继续教育学院　副教授

点　评：晓洲艺术会馆位于广州市晓洲，晓洲村是广州市保存较好的一个古村落。它位于广州海珠区及大学城之间，中间水网穿布，自然林区围绕，地理环境的可塑造性很强。但是，目前也存在几个主要问题：一是环境缺乏整合，整体环境质量不高。二是整体空间区域欠组织，居民生活区和公共区分布不尽合理。三是整个区域包括土华村等周边区域没有与晓洲有机联系起来。本案设计目标一方面是为原住居民服务，另一方面是为游人提供各种游览休息饮食休闲等功能。本案的概念创意核心点是强调晓洲村区域本身的传统文化积淀，表现在城市化前提下紧贴大学城的区域特点进行当代文化的渗入。如何去协调传统村落本身的文化性质与现当代文化之间的关系，这是本案的一个重点需要研究的方向。藉本案探讨在当今城市化大趋势下，古文化村落的何去何从，以及传统文化如何存留或者说如何在受到现代文化影响的前提下发展演化。晓洲艺术会馆设计方案较好表现了对林区、水系等自然环境因素的利用，建筑与室内外空间设计中把代表性的传统民居锅耳屋、祠堂、天后宫于民间灯会、庙会、赛龙舟融入空间表现中。其整体空间规划布局充分强调传统民俗活动、传统建筑文化与当代旅游业及当代艺术的融入。

学校：广州美院继续教育学院环境艺术设计　指导老师：李泰山　学生：高攀

学校：广州美院继续教育学院环境艺术设计　指导老师：李泰山　学生：高攀

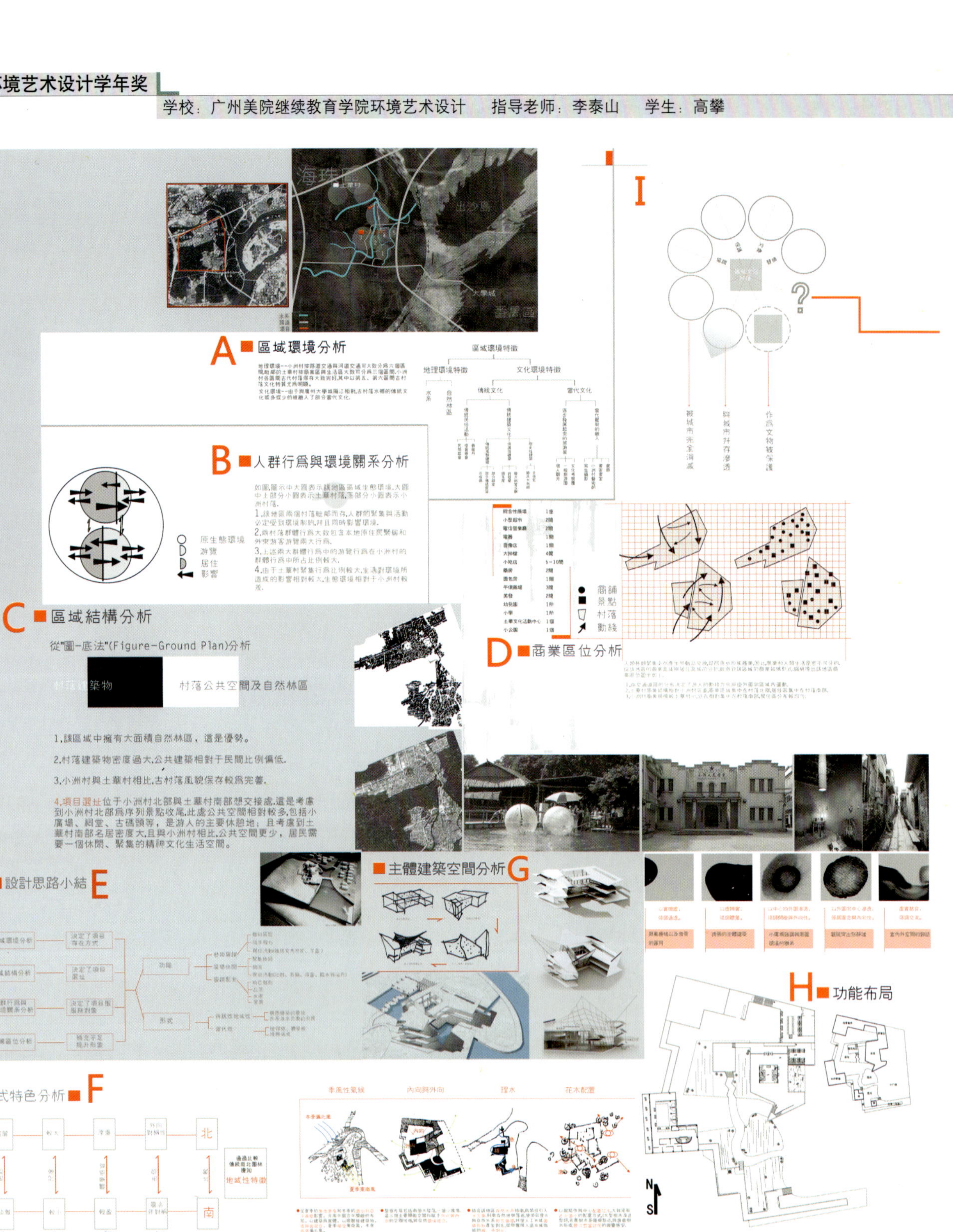

学校：广州美院继续教育学院环境艺术设计　指导老师：李泰山　学生：邓俐诗　张智健

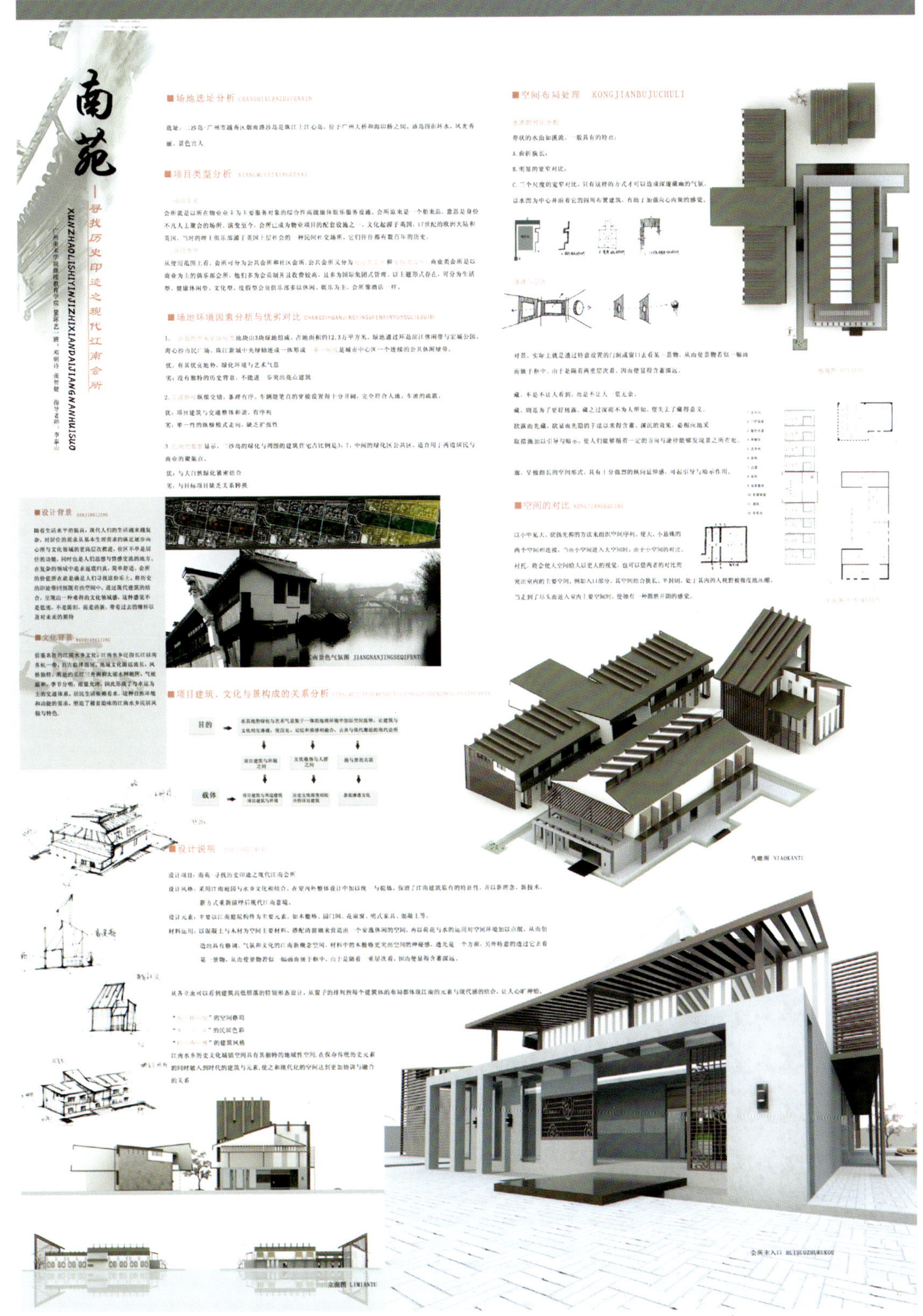

点评人：李泰山　广州美术学院继续教育学院　副教授

点　评：南苑会所设计方案依托江南独特的水乡空间地域性文化，在保持传统的历史文化元素的同时融入当代建筑形式，创造传统与现代空间的融合。如在平面规划上南苑会所采取“水－桥－房”的空间格局，把江南庭院与水乡文化结合起来，在室内外整体设计中保留江南建筑原有的特征性，归纳简化绿化、水池及人流等空间。同时，从会所主入口到餐厅的布局设计中还特意运用了空间以小见大、欲扬先抑的对比方法来组织空间序列，借两者的对比而突出室内的主要空间，重新演绎后现代江南意境。在建筑与室内形式风格造型上突出江南庭院建筑构件园门洞、花扇窗及素雅的“黑－白－灰”居民色彩，创造“轻－秀－雅”的新中式建筑环境风格。在空间材料设计中，以混凝土与木材为主材、清玻璃为辅材、配以水池面、点缀以竹叶荷花，从而创造出具有江南新概念格调的空间气氛。南苑会所设计方案采用现代空间形式与传统江南水乡地域性文化结合的设计，制造了新的体验空间，给人以另一番新颖感受。

中国环境艺术设计学年奖

学校：广州美院继续教育学院环境艺术设计　指导老师：李泰山　学生：邓俐诗　张智健

学校：广州美院继续教育学院环境艺术设计　指导老师：李泰山　学生：邓俐诗　张智健

中国环境艺术设计学年奖

学校：广州美院继续教育学院环境艺术设计　指导老师：李泰山　学生：黄华权　张欢欢

点评人：李泰山　广州美术学院继续教育学院

点　评：《素俗馆》位于广州海珠区，主要特色是营造传统民俗饮食文化空间，设计意念立于传统民俗“素”、“俗”文化概念。空间形态以造园手法表现素俗空间情趣——清淡、静素的饮食情景。整体空间设计强调传统的“素”食与雷州“俗”文化，如室内外空间中荷塘、水榭及青石板路交相辉映，使《素俗馆》空间灵动出东方气韵。空间设计上采用传统园林中的渗透、藏气、借景及天井等造园之法，透过动线、框景、院落等创造出餐饮空间的丰富感。在材料组合上以清水泥墙为主，红砖石墩为辅，竹、水、荷花为点缀来体现“素”的自然本身。“俗”乃提取雷州民俗习俗中的石狗、雷剧、人龙舞为素材作为不同空间的主题。《素俗馆》空间设计方案较好地传达了历史素俗概念与现代空间形式结合的理念。

学校：广州美院继续教育学院环境艺术设计　指导老师：李泰山　学生：黄华权　张欢欢

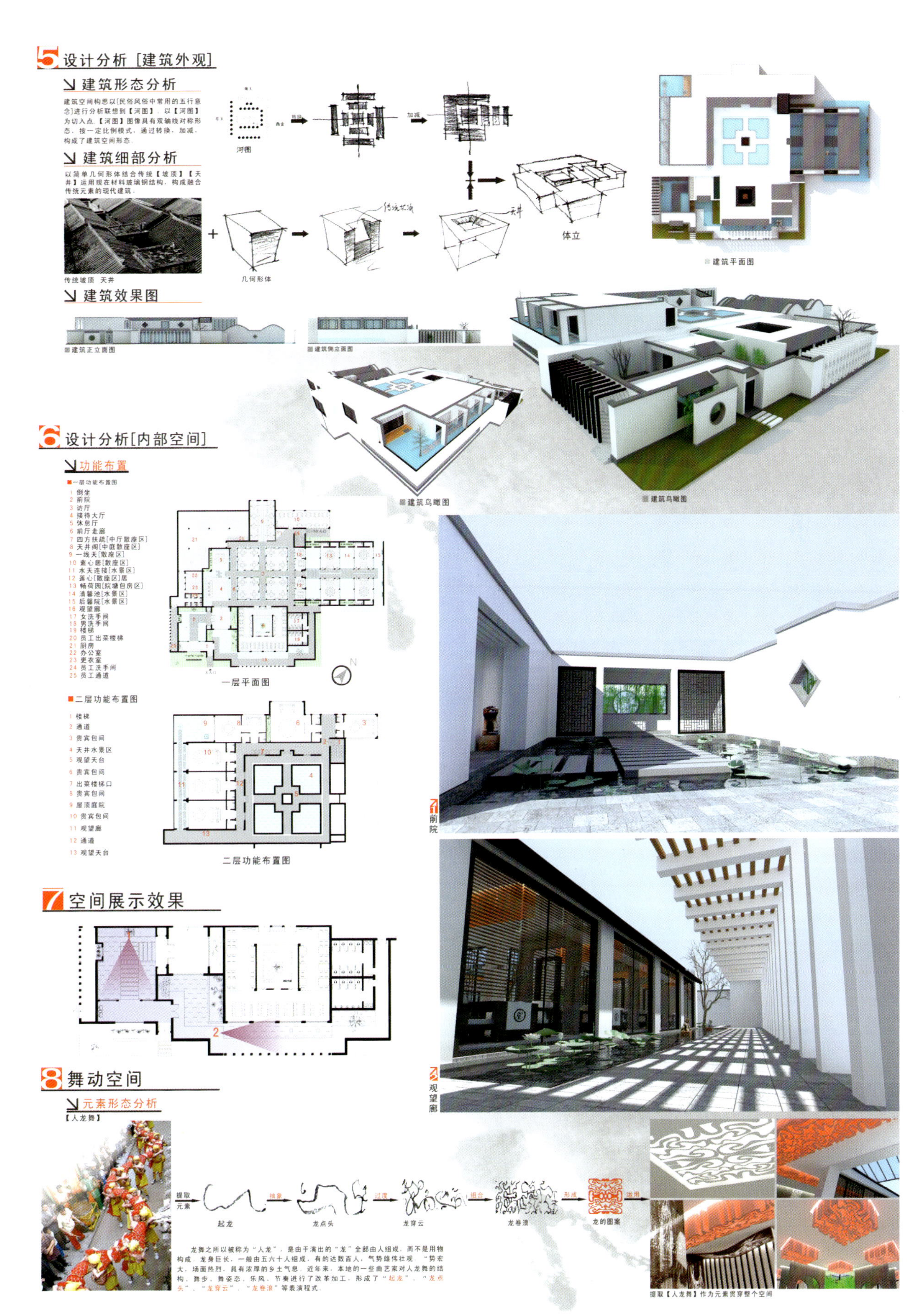

中国环境艺术设计学年奖

学校：广州美院继续教育学院环境艺术设计　指导老师：李泰山　学生：黄华权　张欢欢

莲心居[散座区]

天井阁[中庭散座区局部]

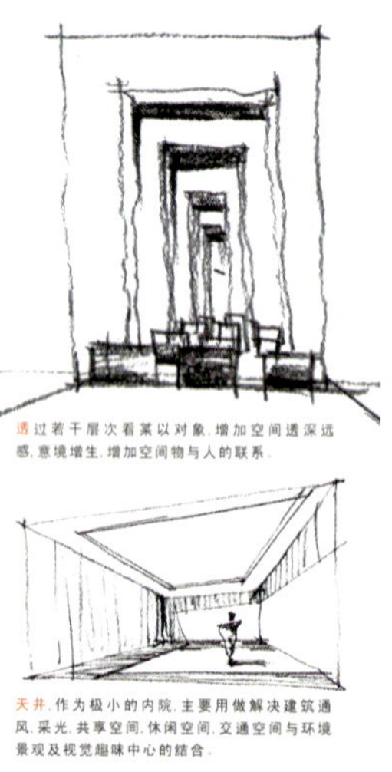

透过若干层次看某以对象，增加空间透深远感，意境增生，增加空间物与人的联系。

天井，作为极小的内院，主要用做解决建筑通风、采光、共享空间、休闲空间、交通空间与环境景观及视觉趣味中心的结合。

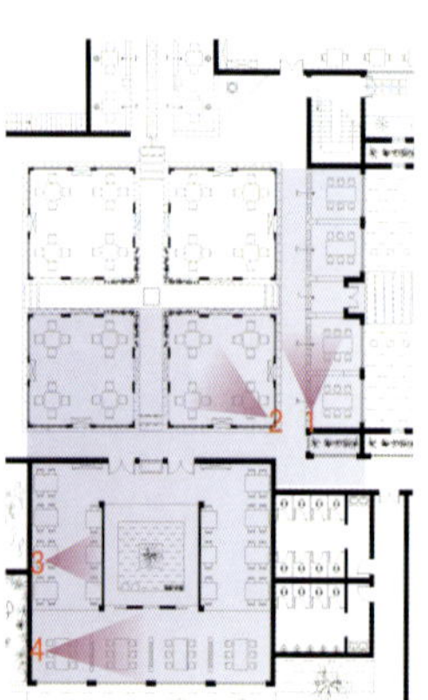

四方扶疏[中厅散座区]

天井阁[中庭散座区局部]

学校：广州美院继续教育学院环境艺术设计　指导老师：李泰山　学生：黄华权　张欢欢

1 楼梯

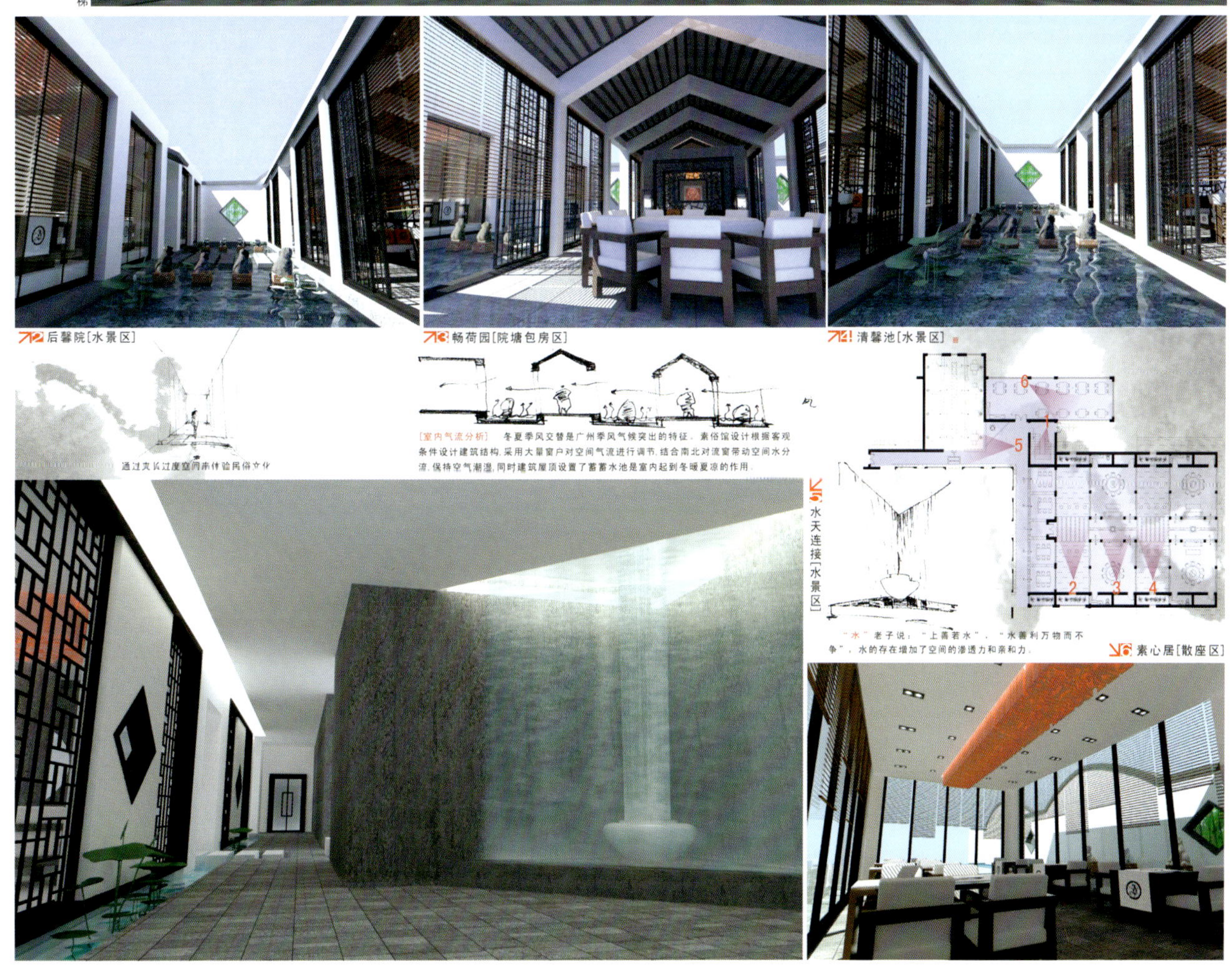

2 后馨院[水景区]

3 畅荷园[院塘包房区]

4 清馨池[水景区]

通过丈长过度空间来体验民俗文化

[室内气流分析]　冬夏季风交替是广州季风气候突出的特征。素俗馆设计根据客观条件设计建筑结构，采用大量窗户对空间气流进行调节，结合南北对流窗带动空间水分流，保持空气潮湿，同时建筑屋顶设置了蓄蓄水池是室内起到冬暖夏凉的作用。

5 水天连接[水景区]

"水"老子说："上善若水"，"水善利万物而不争"，水的存在增加了空间的渗透力和亲和力。

6 素心居[散座区]

学校：广州美院继续教育学院环境艺术设计　指导老师：李泰山　学生：林华邦　薛雷增　张平军　黄国栋

点评人：李泰山　广州美术学院继续教育学院　副教授

点　评：在中国古代建筑体系中，民居可以说是中国传统文化的重要载体，凝聚了中华先民的生存智慧和创造才能，而合院式布局形式则是中国传统民居样式的典型代表。《合院》设计方案从古代中国合院式建筑的布局与形式入手，强调传统庭院空间文化特色与现代生活、工作空间需求的结合。《合院》较好地表现出典型四代同堂居住型院落，空间的功能与形式设计充分体现出人、建筑、室内外环境的融合以及"天人合一"的哲学理念，巧妙地表现了传统社会家庭中男女、长幼、尊卑礼法的意念，这是中国社会生活文化在居住环境上的延续。这种多元化的四代同堂居住庭院，功能设计要兼具居住、会客、交际及休闲等功能，同时，设计也注重利用自然元素形成"天人合而为一"的生活环境。

学校：广州美院继续教育学院环境艺术设计　指导老师：李泰山　学生：林华邦　薛雷增　张平军　黄国栋

天人之際　合而爲一

Inheritance and continuation of the essence of habitation culture Theory that man is an integral part of nature

冷巷空间

岭南地区的主导风向为东南或南，因此冷巷为南北向，便于通风，造成阴影区，达到冷巷的目的。

1. 室内连接各房间的通道,巷道不受太阳辐射，空气流通又畅顺,生活余热最少而成为"室内冷巷"。
2. 外墙与周围墙之间或相邻两屋之间狭窄的露天通道，巷道受太阳照射的面积小,受晒时间短而长波辐射少空气温度较低而成为"露天冷巷"。

设计元素

彩色玻璃："彩色玻璃"是广东传统建筑的独特装饰艺术，结合本地建筑的厅堂进行装饰，使厅堂居室显得高雅柔和，平添诗情画意之妙。

水： 老子说："上善若水，水善利万物而不争，"水"的存在拓宽了视觉，柔化了石材玻璃的冰冷感。

竹子： "竹子"在中国人的心目中象征着生命的弹力、长寿，体现了高洁、虚心的文化内涵，塑造一个清幽宁静空间。

荷花： "荷花"清白、高尚而谦虚 出淤泥而不染,濯清涟而不妖，表示坚贞纯洁；无邪，清正，低调的高雅。

通风与采光分析

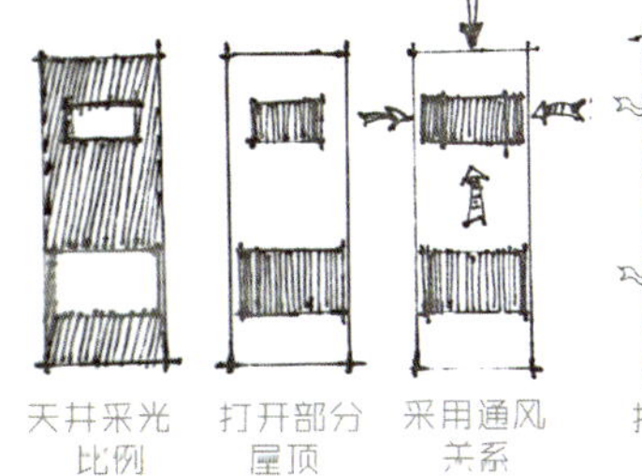

竹筒屋　属于岭南建筑竹"筒屋"一般分为前、中、后三部，并用天井作为解决采光通风等问题。建筑成长筒型，对称严谨。
打开局部屋顶，扩大采光、通风。
打开局部墙体，新旧连接

建筑的围透关系：

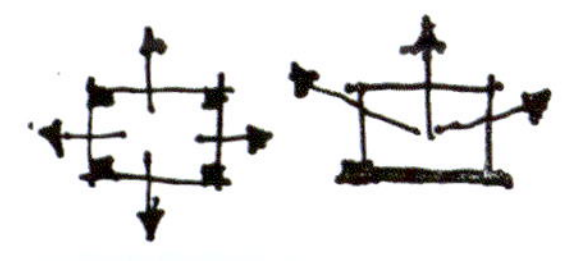
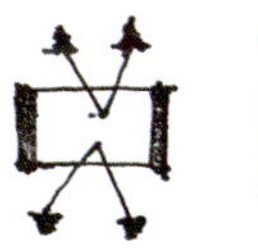

1. **三面围一面透：** 即把朝南的一面或面向内院的一面处理成为透空的形式。
2. **两面围两面透：** 把两个端部 即山墙处理为实墙面，而把前，后檐处理成为透空的门窗或槅扇。
3. **一面围三面透：** 使建筑依附或背靠着一面实墙，而其他三面临空。
4. **空间四面临空：** 把四面都处理为透空的门窗或槅扇。

学校：广州美院继续教育学院环境艺术设计　指导老师：李泰山　学生：林华邦　薛雷增　张平军　黄国栋

学校：广州美院继续教育学院环境艺术设计　指导老师：李泰山　学生：林华邦　薛雷增　张平军　黄国栋

会客厅与卧室

一方天地
就是一个世界

后院

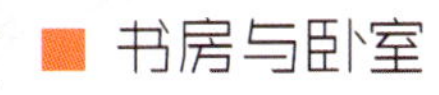

书房与卧室

Inheritance and continuation of
the essence of habitation culture
Theory that man is an integral
part of nature

后院

学校：广州美术学院美术教育系　指导老师：郑念军　雷鸣　学生：谢镇杰　吴鸿坚

报纸博物馆
NEWSPAPER MUSEUM

谢镇杰|XIEZHENJIE
吴鸿坚|WUHONGJIAN

地点：广州珠江新城

目的：我们想通过这报纸博物馆针对网络等新媒体冲击下传统报纸读者日益流失、报纸阅读文化日趋失色的情况，塑造一个使阅读文化依旧占据我们文化生活的中心，报纸就依然会有生命力，围绕报纸消费和阅读所形成的社会文化景观就永远不会消逝。

针对人群：广大人民群众

风格：简约.休闲

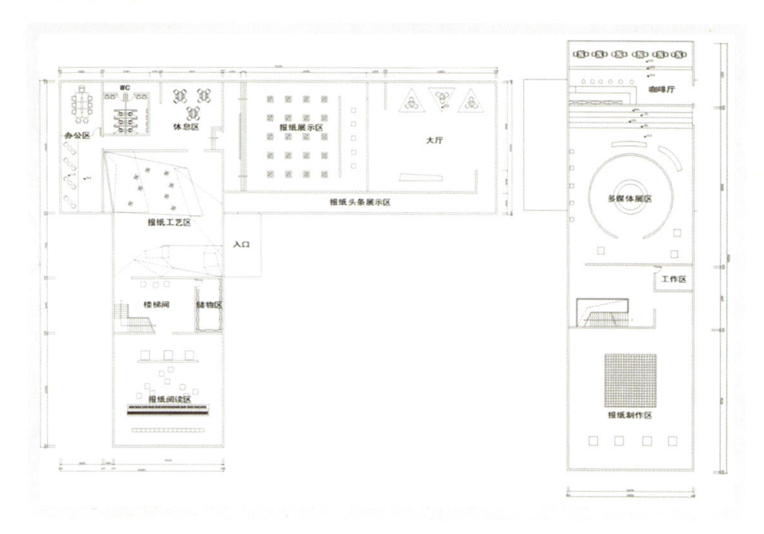

1

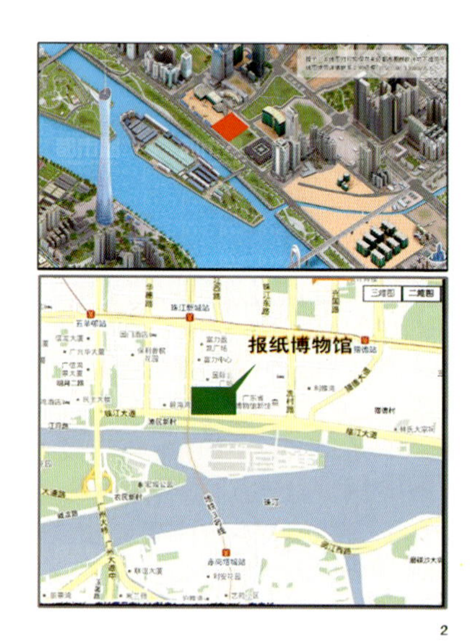

2

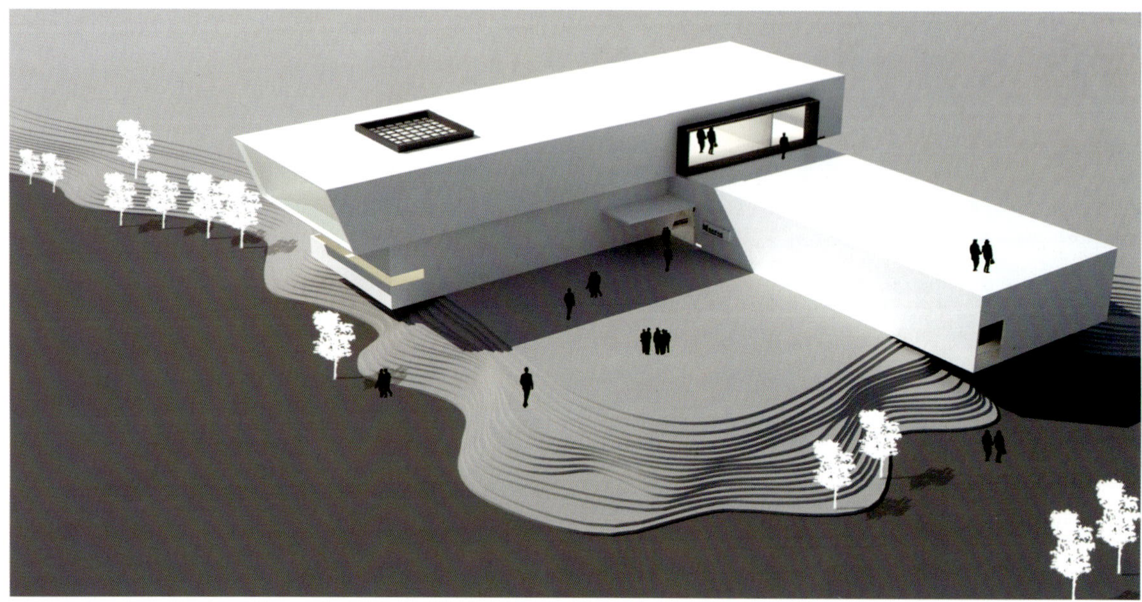

3

1.总平面图|Total plan
2.项目选址|The project
3建筑外观|Architectural appearance

点评人：郑念军　广州美术学院美术教育系　展示设计教研室主任　副教授；雷鸣　专业教师

点　评：整个博物馆建筑设计的理念来源一个"展开的箱子"，把这个箱子展开成六个面，对它进行叠加分割，在组合延伸构成一个现代感极强的建筑样式。内部空间利用报纸褶皱所形成的错觉进行切割，使空间层次更加丰富。整个展馆中不忽视对"小"空间的利用，使每个局部都和相应的展品相呼应，真正做到了展示形式不脱离建筑结构，陈列方式与空间气氛营造有机结合。

学校：广州美术学院美术教育系　指导老师：郑念军　雷鸣　学生：谢镇杰　吴鸿坚

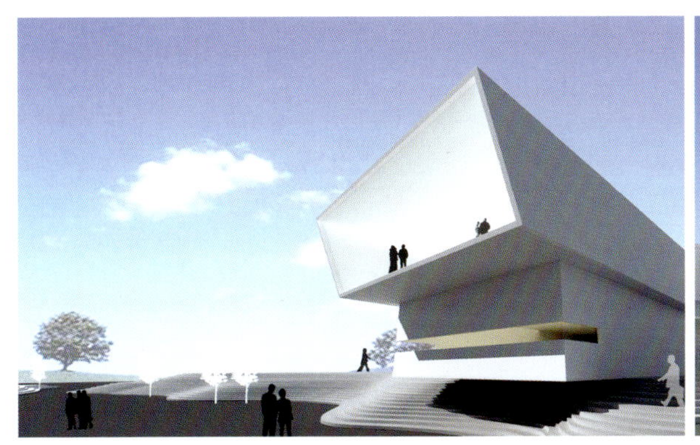

4

5

6

4.建筑外观效果图|Building exterior effect
5.建筑外观效果图|Building exterior effect
6.大厅|Hall

学校：广州美术学院美术教育系　指导老师：郑念军　雷鸣　学生：谢镇杰　吴鸿坚

7

7. 报纸头条展示区|Newspaper headlines zone

学校：广州美术学院美术教育系　指导老师：郑念军　雷鸣　学生：谢镇杰　吴鸿坚

9

10

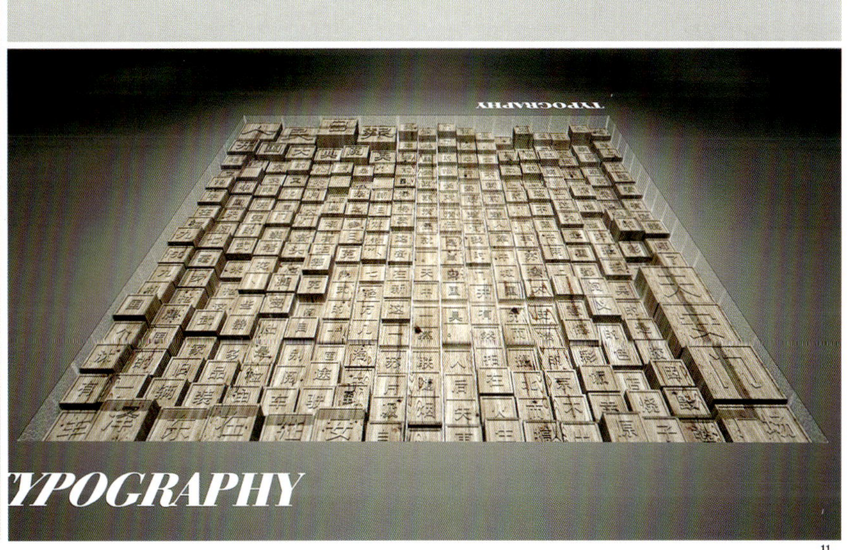

11

9.报纸制作展区|Newspaper production area
10.多媒体通道|Multimedia channel
11.报纸印刷|Newspaper printing

学校：东北大学艺术学院艺术设计系　指导老师：单鹏宇　学生：夏凤慧

东北大学图书馆室内设计更新

NORTH EASTERN UNIVERSITY LIBRARY INTERIOR DESIGN UPDATE

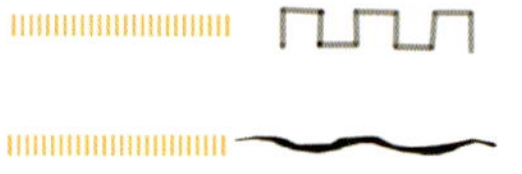

二层大厅不仅有图书的借还和业务办理的功能，还是整个图书馆最主要的交流空间之一，是整个图书馆的核心交通空间，在地面的造型上利用不同材质和灯带的有序排列营造一种速度感，使空间的动区和静区得到更合理的区分。并在天花和柱面装饰上加以呼应，柱面装饰上利用灯带的装饰和柱面材料加以呼应。同时，这样的柱面装饰也可以使空间高度看上去更高一些。白山黑水的主题雕塑是此空间内主要的景观节点，景观节点的塑造不仅为人们提供交流及心灵舒缓的空间，更通过此处体现校园文化的主题。

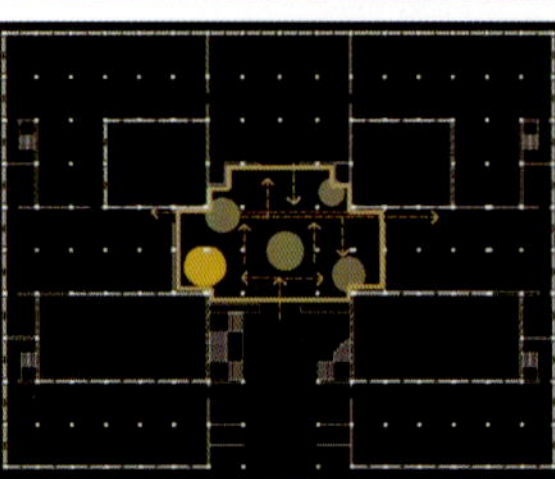

大厅效果图

设计说明：此设计为东北大学图书馆室内设计更新，良好的高校图书馆空间内部设计不仅方便读者的使用，更深刻地影响学校在人们心目中树立的形象，此设计通过图书馆空间内部艺术设计来达到表达校园文化，树立文化形象的目的，以白山黑水作为空间形象的主要灵感，通过空间中直线与曲线的穿插配合来达到表达校园主题的目的。在手法上，从造型，色彩等各方面考虑为读者创造充满文化气息的同时又不失活泼的图书馆空间。

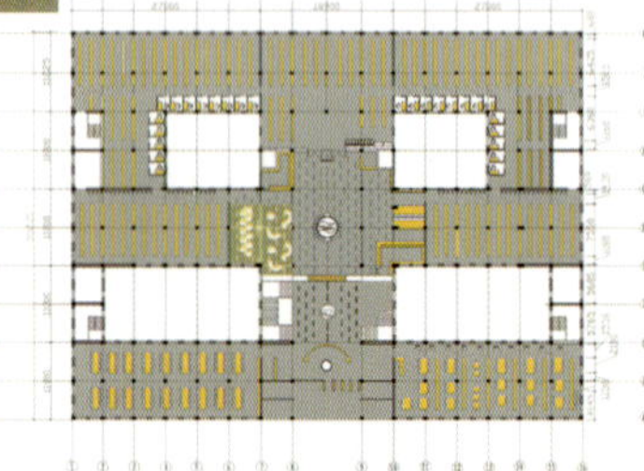

二层平面图

交流空间剖面效果图

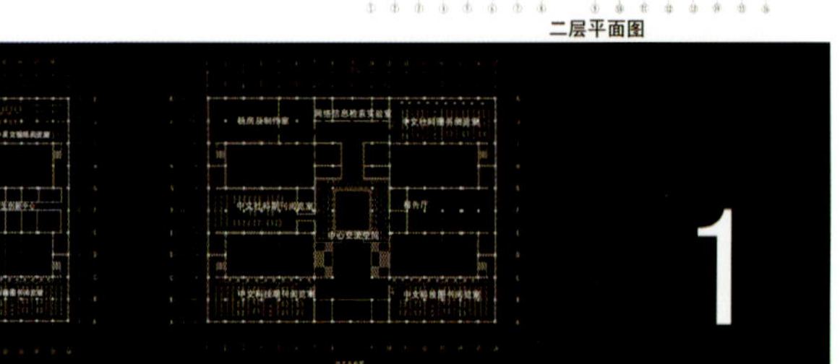

1

点评人：单鹏宇　东北大学艺术学院环境艺术专业　专业教师

点　评：东北大学图书馆位于大学的整体中轴线上，是学校的标志性建筑之一。图书馆以“宁恩承”老先生的名字命名，蕴含着东北大学“自强不息，治行合一”的学校治学理念。

夏凤慧同学的室内设计作品展示了图书馆的公共空间、阅览室和借阅室，同时她还展示了图书馆的学习、交流这样的“软空间”。她的设计思路清晰，方案既满足了图书馆的文化交流的功能，也承载了东北大学白山黑水的纯朴校园文化思想。方案构思巧妙，设计形式流畅而富有理性感觉。夏凤慧同学多次对图书馆的周边环境与内部空间进行实地的观察、测量，获得了第一手的测绘资料，她付出的努力在设计作品中开花结果。

学校：东北大学艺术学院艺术设计系　指导老师：单鹏宇　学生：夏凤慧

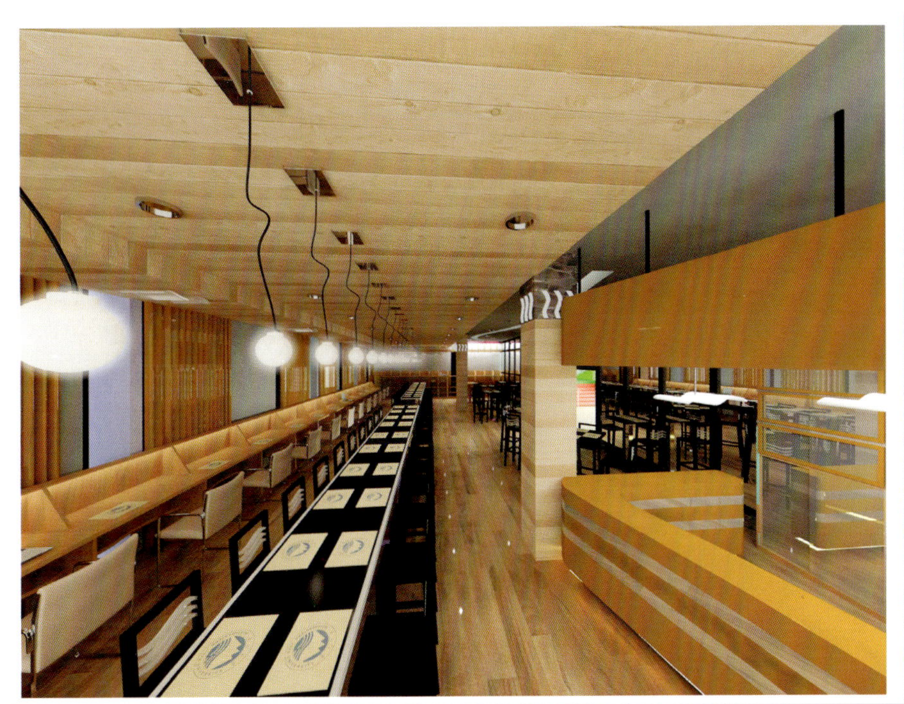

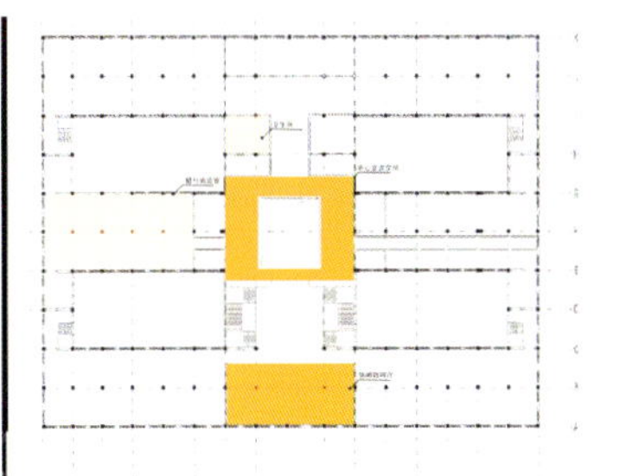

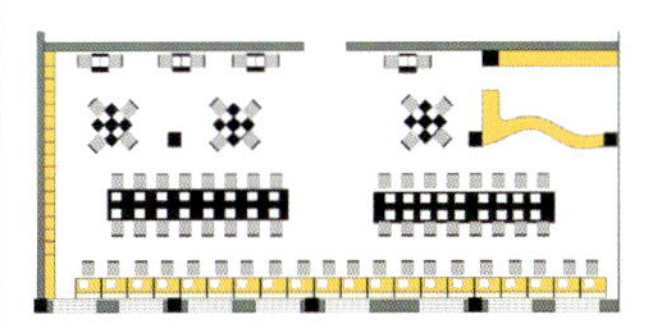

图书馆三层咖啡厅效果图

东北大学图书馆室内设计更新

NORTH EASTERN UNIVERSITY LIBRARY INTERIOR DESIGN UPDATE

三层和四层的主交通空间和交流空间为了合理地利用空间增加了座位，有效地增加了空间的利用率，并在三层增加了视听空间，可以满足学生们在图书馆观看小电影或科教片的需求，为不打扰到周围环境，观看者座位后的椅背上连有耳机，同时也保证视听质量。

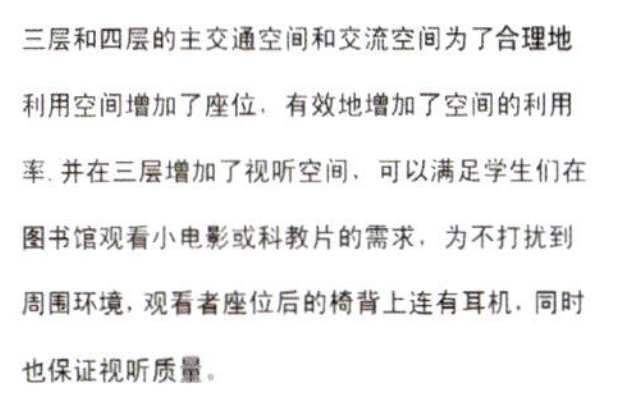

图书馆咖啡厅的服务吧台采用流水的曲线形式，柱面装饰上除了利用木材做饰面，同时也以流水造型的灯带装饰，配合整个空间的装饰风格。

4

图书馆三层咖啡厅效果图

中国环境艺术设计学年奖

学校：广东工业大学艺术设计学院环境艺术设计系　指导老师：吴傲冰　学生：卢伟庭

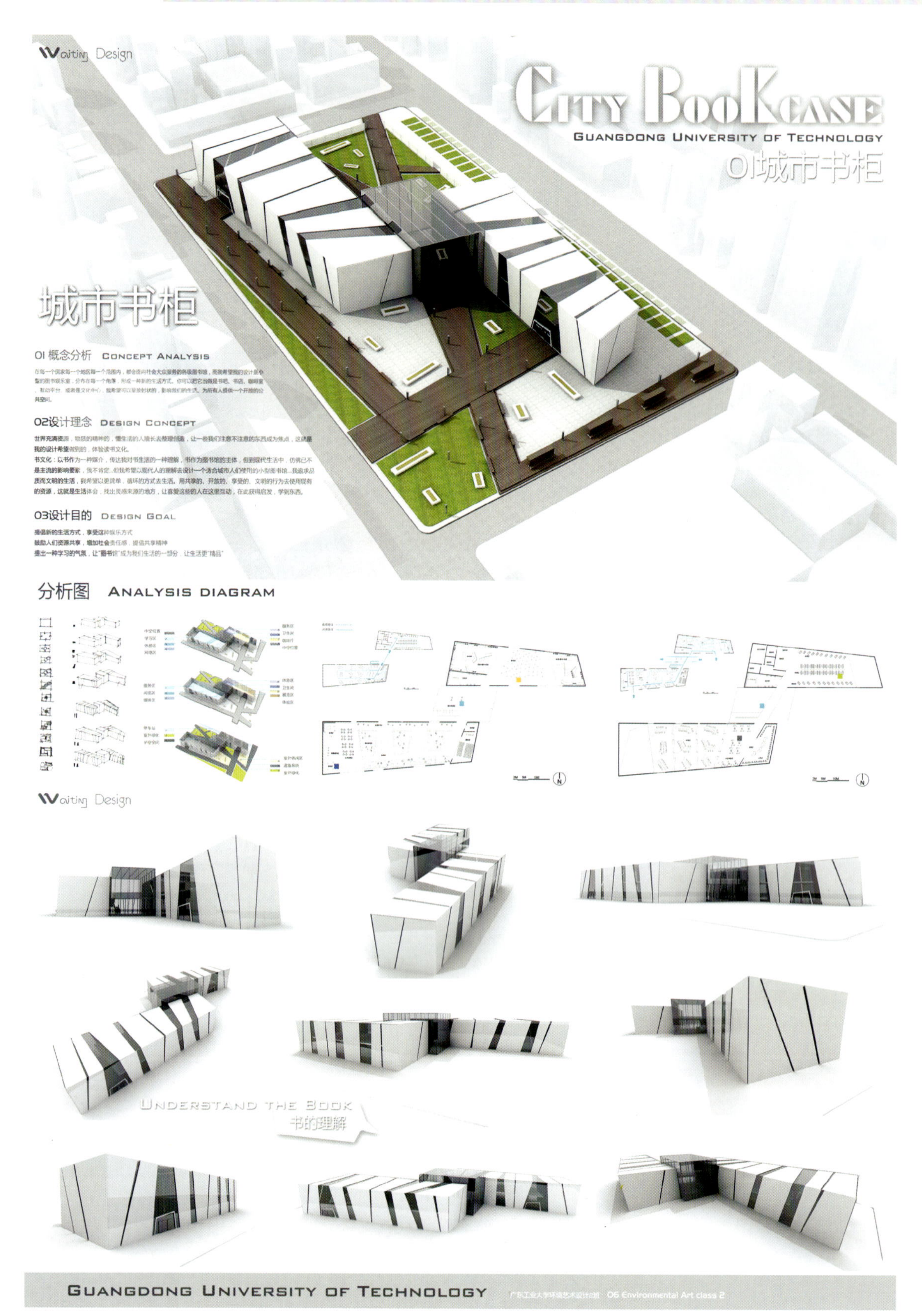

点评人：吴傲冰　广东工业大学艺术设计学院环境艺术设计系　讲师

点　评：在每一个国家每一个地区，都有面向社会大众服务的图书馆，而小型的图书休闲馆，应该分布得更加广泛，形成一种新的生活方式。可以把它当做书吧、书店、咖啡室、互动平台、或者是文化中心，它应该是呈放射状的，影响人们的生活，为人们提供一个开放的公共空间。作品统一简约的设计风格和大胆的空间处理，体现大气、整体、宁静的设计理念。运用立体的光环境语言，通过光带的巧妙融入，简洁明快，营造一个灵性空间。露天图书馆则带来一种自由开放轻松的读书气氛。

学校：广东工业大学艺术设计学院环境艺术设计系　指导老师：吴傲冰　学生：卢伟庭

EMPTY SPACE
半空空间

生活理念传达

1　正如我们的生活不能缺少网络，它带给我们的不仅是便利、自由、信息，更重要的是它让我们的社会资源得到了很好的共享和传播，受众面广而条件简单，虽然当中还存在种种问题，但谁也不能否认网络资源带给我们的价值，我也看到了书本对我们的意义，我们读书、喝茶、穿着、旅游、娱乐及上网...这些都是我们生活的一部分...试着想还有其他方式对我们的生活有如此大的影响吗？

2　我希望可以更安静的过日子，所以我们有一个阅读馆，里面有你们不经意了解的一切味道，我希望这能成为大家生活的一部分，你们的生活其实还可以容纳这些书籍，这里也可以容纳一些你贡献的书籍，让我们，社会里的每一分子都有机会看看别人的资源，学习我们共享的知识。
你不会因为大学毕业了而不再找到呆在图书馆的感觉，这里就像是对面社会的一个图书馆，方式自由而富有创造力。

3 或许你会去KTV、体育馆、展览会、餐厅、商场作为你的娱乐节目，试想贡献书本也会成为一种生活的模式。这里有当下最流行最有影响力的书籍，你可以在这里享受一个阅读学习的时光。现在你应该尝试一下我说提倡的生活方式，任何时候你都可以自由借阅这些图书—找个舒适的小角落，选一本大堆书，好好享受你的阅读时光吧！

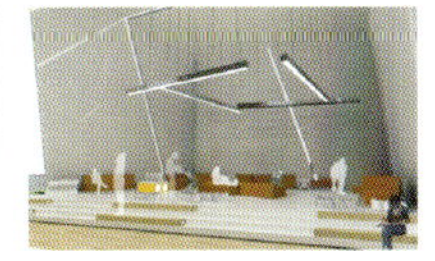

4　共享精神：这里我特意提出的一种精神，我们的生活不应该是单一性的，而是发散性的适应发展...不是为了某一样东西而存在，你甚至可以接受很多东西？一本书如果你不需要，那它应该放置在哪里？是不是应该有一个地方时为它而设的？

空间设计也应该如此，过多的限定只是对行为的限定，一个建筑的形态出来了，应该在里面同时兼容不同的功能要求，这里提供了一个场地，就应该让人们都有一种共享资源、贡献的感觉，学习贡献的精神。图书馆和图

GUANGDONG UNIVERSITY OF TECHNOLOGY Waiting Design

中国环境艺术设计学年奖

学校：广东工业大学艺术设计学院环境艺术设计系　指导老师：吴傲冰　学生：卢伟庭

COFFEE SHOP
咖啡室

GUANGDONG UNIVERSITY OF TECHNOLOGY Waiting Design

光与空间奖

学校：广东轻工职业技术学院环境艺术系　指导老师：彭洁　学生：李柱明

学校：广东轻工职业技术学院环境艺术系　指导老师：彭洁　学生：李柱明

the shadows of the trees appear

广东轻工职业技术学院艺术学院　作者：李柱明　指导老师：彭洁

树影婆娑

主题餐厅酒吧设计

thematic several restaurants and bar design

THE SHADOWS OF THE TREES APPEAR

毕业设计 GRADUATION DESIGN

枯萎 妩媚 宁静 璀璨 神秘

keyword关键词

餐厅包房设计

森林的树木繁茂，密密麻麻的排在一起，非常的有趣，正如垂下的裙布一样，凌乱中有序凌乱中有细节，丰富多彩。

有趣的布艺吊灯，十分的跳跃，也呼应了主题"树影婆娑"。整体空间比较素色，氛围安静统一，犹如在森林雪海里面一样，白色的树干紧密的排在那里，安安静静的。

餐厅包房

2 树影婆娑 主题餐厅酒吧设计

thematic several restaurants and bar design

the shadows of the trees appeare

毕业设计 graduation design

restaurant 餐厅空间

很光树影

餐厅大厅设计

仰望天空，阳光穿透叶子间，静静映照在身上，冬天的森林里，轻声入耳的钢琴声，丰盛的美味食物，时尚和优雅大气，一定会给每一位客人留下美好的回忆。别致的几何玻璃布艺组合的吊灯，提升了整个空间的格调。

餐厅大厅

中国环境艺术设计学年奖

学校：广东轻工职业技术学院环境艺术系　指导老师：彭洁　学生：李柱明

学校：东北师范大学美术学院环艺系　指导老师：王铁军　刘学文　刘治龙　宿一宁　学生：邢斐

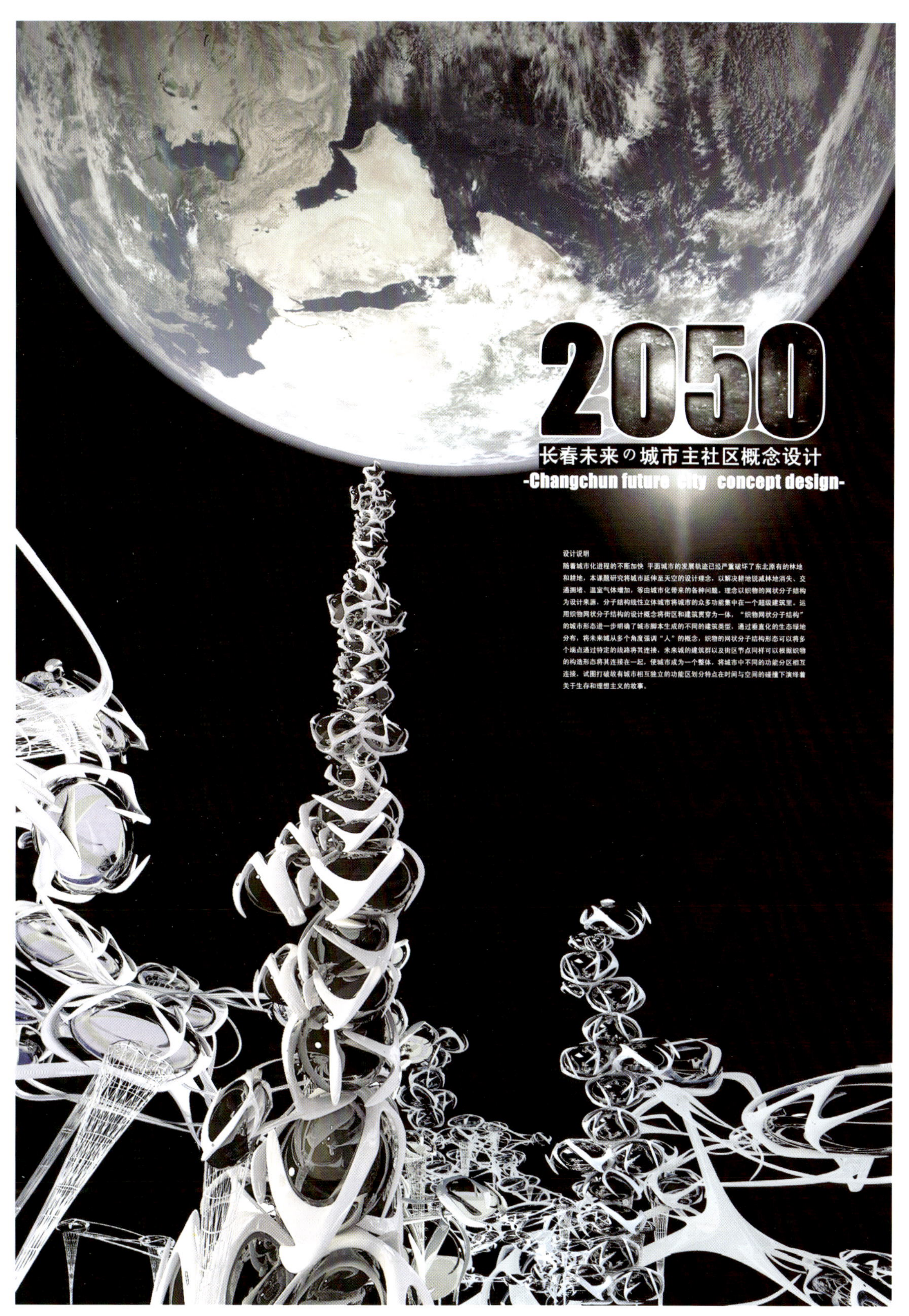

点评人：王铁军　东北师范大学美术学院　教授

点　评：在当今的设计舞台上，有两种看不见的力量在拉扯——回归与向前。2050 向我们展示的是一个富有激情的前沿性设计：它以时间为轴线阐述了一种理想化的未来生活状态，在较难把握的规划与建筑设计中，试图以一种无畏的姿态去超越现实寻找属于自己理想意义上的“伊甸园”。作为一件设计作品，它所呈现的合理性维度还有待提高；但作为一件尝试性创作作品却带给我们许多惊喜，这也是我们希望从学生中看到的激情与浪漫。在作品的背后我们看到设计者对专业的执着和那颗年轻而蓬勃的心。这让我们有理由相信：新一代的年轻人必定有属于他们的更大的空间。

学校：东北师范大学美术学院环艺系　指导老师：王铁军　刘学文　刘治龙　宿一宁　学生：邢斐

学校：东北师范大学美术学院环艺系　指导老师：王铁军　刘学文　刘治龙　宿一宁　学生：邢斐

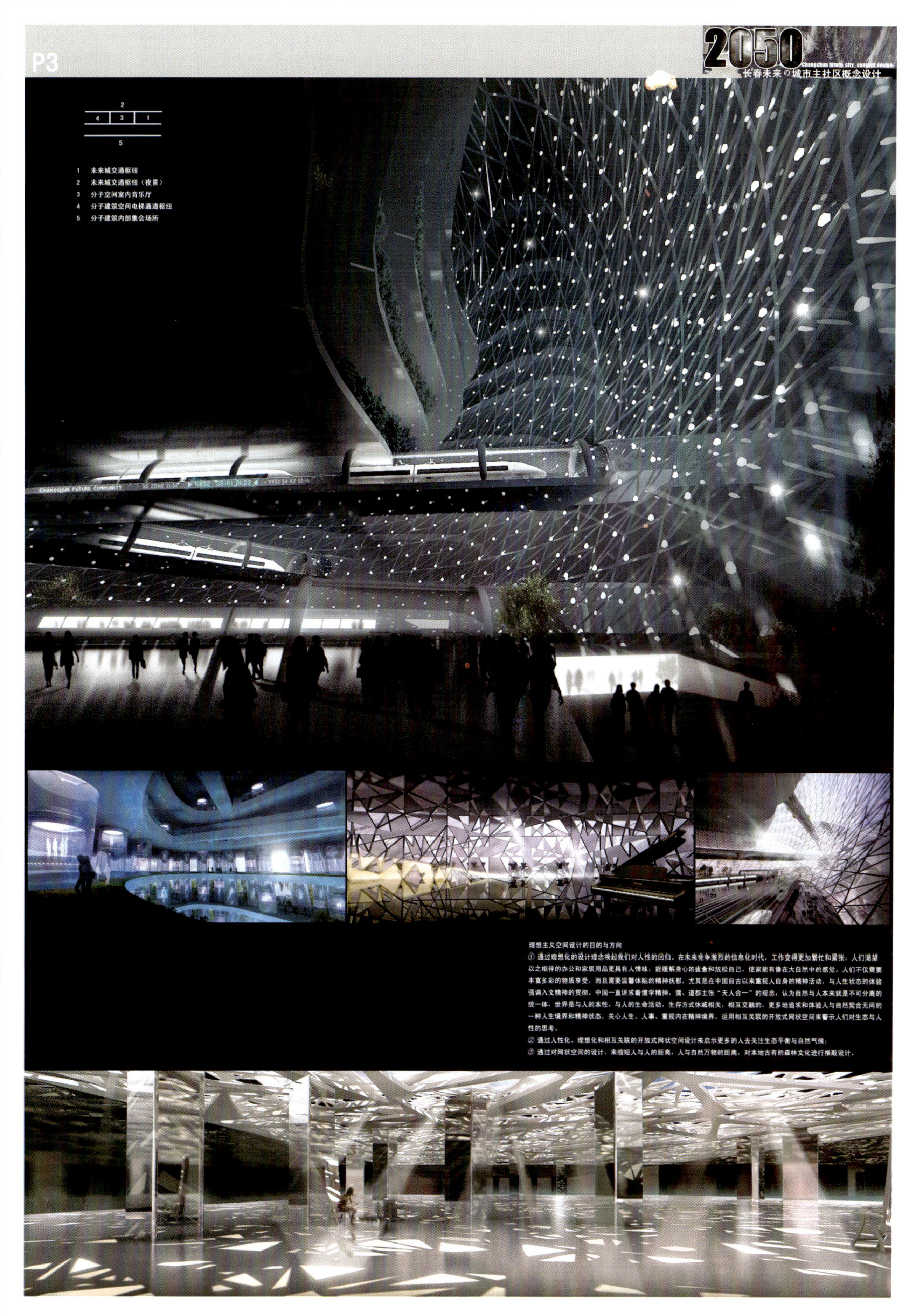

学校：广东轻工职业技术学院环境艺术系　指导老师：尹铂　学生：伍世柱　宋德强

Water resources museum

一、设计分析过程

序言

人类起源于水，“四大文明”发祥于水，人类逐水而居，聚居成市，产生了现代意义上的城市。水之于生态，犹如血之于人体。

水文化是生态文化之魂、生态文明之脉。

自然万物类赖以生存的生命之源；水，为万物之灵。水生城之态，水筑城之形；水是城之源，水为城之魂；水文明是生态文明之基。

水是生态文明城市建设的起航点、推进器、试验田。水与城市生态文明之间的关系，本质上就是自然与生命如何和谐相处的问题。

水资源、水环境、水文化是水生态文明建设的重要内容。

人与水及自然三者的关系

- 三者是相互影响、相互作用的关系；人作为主体是去污染水，必然对自然产生不良影响的同时对人产生极大的危害。
- 水资源博物馆以现代主义的空间美学为基础企图塑造出一个清晰、简洁穿透的空间，追求的是空间的本质与内涵，尝试以空间的语汇及材料的本质塑造出一个最具现代思维的空间体验。
- 古人云：“舟所以意比人君，水所以比黎庶，水能载舟，亦能覆舟。”

人（主客体）
主体
主体
自然（客体）
主体
水（客体）

设计目的

- 水是人类赖以生存的生命之源，呼吁人们爱护水资源、珍惜水资源。

设计推导

水 → 水印象 → 水的原始性 → 水的破坏性 → 保护水意识 → 人与水共存

空间脚本分析

区位	名称	主题	展示方式	展示内容	观众认知
一	冥想厅——呼唤生命	水与生命	环境氛围	自然生命	空间联想
二	净水厅——万物之灵	水与自然	实物与平面	水的原始状态	感性认知：从空间中感受水的纯净
三	灾难厅——人类之灾	水、人、自然	借景	破坏水的危害性	感性认知：从空间中感受水的危害性
四	科普厅——净水之源	人与水	媒体技术	保护水相关知识	理性认知：获得更多保护水的知识
五	影视厅——水之历史	回归自然	播放	放映水文化视频	理性认知：了解更多水文化

二、建筑选址

1. 卫星踩点

建筑选址：

建筑选址定在广州二沙岛、珠江边上，建筑主要部分建在水上、因为本馆为水资源博物馆，所以建在水中更能自然地融合整个大环境，也更能体现展馆的本质。岛上建有星海音乐厅、广东美术馆、二沙体育训练基地及众多高档别墅、街心公园。对外交通主要依靠东部的广州大桥及西侧的桥梁。

2. 建筑周边环境

建筑周边环境：

二沙岛又称二沙头、二沙头岛 。这是珠江中一个沙洲，珠水环岛而过，是最具有广州现代风情的宝地。星海音乐厅，广东美术馆，一片片高尚的生活住宅小区和体育训练基地一起掩映在广阔的绿地中。各种艺术雕塑散布周围。文化艺术氛围扑面而来。 基地位于广州二沙岛烟雨路的广东美术馆东侧，西衔星海音乐厅，北接绿草茵茵，南临珠江碧波。是一处心灵的回归地。

学校：广东轻工职业技术学院环境艺术系　指导老师：尹铂　学生：伍世柱　宋德强

三、建筑外观

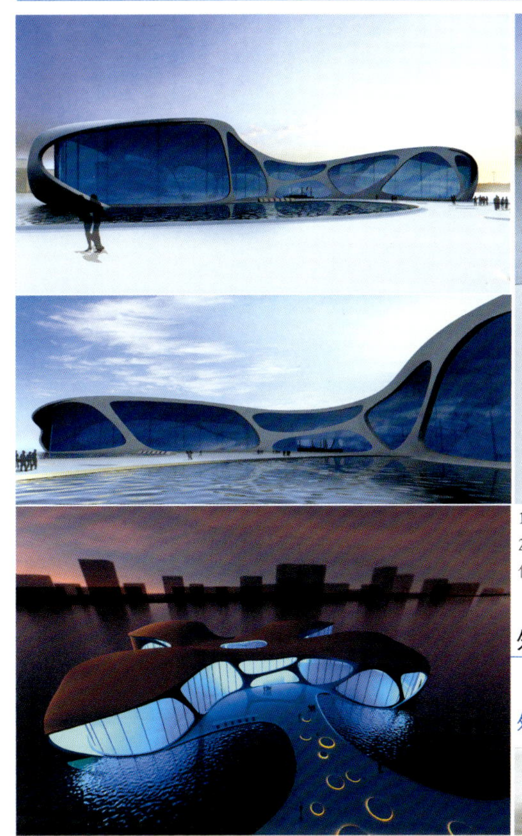

1. 以一滴水落下瞬间溅起的水花造型作为建筑外观，富有跳跃感与强烈的动感。
2. 建筑皮肤以现代材料玻璃来模拟水的纯净与通透性，立面以服从主题与整体造型而采用水纹作为主要造型。

外观构思与环保系统

外观设计构思：

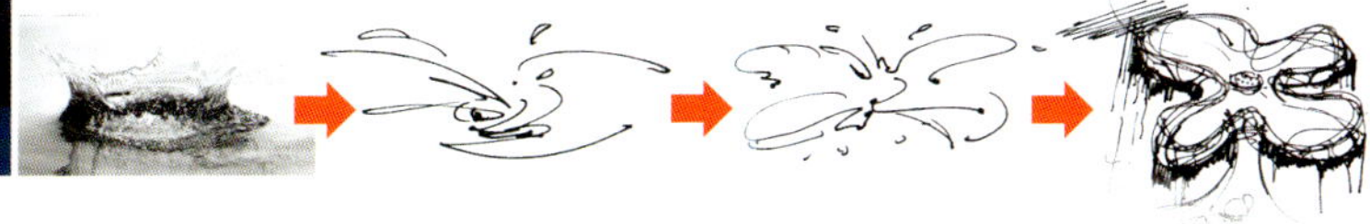

采光与雨水收集系统

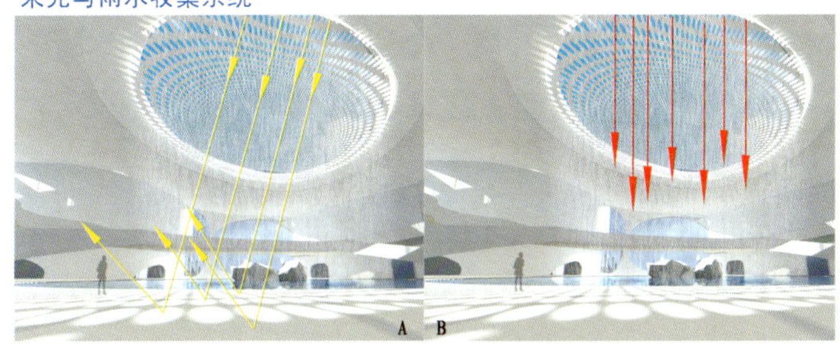

A. 采光系统，从大自然引入大量自然光，通过自然光引入空间进行多重漫反射以得到照明效果，切合环保思想。

B. 雨水收集系统，利用系统可以收集和存放大量水资源，这些收集起来的雨水可以经系统供展馆日常使用，同时还可以起着降温效果。

四、空间分布图

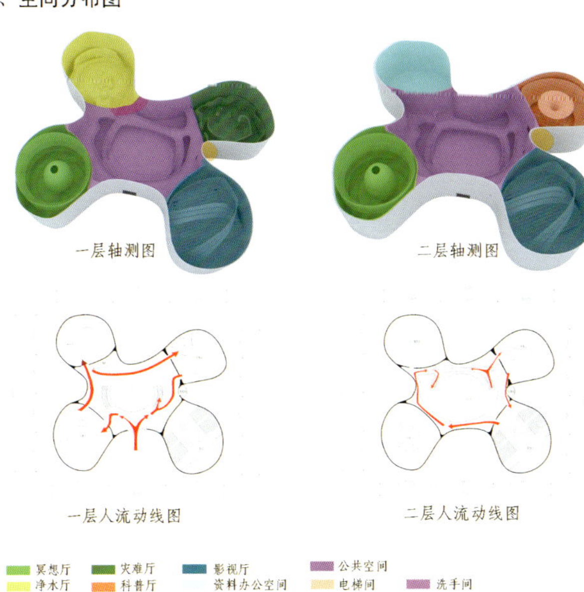

五、中庭

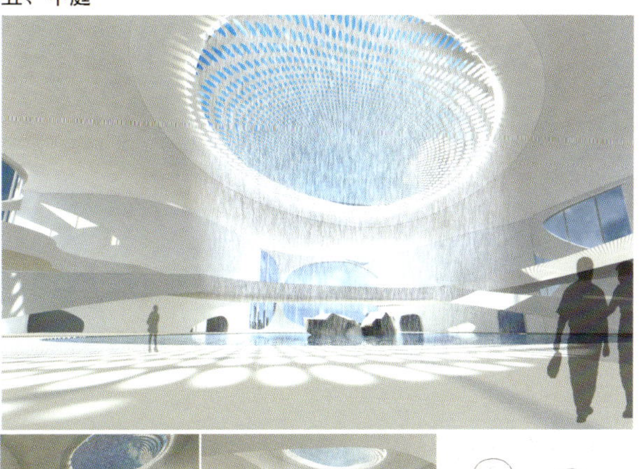

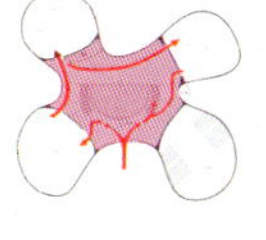

中庭设计说明：与大自然相融合为设计理念，通过中庭对天然雨水进行净化收集；利用中庭将五个展区串联起来围合成一个与自然结合的公共空间。

六、冥想厅

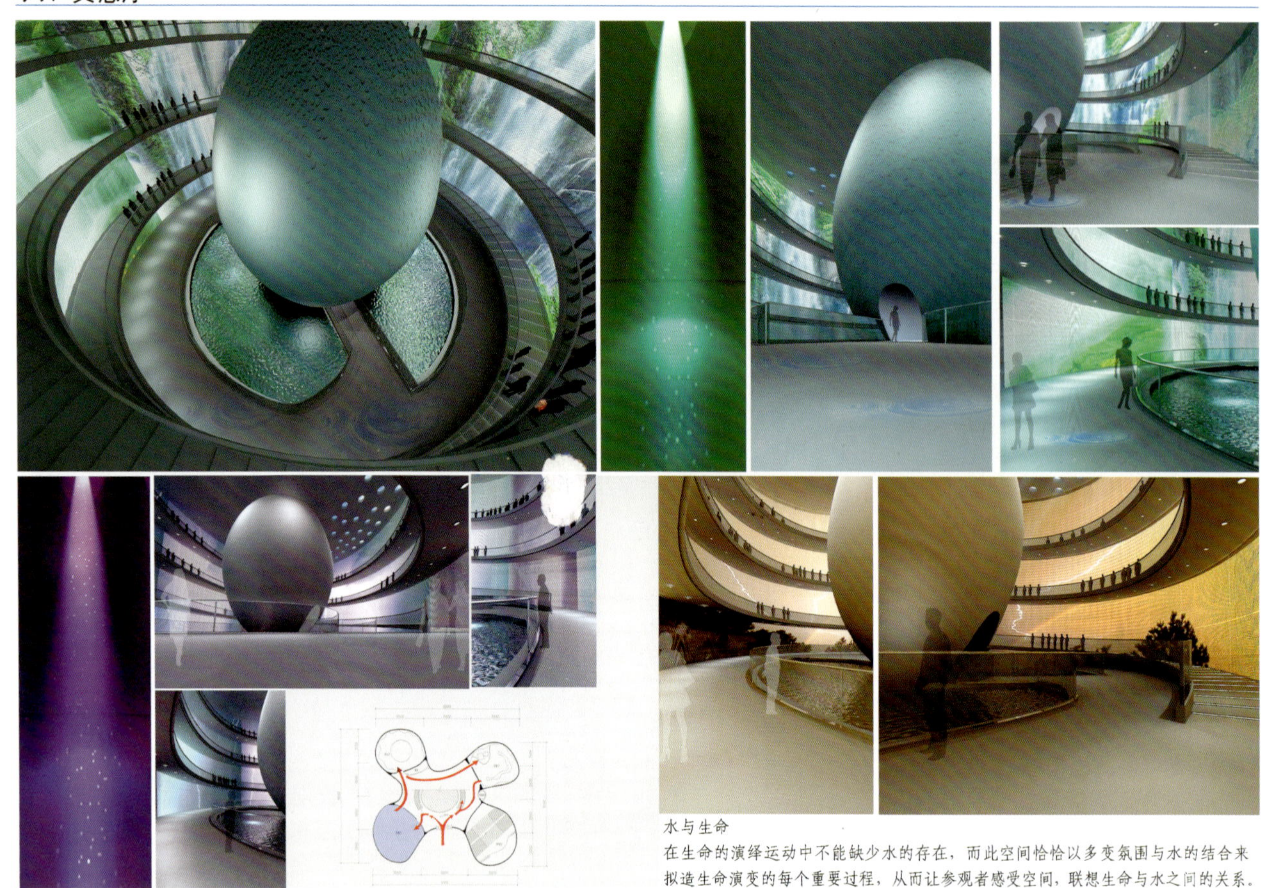

水与生命
在生命的演绎运动中不能缺少水的存在，而此空间恰恰以多变氛围与水的结合来拟造生命演变的每个重要过程，从而让参观者感受空间，联想生命与水之间的关系。

七、净水厅

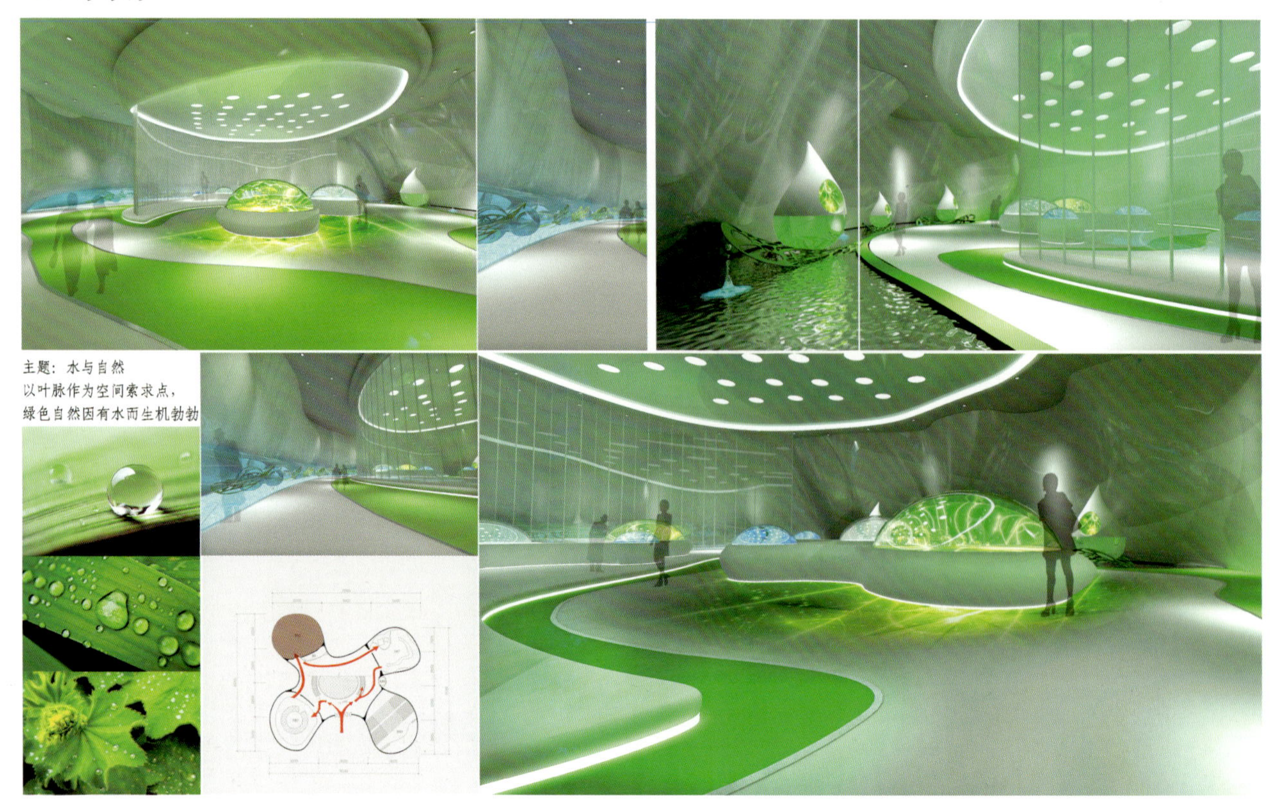

主题：水与自然
以叶脉作为空间索求点，
绿色自然因有水而生机勃勃

学校：清华大学美术学院环境艺术设计系　指导老师：杜异　学生：杜洁晶

点评人：杜异　清华大学美术学院环境艺术设计系　副教授

点　评：该同学的选题是对内蒙古莲花酒店进行室外延展设计，目的在于探索通过环境艺术设计对于拓展和丰富游客度假体验的可能性。设计从两个方面切入，首先是对建筑周边的景观进行设计，通过分析当地地表、气象及生态的特征，并对建筑的形态与建筑结构进行研究，提出了与建筑肌理一致的景观设计方案，并使其很好地与自然环境融为一体；其次是对建筑及环境的夜景照明进行设计，通过对游客构成的分析，得出游客夜间活动的心理诉求，并对当地地域文化、节庆活动、艺术表现形式等进行研究，进而提出了夜景照明在一天内不同时段和一年内不同时节的艺术表现形式，创造出了一种全新的视觉体验，如同鸿篇巨制一样富有节奏和张力，而更可贵的是该作品能够通过简单而合理的设计语言，建立起了人与物质、精神之间的环境关系，让我们从中体验到了宏观与微观、物质与精神的更为广阔的世界。

学校：清华大学美术学院环境艺术设计系　指导老师：杜异　学生：杜洁晶

学校：清华大学美术学院环境艺术设计系　指导老师：杜异　学生：杜洁晶

学校：福州大学厦门工艺美术学院环境艺术设计系　指导老师：梁青　学生：王田生

水色流光

Color Streamer

——杭州水疗会所空间设计

Hangzhou Spa Club Space Design

设计主题综述

幻境、神秘。梦境的感觉？闭上眼，虚幻飘渺，这里是在梦里。
蔚蓝、透亮。流动的感觉？睁开眼。水色流光，随着感觉流动。
流动的感觉，只有这种感觉提示，在水中，意识就是这样不断涌出。

此次设计借鉴了“水”的形态为设计理念。结合了幻境的表现手法突出一种梦幻式的设计风格，而且抽象的提取了水最具代表性已经最具特点的形态。加以深化，升华。

水疗空间是为了营造一个梦幻的，浮游的，轻松的休闲空间，以水的流动性和自由性为组织空间的平面，立面的主要设计手法。充分利用现代各种材质的天然质感和色泽进行组合搭配，给予空间一个全新的诠释，在对比中寻找最自然的美感，卷曲和流动的空间组合。结合时尚元素和最具品质及个性的材料，赋予这个空间一个最新的生命。在灯光的处理上是通过水与光之间的折射关系，色彩关系以及形态关系进行设计，让这个空间符合设计的主题，为空间创造出更多迷幻的效果！灯光的渲染让原本白色空间幻化出神秘色彩，为有限的的空间塑造出感官丰富的节奏感。

水疗空间
流动性的休闲空间
新旧材料的使用
文化工艺品的应用
水
瀑溅 水滴 水幕 水柱 露珠 涟漪 浪花 深海
元素形态 — 水的代表特质
— 浮游于梦幻水世界
— 非物质文化及新材质的应用

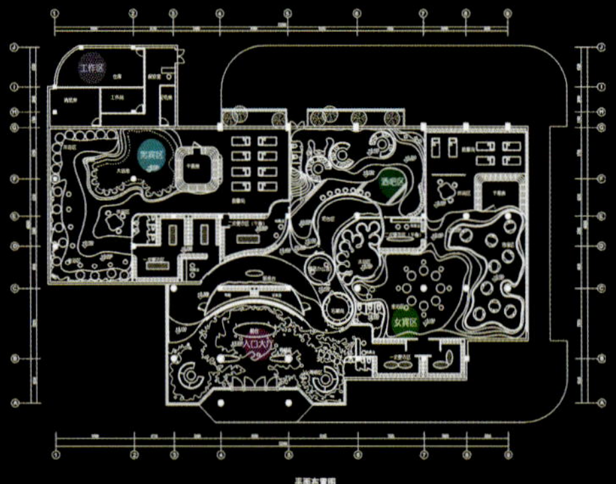

水花溅起的水幕 — 入口大厅形象背
水形成的水柱 — 大厅等候区连柱
瀑溅的水花 — 接待台及收银台
泛起的涟漪 — VIP接待区

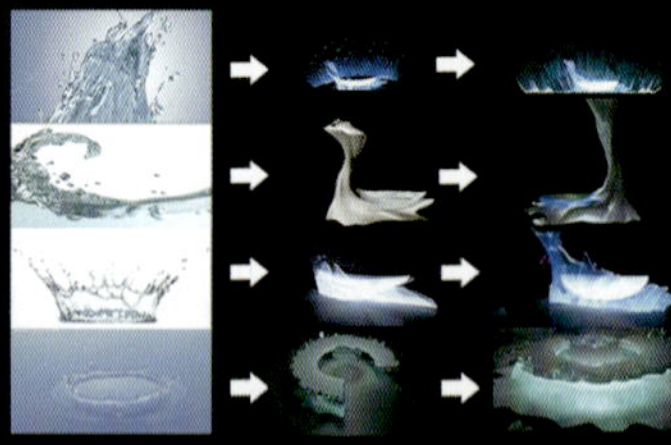

平面布置图

入口大厅：入口处利用了水的形态。以水花喷溅的形态做为主入口背景墙，直接了当的突出主题，在前台处是以水花的形态，透明的蓝色玻璃，更加突出水的性质，让主题更加协调，在柱子的处理上，采用了水柱的形态，倾泻而下的水流，使得空间更加的柔美生动，在VIP的等候区用的也是玻璃的材质，在局部灯的照射下，让VIP区具有神秘性，借用入口大厅的水灯光线的折射产生的柔柔的灯光。让空间也不缺失浪漫在炫蓝的灯光下，闪闪发光，用柔和的线条和一些冷酷的材质追求一种不真实的幻境，让这个有限的空间塑造出感官丰富的节奏感。

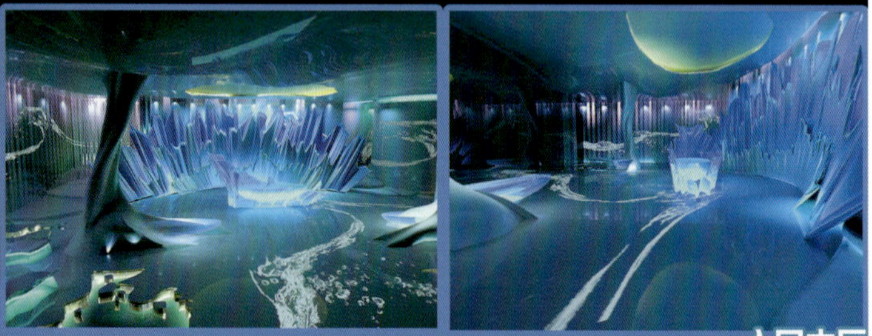

入口大厅

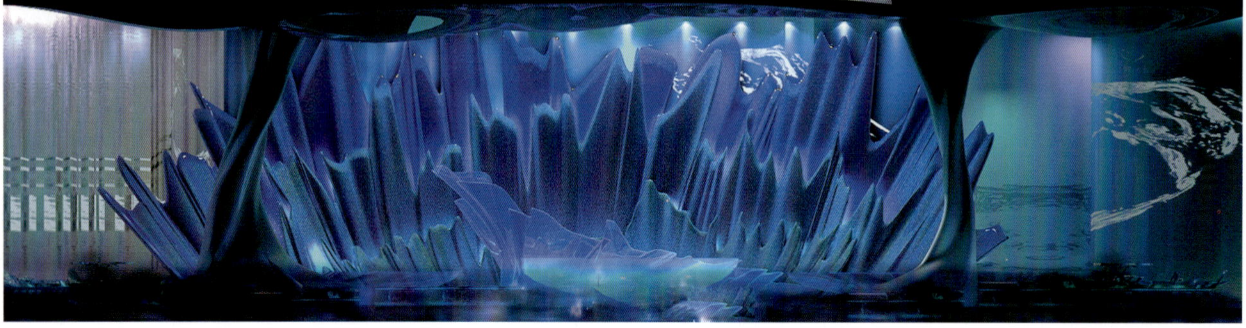

学校：福州大学厦门工艺美术学院环境艺术设计系 指导老师：梁青 学生：王田生

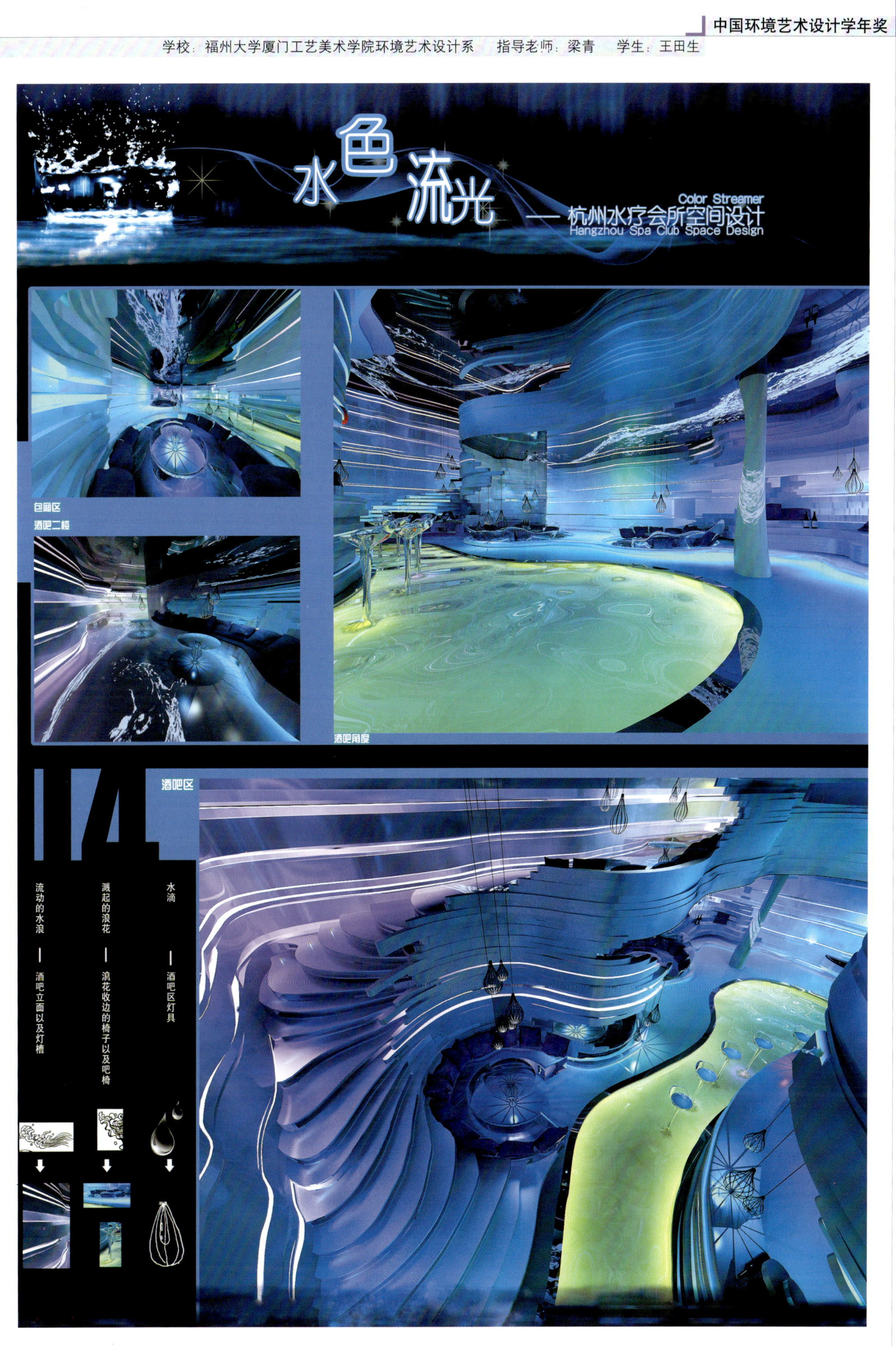

学校：广州美术学院美术教育系　指导老师：郑念军　雷鸣　学生：余胜钊

敦煌艺术博物馆
DunHuang buddhist art Museum

设计概念分析

概念来源：佛教哲学 九九归一、
敦煌的释义大光明
概念主题：“光明圣域”
概念特点：通透的、虚幻的、烟雾缭绕
展览特点：“倒叙”的展览结构和“藏”的手法

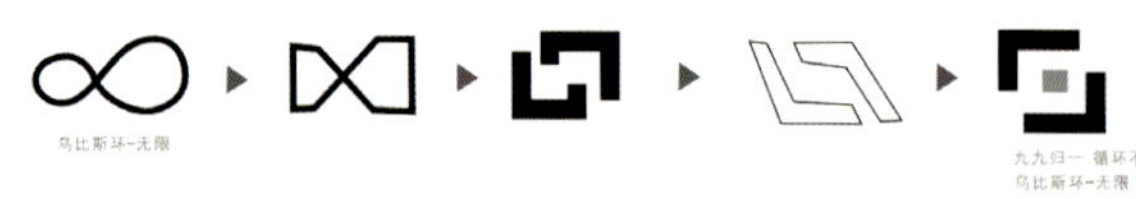

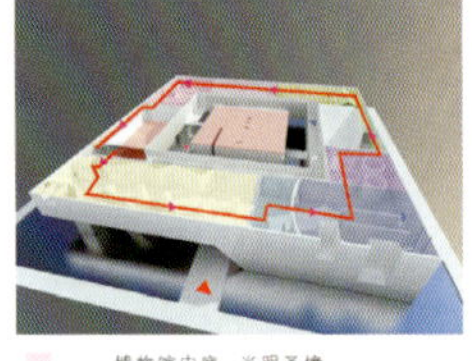

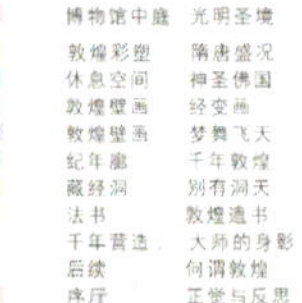

点评人：郑念军　广州美术学院美术教育系　展示设计教研室主任　副教授；雷鸣　教师

点　评：敦煌莫高窟自身就是一个令世人震惊的伟大博物馆，世人何需再用传统的手法去复制一个出来。它所缺少的是博物馆的概念解释、研讨交流等功能性设置。这便是现代博物馆存在的意义。

从莫高窟、鸣沙山、疏勒河、提取出“沙、石、水”，构建敦煌如山、别有洞天、上善若水的佛国圣境，以期做到参观者如临佛境的意境。烟雾的出现丰富了“藏”手法的表现，所谓犹抱琵琶半遮面。建筑设计结合山崖洞窟感的抽象，室内展厅结合独特的照明手段以别有洞天为概念，表现佛国的神秘！ 自然光的引入表达了一种宗教空间的特质。水元素来自疏勒河一条润泽敦煌的河流，并以此为流线。

这个作品最大的特点就是在参观完敦煌莫高窟后，先让观众在入口空间进行反思；接着是虚实结合的两大主题展区，参观佛教艺术和敦煌经籍文本；再者才是时间廊讲述千年营造；最后是“何谓敦煌”展厅全面介绍敦煌。采取“倒叙”的叙述形式，以不一样的故事叙述来引导观众进行参观。希望可以让观众在对该博物馆进行参观时，产生一种从“带有疑问”到“化解疑问”的过程。

学校：广州美术学院美术教育系　指导老师：郑念军　雷鸣　学生：余胜钊

敦煌艺术博物馆
DunHuang buddhist art Museum

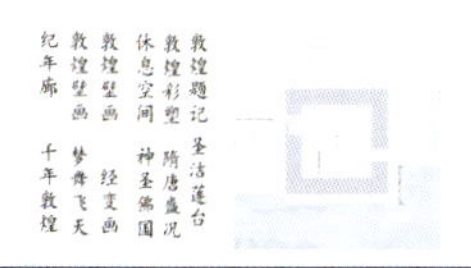

三　藏　后卷展示
The third volume Exhibi

中国环境艺术设计学年奖

学校：广东工业大学艺术设计学院环境艺术设计系　指导老师：胡林辉　学生：李焕玲　叶蓝萦

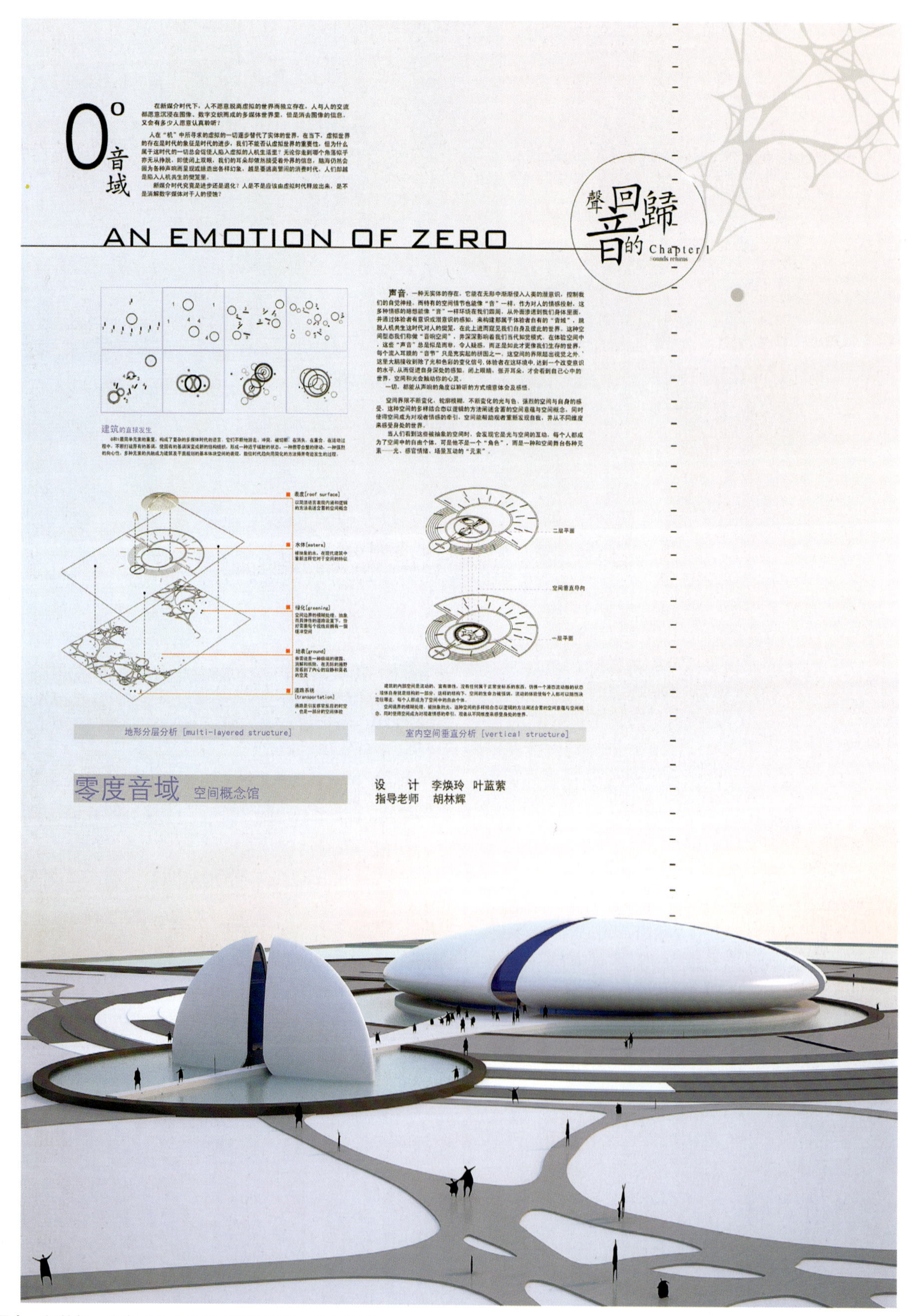

点评人： 胡林辉　广东工业大学艺术设计学院　专业教师

点　评： 设计中提出“音响空间”的概念。这里所指“音响空间”不是技术上的声学空间，它实质上是指特有的空间情节对人的启示，或通过声音影响人的潜在心理。空间并不只是纯粹的视觉理解，更强调的是人在空间中的体验，人成为空间内容体验的直接媒介，透过身体全方位的感知去和空间的场域对话。同时设计中引入“角度”这一概念，它是对于空间的划分与理解。“角度”除了表达空间中的定位与坐标，更重要的是表达空间对每一个“角度”的思考。空间设计中互动、体验与光色的运用充分表达了设计者的初衷。

学校：广东工业大学艺术设计学院环境艺术设计系　指导老师：胡林辉　学生：李焕玲　叶蓝萦

学校：西南林业大学木质科学与装饰工程学院　指导老师：徐钊　李锐　夏冬　学生：唐忠　吴慎青

点评人： 徐钊　西南林业大学木质科学与装饰工程学院　副教授　硕士研究生导师

点　评： 低碳生活，从素开始，将低碳的概念引入到设计中，在符合使用功能的同时，又具备了高度的艺术性，更赋予了建筑的精神内涵。本设计对建筑周边的地形地貌、气候特点、环境因素、使用功能、行为心理等进行深入分析，从人们的物质生活、精神需求出发，充分利用各种物质技术条件。建筑外观线条流畅，室内空间组织有序。作者充分考虑现代人对于低碳生活的心理诉求，立意深远，尝试将"空灵"、"淡远"、"寂静"、"清寒"的禅境融入设计中，通过光、风、水、植物等设计手法对禅意空间进行诠释，尤其是光线的运用非常精彩，借助于映射的光影效果，创意独特，构思巧妙，对环境和人之间的关系做出了理解和关怀，使"禅意空间"这一设计主题很好的体现出来，创造出令人遐想的空间意境。但在养生文化内涵方面的表现不够深入，如果能将禅意的居住空间观引入进去，就可以跳出表象，使设计更具文化性。

学校：西南林业大学木质科学与装饰工程学院　指导老师：徐钊　李锐　夏冬　学生：唐忠　吴慎青

学校：西南林业大学木质科学与装饰工程学院　指导老师：徐钊　李锐　夏冬　学生：唐忠　吴慎青

学校：北京理工大学环境艺术设计　指导老师：马卫星　学生：计小莹

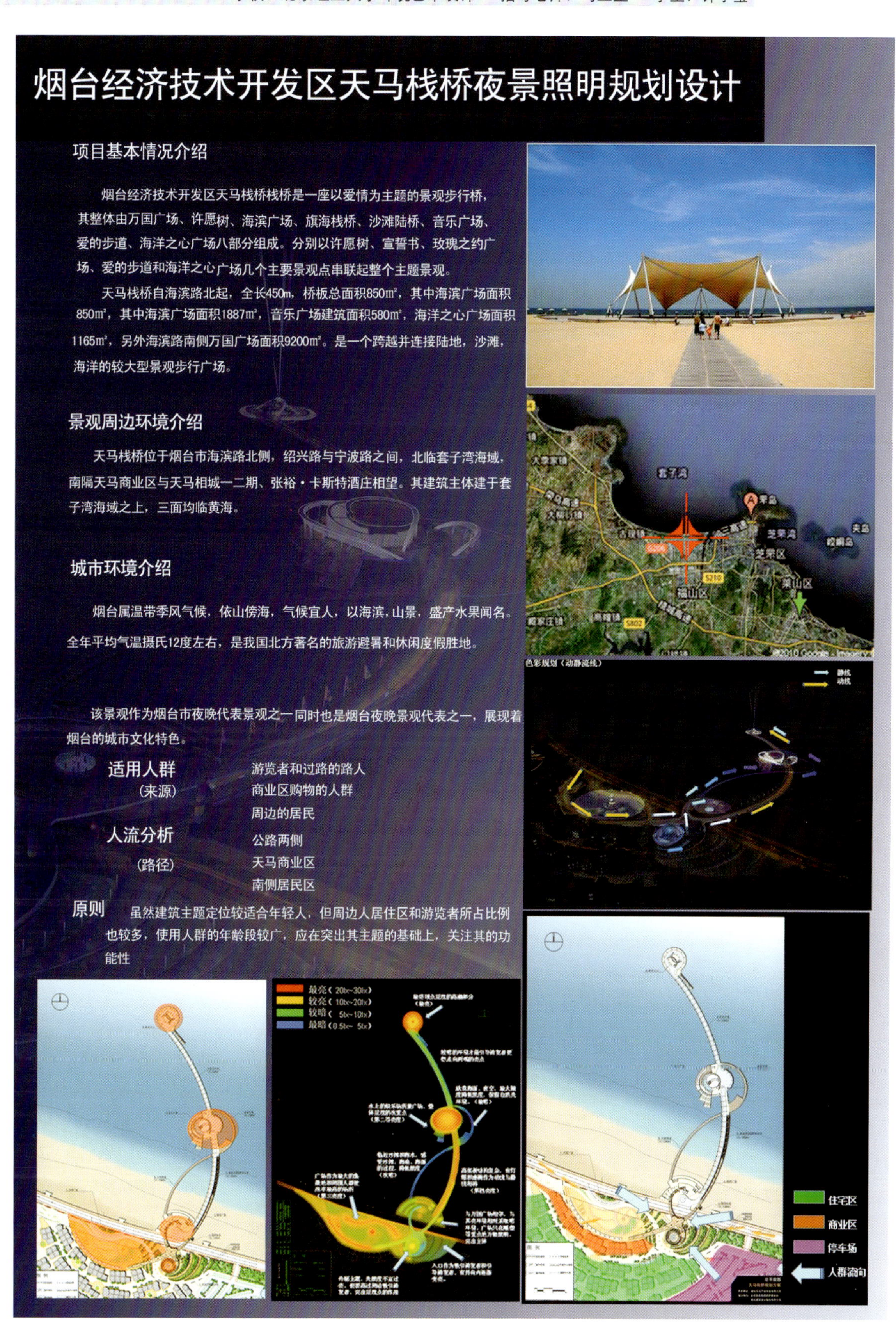

点评人：马卫星　北京理工大学环境艺术设计系　专业教师

点　评：计小莹同学此次的参赛作品，可以说是对栈桥照明设计的一次很好尝试。栈桥规模比较大、桥上节点比较多，各个空间的关系用灯光把握具有一定的难度。但是该同学知难而上，在深刻理解照明在环境艺术中的重要性，不断深入认识照明与人、与栈桥之间有机关系的同时，提出了比较具有科学性、合理性、艺术性的设计方案。通过本次设计大赛，收获颇丰。磨炼了意志，提高了能力，强化了技巧。相信其成果对今后的栈桥夜景照明设计具有一定的参考价值。

学校：北京理工大学环境艺术设计　指导老师：马卫星　学生：计小莹

烟台经济技术开发区天马栈桥夜景照明规划设计

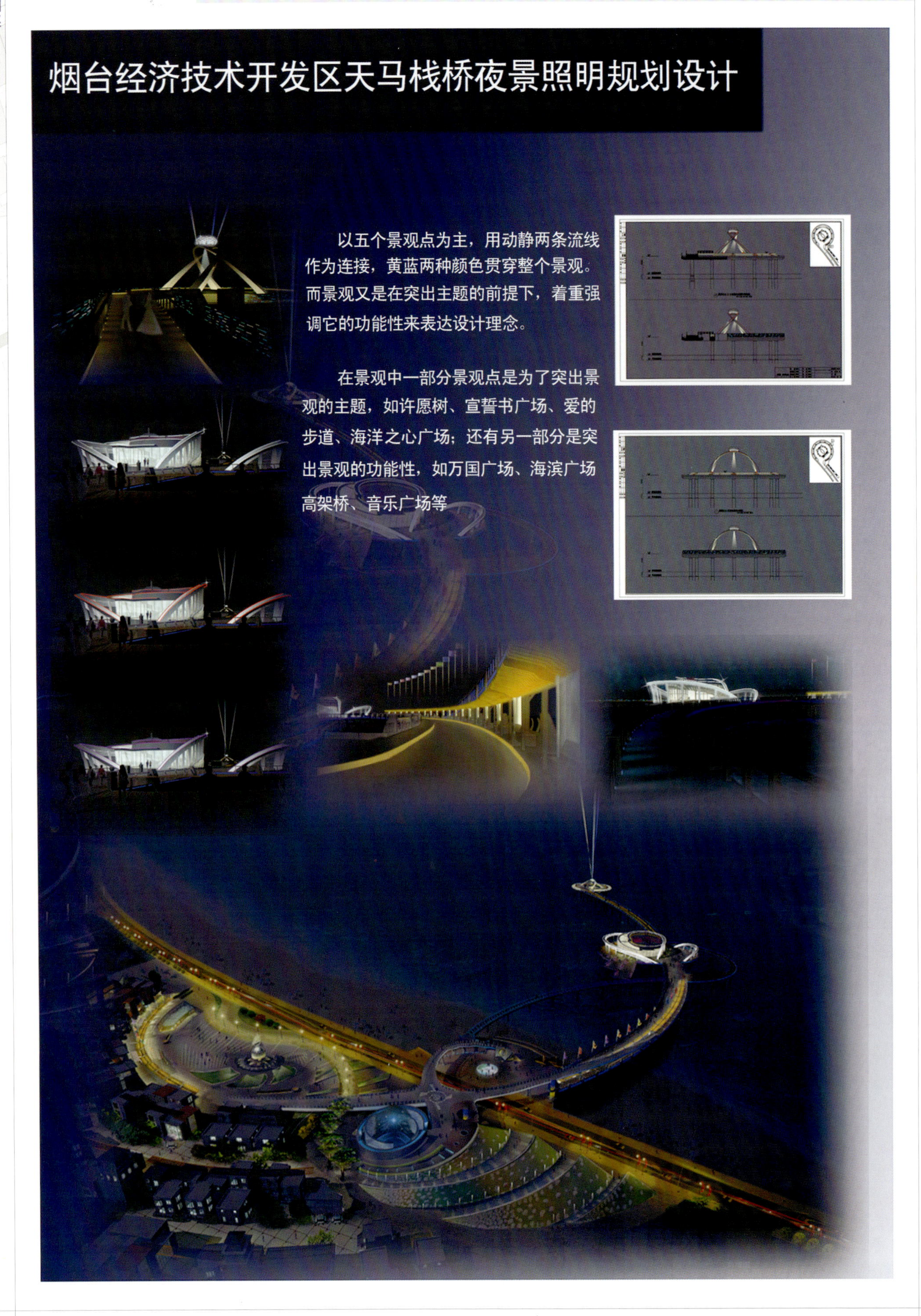

以五个景观点为主，用动静两条流线作为连接，黄蓝两种颜色贯穿整个景观。而景观又是在突出主题的前提下，着重强调它的功能性来表达设计理念。

在景观中一部分景观点是为了突出景观的主题，如许愿树、宣誓书广场、爱的步道、海洋之心广场；还有另一部分是突出景观的功能性，如万国广场、海滨广场高架桥、音乐广场等

城市空间景观设计奖

学校：重庆工商职业学院传媒艺术系　指导老师：陈一颖　徐江　刘更　学生：郑勇　李虹艳　王春燕

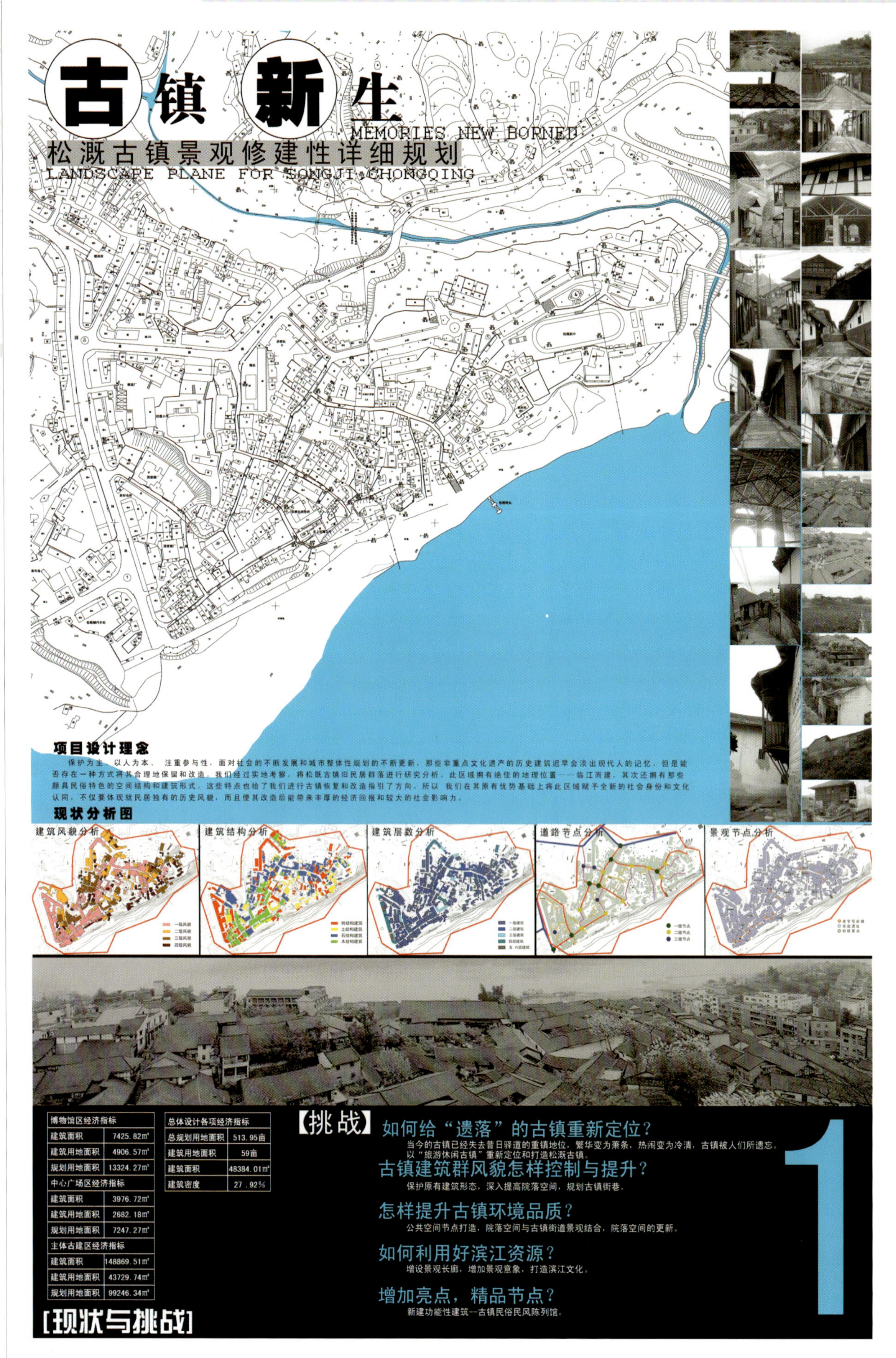

博物馆区经济指标	
建筑面积	7425.82m²
建筑用地面积	4906.57m²
规划用地面积	13324.27m²
中心广场区经济指标	
建筑面积	3976.72m²
建筑用地面积	2682.18m²
规划用地面积	7247.27m²
主体古建区经济指标	
建筑面积	148869.51m²
建筑用地面积	43729.74m²
规划用地面积	99246.34m²

总体设计各项经济指标	
总规划用地面积	513.95亩
建筑用地面积	59亩
建筑面积	48384.01m²
建筑密度	27.92%

学校：重庆工商职业学院传媒艺术系　指导老师：陈一颖　徐江　刘更　学生：郑勇　李虹艳　王春燕

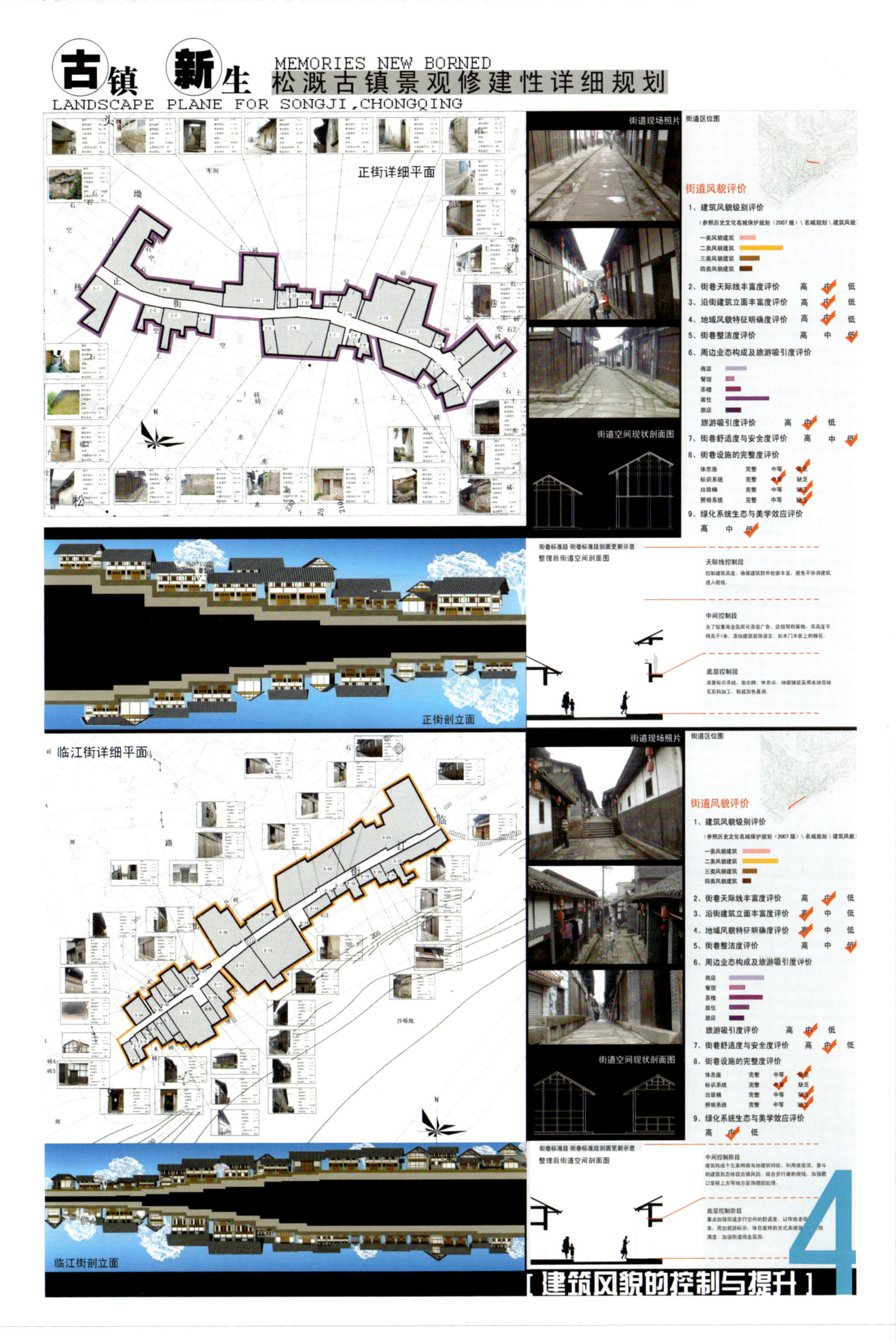

学校：重庆工商职业学院传媒艺术系　指导老师：陈一颖　徐江　刘更　学生：郑勇　李虹艳　王春燕

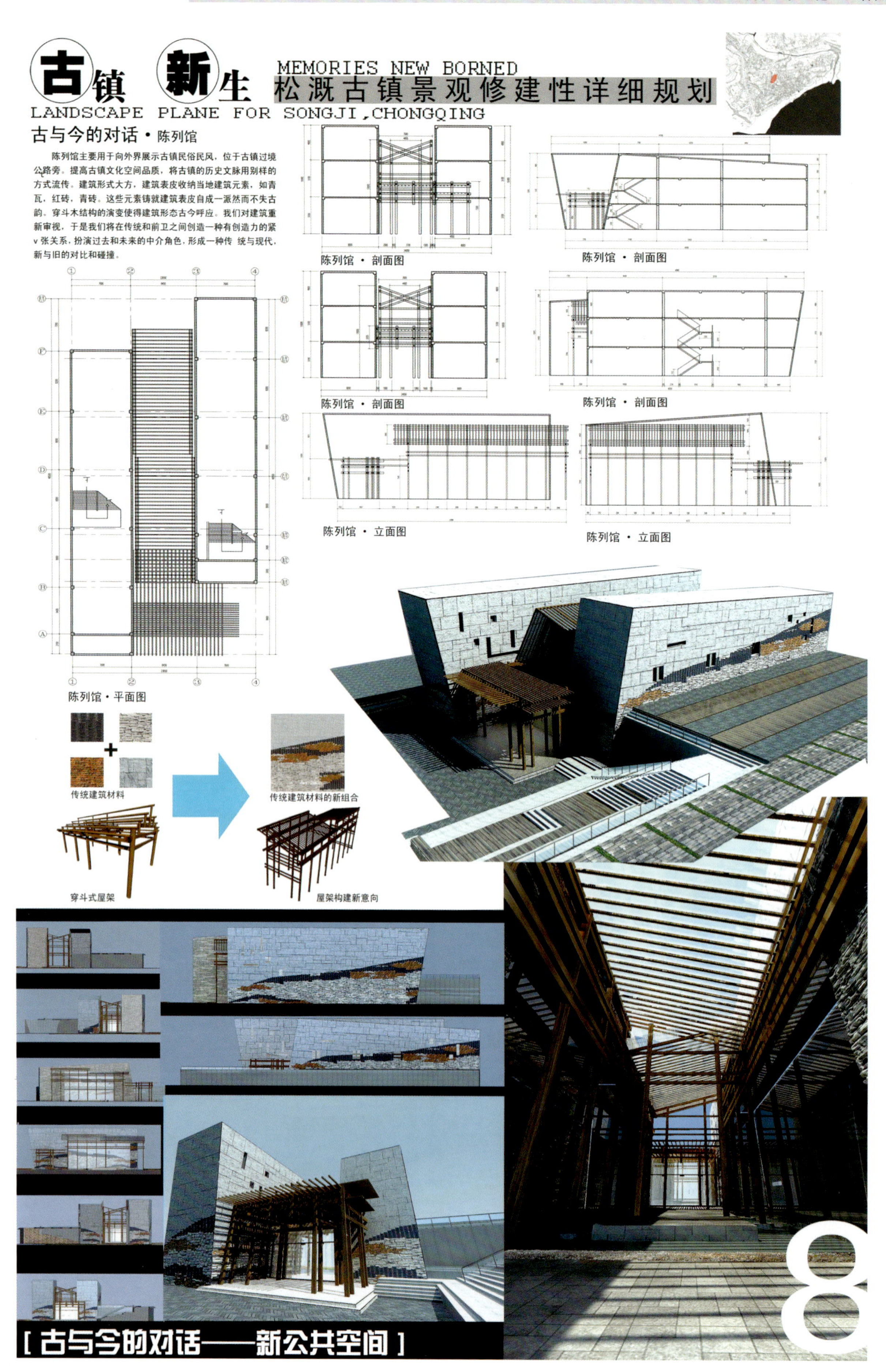

学校：重庆工商职业学院传媒艺术系　指导老师：陈嗥　徐江　张佳　学生：徐成　颜唯　江超燕

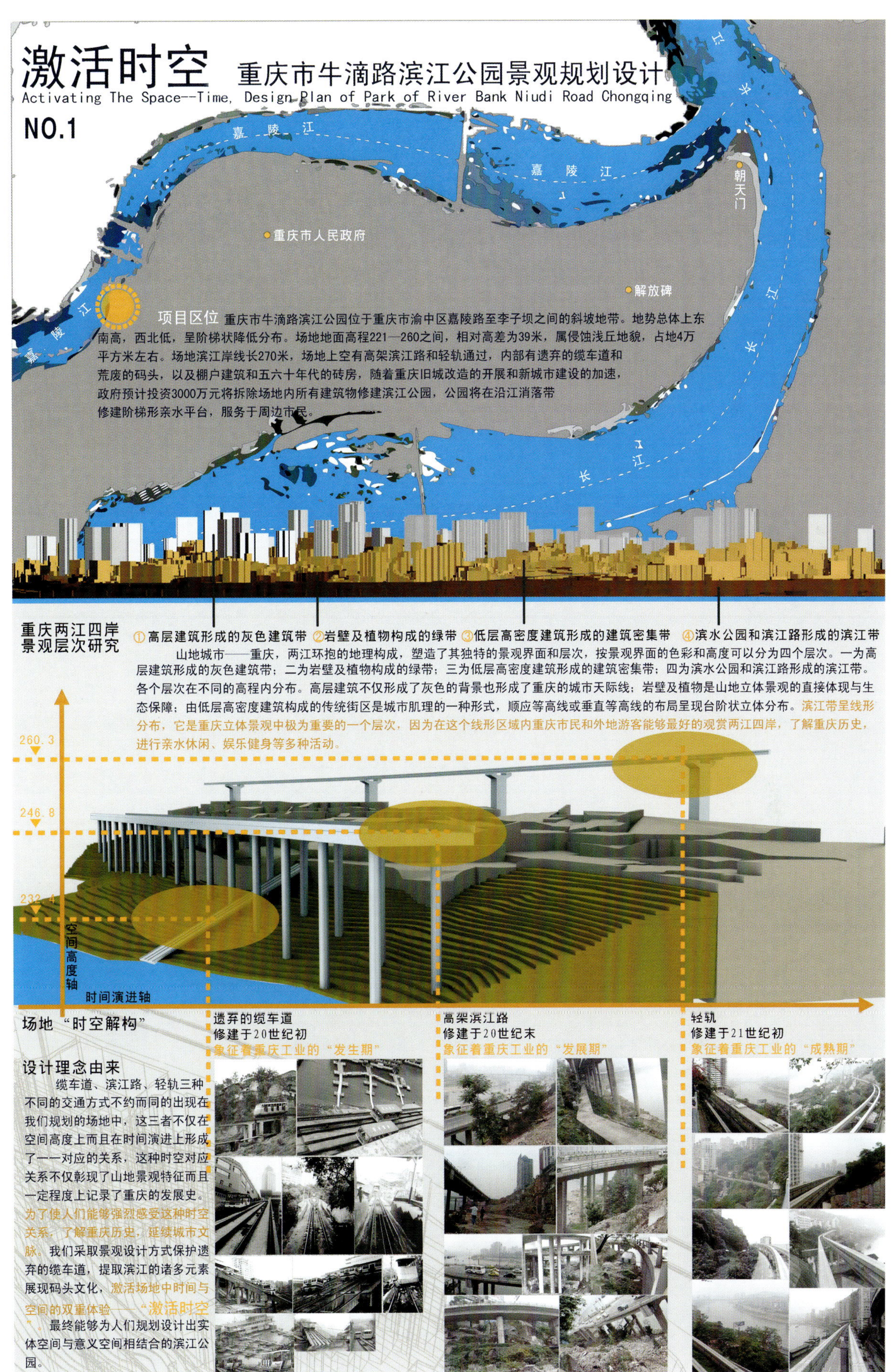

学校：重庆工商职业学院传媒艺术系　指导老师：陈皞　徐江　张佳　学生：徐成　颜唯　江超燕

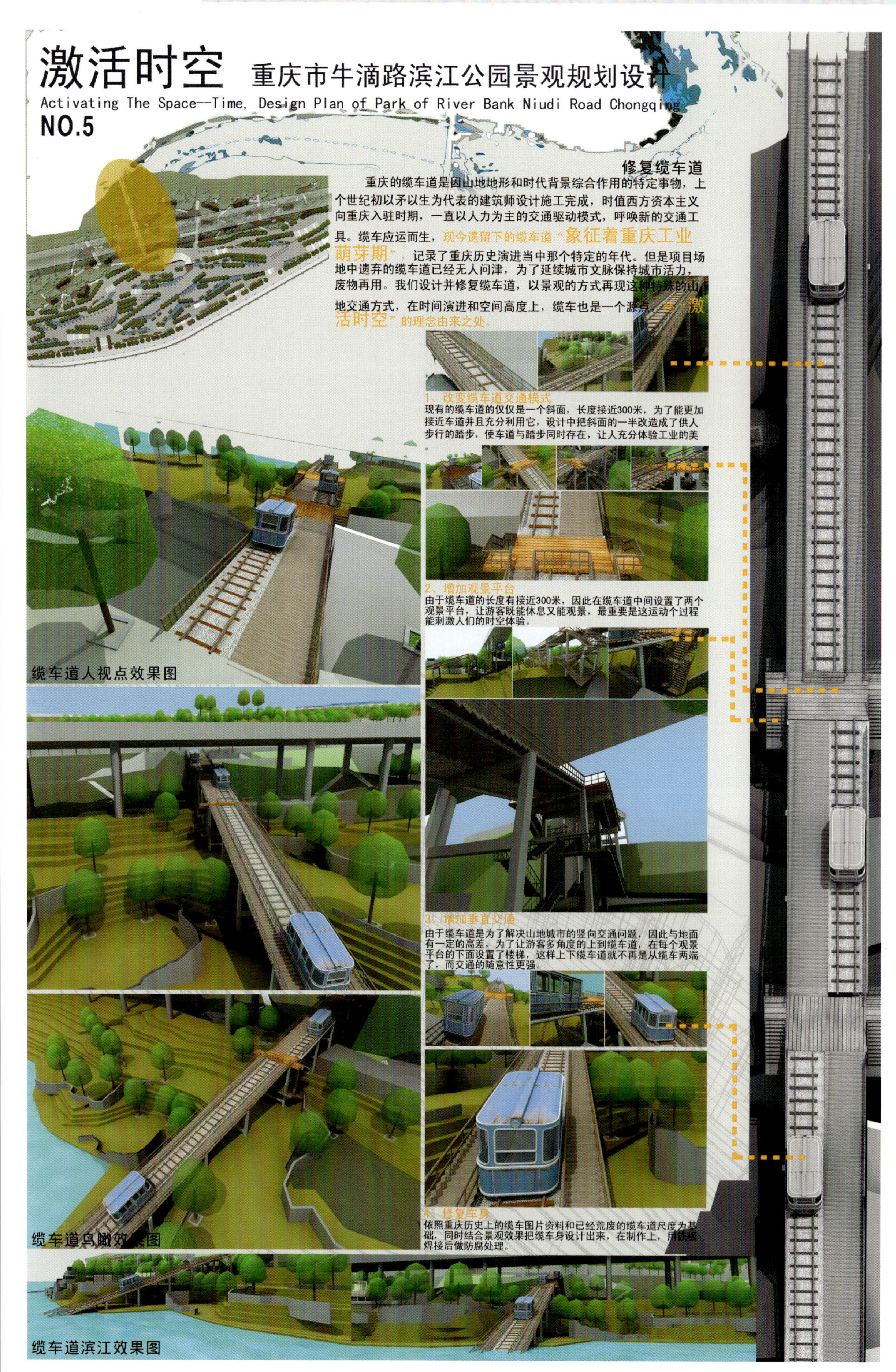

激活时空　重庆市牛滴路滨江公园景观规划设计
Activating The Space--Time, Design Plan of Park of River Bank Niudi Road Chongqing
NO.5
修复缆车道
重庆的缆车道是因山地地形和时代背景综合作用的特定事物，上个世纪初以矛以生为代表的建筑师设计施工完成，时值西方资本主义向重庆入驻时期，一直以人力为主的交通驱动模式，呼唤新的交通工具。缆车应运而生，现今遗留下的缆车道“象征着重庆工业萌芽期”，记录了重庆历史演进当中那个特定的年代。但是项目场地中遗弃的缆车道已经无人问津，为了延续城市文脉保持城市活力，废物再用。我们设计并修复缆车道，以景观的方式再现这种特殊的山地交通方式，在时间演进和空间高度上，缆车也是一个源点，是“激活时空”的理念由来之处。
1、改变缆车道交通模式
现有的缆车道的仅仅是一个斜面，长度接近300米，为了能更加接近车道并且充分利用它，设计中把斜面的一半改造成了供人步行的踏步，使车道与踏步同时存在，让人充分体验工业的美。
2、增加观景平台
由于缆车道的长度有接近300米，因此在缆车道中间设置了两个观景平台，让游客既能休息又能观景，最重要是这运动个过程能刺激人们的时空体验。
3、增加垂直交通
由于缆车道是为了解决山地城市的竖向交通问题，因此与地面有一定的高差，为了让游客多角度的上到缆车道，在每个观景平台的下面设置了楼梯，这样上下缆车道就不再是从缆车两端了，而交通的随意性更强。
4、修复车身
依照重庆历史上的缆车图片资料和已经荒废的缆车道尺度为基础，同时结合景观效果把缆车身设计出来，在制作上，用铁板焊接后做防腐处理。
缆车道人视点效果图
缆车道鸟瞰效果图
缆车道滨江效果图

学校：重庆工商职业学院传媒艺术系　指导老师：徐江　刘更　陈一颖　学生：郭明春　程爽　王小利

字水围合 THE CHARACTER SHUI 重庆 江北咀动漫基地 城市设计

CATOON AND CARICATURE CITY DESIGN, NORTH OF THE YANGTZE RIVER CHONGQING

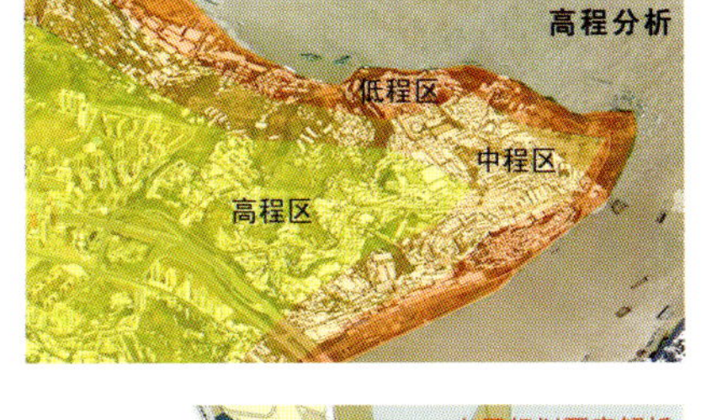

"字水"乃是镌于玄坛庙江边石壁上两个大字，每字阔近丈余，不知是何家手笔。于此临江而坐，正对长江对岸老朝天门码头。因长江、嘉陵江蜿蜒交汇于此，形似古篆书"巴"字，故有"字水"之称。

场地概况：

根据实地考察，在嘉陵江的两岸分别形成了朝天门和江北城，本案处于江北城内，经我们组员的精心调研，江北城用地规模226.03公顷，总开发量控制在651.84万平方米以内；平均容积率控制在2.88以下。规划区总居住人口46800人左右。其中，北部沿长江居住片区容纳居住人口24018人左右；古城混合使用功能区的公寓可容纳居住人口11097人左右；商务办公用地兼容的公寓可容纳了11685人左右。规划区就业人口按办公20平方米/人，商业文化100平方米/人标准，可安排就业人口13.31万人左右。

气候概况：

重庆是一个夏热冬冷、气温高、雨季长、湿度大的山地城市，属于亚热带季风性气候，最高气温达43摄氏度。这些自然因素限制了景观设计的任意性。由于该地区的气候特征直接导致了许多吸热材质等不易用于该地区。再加上重庆建国以来是重要的工业城市，废气污染严重，粉尘大，酸雨多，势必造成景观设施管理难度大，维护费用高，设施容易旧等问题。所以我们设计中注意材料质量、性能和色彩的选择，这样做的目的，不仅仅是保证环境设计的质量，同时也是当前经济建设、社会发展的需要。

设计任务：

江北城空间环境设计，总体上形成"双城、五区、一轴、两带、一冠、一点"的基本格局，随着全国创意产业的不断发展，重庆动漫产业势必抓此良机，大力发展，抓此(CBD)重庆中央商务中心区，动漫城应运而生——依据大剧院、科技馆建筑形式，结合篆书"水"字，定位"动漫城"建筑形式为"水"，"动漫城"的设计功能更加的自主化、人性化，"动漫城"的诞生必将为江北咀增色添彩。

经济技术指标

绿化率：44.5%
容积率：0.54
绿地面积：134109平方米
建筑面积：163710平方米
总规划面积：301242平方米

交通分析

采用双环结构：主干环路主要解决片区的出入交通，次干环路主要解决"记忆之城"与"未来之城"以及片区内部与外围的联系，江北城以公共交通为主，轮船、游艇、缆车、索道等各具特色的交通并存。

实地考查：目前江北咀还处于较凌乱状态，经过人性化、科学化设计定能展现出"五大重庆"概念。

大剧院、科技馆及江北咀对岸朝天门与本规划设计地段形成强烈的视觉对峙美感。明朗的城市天界线也使之视觉冲击力大增。

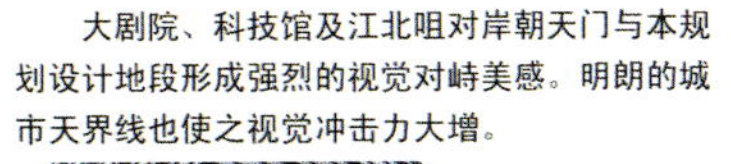

遵循总体天际轮廓线的控制原则沿江立面，嘉陵江沿线突出两岸对峙的景观效果。

1

学校：重庆工商职业学院传媒艺术系　指导老师：徐江　刘更　陈一颖　学生：郭明春　程爽　王小利

字水围合 THE CHARACTER SHUI
重庆　江北咀动漫基地　城市设计
CATOON AND CARICATURE CITY DESIGN, NORTH OF THE YANGTZE RIVER CHONGQING

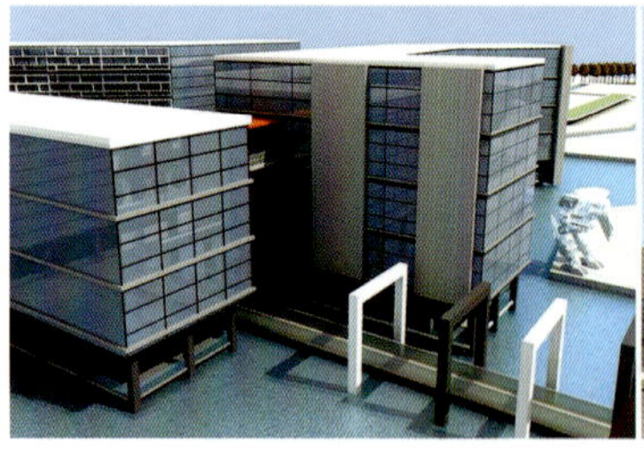

本案大门表皮形式由冰裂纹演变而成，采用轻钢材质给大门增加了强烈的指示性，在阳光下面表皮所呈现的阴影效果，带来美的感受。

各建筑之间，用廊道连接起来，这样建筑与建筑之间的功能性达到统一，以便更好的交流。

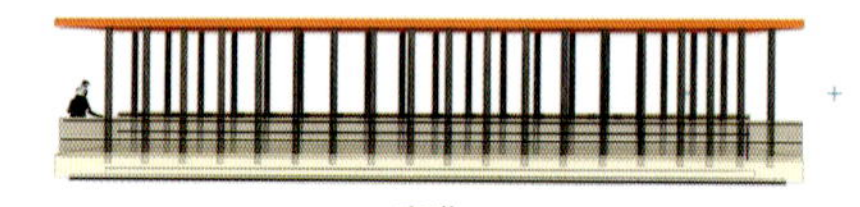

廊道

入口立面图

入口立面图

6.

学校：顺德职业技术学院设计学院　指导老师：周峻岭　谢凌峰　学生：孙楚文

点评人：周峻岭　顺德职业技术学院园林景观系　高级设计工程师；谢凌峰　专业教师

点　评：顺德港是学院周边的一个港口，学生熟悉，切身体会强，在整个设计过程中，学生小组成员进行细致、严谨的调查研究，闪现出很多对顺德港的前瞻性规划亮点。设计演进过程中为了避免学生设计中常见的前期设想丰富，后期设计实施和深入欠缺的问题，采取了与设计院合作，虚题实作的项目方式。使得整个设计严密而有针对性，理论和实际相融合。整个设计更倾向于关注节能、低碳、新型概念的城市空间的设计。

中国环境艺术设计学年奖

学校：顺德职业技术学院设计学院　指导老师：周峻岭　谢凌峰　学生：孙楚文

创业园效果图

THE END

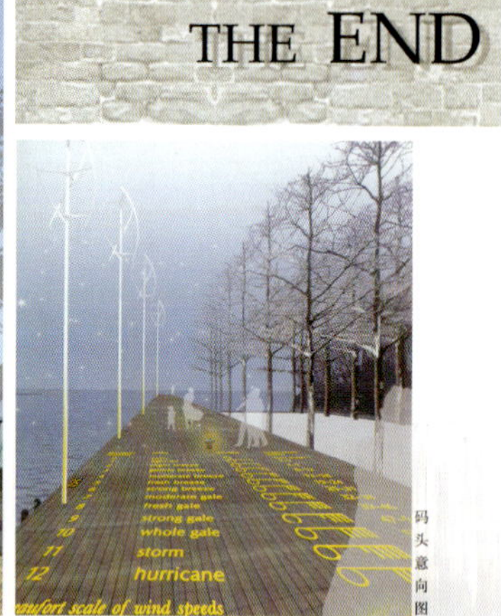

码头意向图

对应顺德学院的规划设计

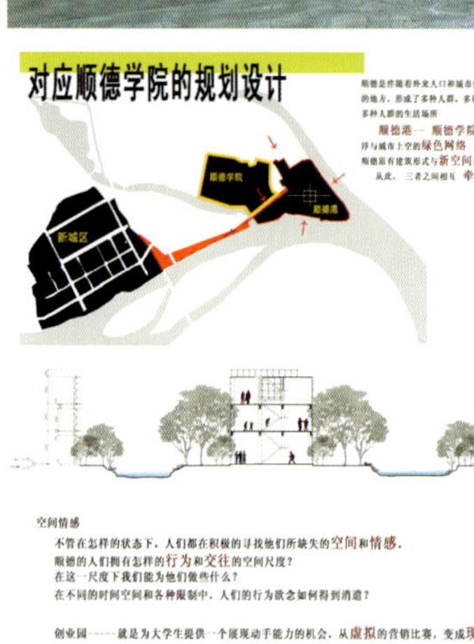

顺德是伴随着外来人口和城市化多种现象出现而出现的地方，形成了多种人群，多种文化交织的区域。
多种人群的生活场所
顺德港——顺德学院——新城区
浮与城市上空的绿色网络
顺德原有建筑形式与新空间场所并置
从此，三者之间相互牵动

创意园剖面图

空间情感

不管在怎样的状态下，人们都在积极的寻找他们所缺失的空间和情感。
顺德的人们拥有怎样的行为和交往的空间尺度？
在这一尺度下我们能为他们做些什么？
在不同的时间空间和各种限制中，人们的行为欲念如何得到消遣？

创业园——就是为大学生提供一个展现动手能力的机会，从虚拟的营销比赛，变成现实的平台。

关键词：创新、热情、机遇

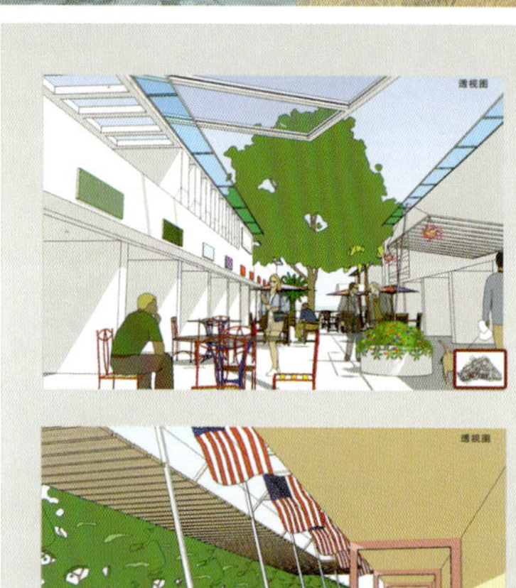
透视图

透视图

展览厅

对应顺德新城区市民的规划设计

码头效果图

码头

除了作为是一个与外界接触的纽带
也可以休息，可以看书，
可以看海，静静的躺着……

关键词：流动、静止、繁华

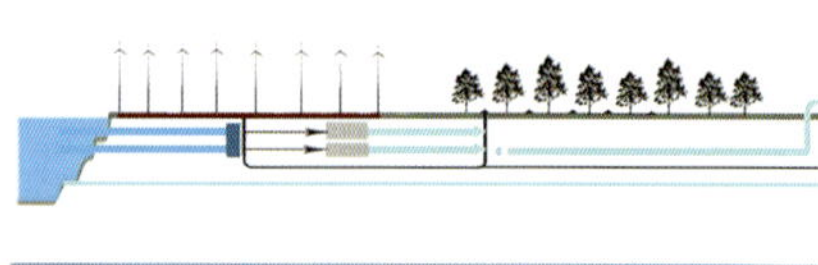

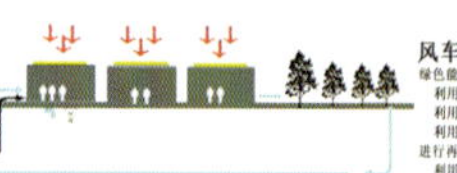

风车能源回收示意图

绿色能源：
利用风车，把风能转化为电能，供应给周边建筑使用；
利用周边优越的水资源，供应给湿地公园的树木灌溉；
利用创业园区的建筑自身材料，吸收光能，转化为电能供应室内使用，屋顶储存雨水，进行再利用；
利用生活区使用过的废水，在过滤浇灌与周边的植物，吸收之后，多余的水分又流入河域里面。

湿地公园效果图

湿地公园效果图

模型推敲

空间形态与组织是建筑设计的最基本因素
任何建筑形态的产生都是空间形态的组织而形成

学校：无锡工艺职业技术学院环境艺术系　指导老师：李兴振　学生：刘建敏

花浪谷森林公园景观规划设计

无锡工艺职业技术学院　刘建敏

盐文化景墙效果图

日景效果

盐文化景墙位于"田"景观区内，以大地艺术的设计手法，融入盐城"盐文化"的内容，结合地形的变化以及原有场地的植物，营造出壮观的景墙。景墙上以剪纸的表现方式表达了盐城悠久的"盐文化"历史。

盐堆形态

晒盐场景　剪纸图案

景墙造型

从湿地特有植物外形提炼抽象而来的有机形态，犹如湿地植物般婀娜、潇洒。灯塔由三个修长主体缠绕构成，由下到上呈七色渐变，如彩虹般璀璨的绽放于湿地群之上，仿佛湿地上的明珠。

花浪桥效果图

花浪桥位于"田"景观区之上。"田"景观区凸部的是以"花田"和"盐田"为基调的大地艺术景观。利用原有地形的肌理排列而成的花卉群犹如一片片无垠的花田。

具有优美曲线的花浪桥就像连绵起伏的浪花一样伸入海洋之中，让人们徜徉在花海里。

夜景效果

湿地植物有机形态

造型提炼

灯塔造型

设计理念

点评人：李兴振　无锡工艺职业技术学院环境艺术系　专业教师

点　评：作为一个区域大型的休闲娱乐空间，花浪谷森林公园向人们展示了盐城的美丽风光和本土文化，用现代景观设计语言，把整个地域景观表现得十分突出。花浪谷森林公园集文化休闲、参观游览、历史教育为一体。设计者在提炼地域语言为主要造景元素的同时，也加入其他造景元素，以景观的多元性和多样性构筑不同形态特征的外部空间。

花浪谷森林公园景观规划设计

无锡工艺职业技术学院　刘建敏

设计理念

盐城花浪谷森林公园的规划设计，以现代生态与科技的造园手法，通过对原有特征的继承、挖掘与创新，让现代景观与历史文脉和谐共处，动植物资源得以有机统一，创造出丰富而新颖的特制空间，同时，在符合城市内外环境要求的前提下，以生态性作为设计重点，营造出令人愉悦的绿色气氛，让人们感受到森林就在城市中。

规划原则

1. 场地性原则

体现场地原有的内涵和特色。盐城盐文化的引入，基地原有农田、水道、杉林、湿地景观的保留。

2. 以人为本原则

创造高效有序、尺度宜人、安全舒适的都市公共空间环境，实现现代森林公园的新活力。

3. 功能性原则

满足市民休闲、娱乐、游览的需要，最大限度的实现公园功能的丰富性和多样性，为市民营造品味及接触森林的多种途径和方式，从而体验公园特质空间。

4. 开敞性原则

将公园融入城市绿地系统，以绿化阻隔形成自然围合，实现开放型的城市绿地。

5. 生态优先及可持续性发展的原则

最大限度的利用合保护现有的大乔木，增加四时花境并对林下灌木及地被进行重新梳理与配置，水系整治改造，地形合理布局，形成层次丰富的现代都市生态环境。

6. 文脉性原则

在挖掘场地现有的历史文化遗存的同时，以现代的造园技术和艺术手法来演绎传统中国的造园文化，凸显盐城文脉特征。

7. 公共性原则

将商业、零售和管理服务建筑融入重要的开放空间来带动空间的活力，为市民提供艺术性和教育性的机遇，并在公园实行无障碍设计。

森林公园的规划结构为：一心、一环、一轴、四域

一心：整个公园的视觉中心，以一个优美的灯塔强调了向心性。

一环：以已有的规划道路作为主园路，同时也串联起公园的几个入口。

一轴：以星光大道的走向为轴，轴的中部是全园视觉中心所在，以亲水平台作为轴线的尽端延伸。

四域：四个大的景观形态区域。分别是“田”、“岛”、“河”、“林”。

设计理念

学校：浙江育英职业技术学院艺术设计与人文系　指导老师：俞烨钢　蔡静野　学生：沈嘉宾

和·谐 HARMONIOUS

运河人家——周家桥段聚居空间环境概念设计

概要：

项目解析：

点评人：蔡静野　浙江育英职业技术学院艺术设计与人文系　专业教师

点　评：运河承载着烟雨江南特有的文化记忆，不仅延续城市的历史，更滋养着沿河的一草一木。对于河道边的建筑以及绿化进行规划、整改，体现出运河历史文化的品味，展现中国的文化底蕴。运河人家周家桥段聚居空间环境概念设计正是秉承这个思路，让现实与历史重叠，行走其中仿佛游走在记忆的影像中。

学校：浙江育英职业技术学院艺术设计与人文系　指导老师：俞烨钢　蔡静野　学生：沈嘉宾

庭院的设计与分析

苏州民居中庭院是一个重要的组成部分，苏州的庭院是功能上的需要，也能使空间环境产生极为丰富的变化，庭院与建筑的组合也是苏州民居建筑处理手法的精华所在。苏州民居多为单层坡顶的木结构建筑，多进的院落纵向组成住宅的整体。

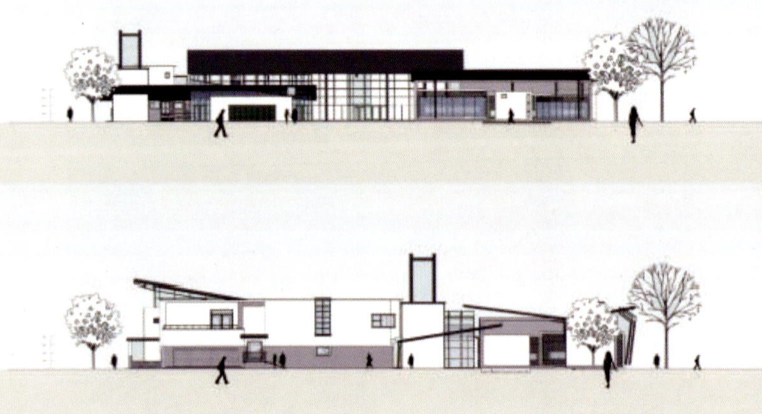

学校：顺德职业技术学院设计学院　指导老师：江芳　学生：周志杰　张金富　刘惠英　吴嘉煜　林嘉华

01 珠海斗门灯笼水乡设计

2010中国环境艺术设计

DENG LONG SHUI XIANG

zhu hai dou men deng long shui xiang

叙述：

当我们通过地域性的自然力量的再现，放大和描述，将对土地，山石，植物，民间建筑物，人类遗迹，地形地貌，水境，阳光的充满热爱的再塑造和描述，使人们重新认识到一个地方的真实存在，改变人们对一个地方的认知，在人与自然之间建立了一个崭新的关系，使人们以一个现代人的立场回归到自然之境，在实现与自然之间建立一个时空隧道，从而游客从中获得了全新的或被遗忘了的生命体验，这就是使用了回归的自然主义景观含义，景观就像从土地里自然长出来的一样，它浑身上下每一个元素的根都扎在这片土地上，借鉴世界古代文明遗留下来的丰富的人文景观遗产，还包含近现代的被世界公认的各种景观设计成就，它们叙述了一个民族的文化历史，采取民族的文化遗产本身象征的，史诗的，审美的，伟大的含义来为游客提供崇高的精神财富，从而满足游客的心理需求，以获得肯定，好的度假村设计将完美的再现一个旅游目的地的地理和人文精华，要能让来到度假村的游客能分享到这里真实的文化传统，甚至要通过设计讲述一个地方辉煌的历史故事，今天我们的大多数空间时间都是用来休闲与娱乐，远离日常工作的氛围，对美好的生活，对恢复活力，充实与挥霍的向往从来没有如此之强烈，现实是，我们只能在网上而非现实中游历世界的角落，所以我们对能使我们发现和体验新奇场所的渴望尤其强烈，正如著名的英国散文家希拉尔．贝洛刻写到："我们漫步是为了消遣，我们旅游是为了满足."满足需要探险，需要发现，需要将我们置身于一个环境中，以便真正的体验一个旅游景点的文化和特性，这种极具吸引力的关键是要能对这种经历的文莱进行幻想，要有一个创新的设计使其赋予生命，这种创造性的想象力经过天才之手所产生的结果不仅在于创建了美丽的环境，而在于最终实现了游人的梦想.

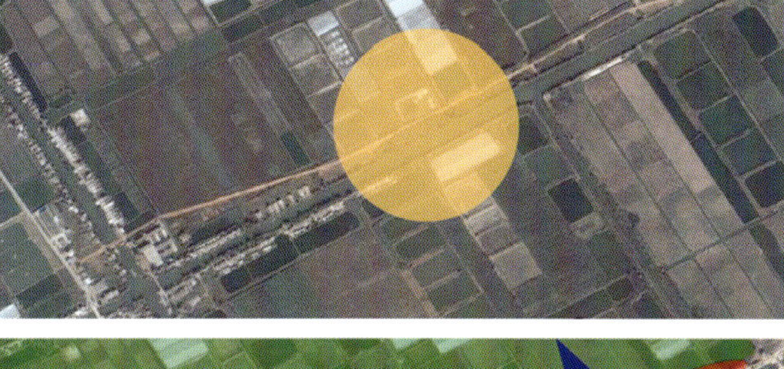

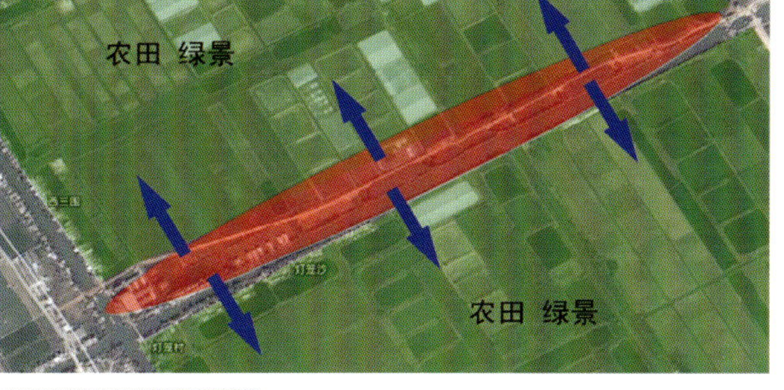

规划目标

（1）恢复和保育良好的生态环境，达到保护生物多样性，培育较为完善的生态链，并与周边现代生态农业体系相协调。

（2）各景区依自然条件与意境不同，植物配置上作相应的变换，形成层次丰富，色彩鲜明的绿化效果，体现各景区主题。

（3）绿化抚育与水上游路线、步游路线、旅游设施相结合，建立点、带、片、体相交融的绿色体系新格局，利用绿化调节审美心理功能，并起到连接景点的作用。

农业效应

灯笼沙土层深厚，土质疏松，土壤肥沃，水源清洁，空气清新，有传统的耕作和养殖技术。斗门有15个农业基地，30多个品种分别取得了无公害农产品、绿色食品或有机食品认证，丰富的水资源让这里河网交错，田园风光优美，具有良好的生态环境。这里无任何工业企业，无污染源，空气清新，滨临的西江，水源清洁，达到国家规定Ⅱ级标准，呈现碧水、蓝天、绿地的原生态景观，在有"世界工厂"之称的珠三角腹地，还保留有如此洁净的土地，实属绝无仅有，非常珍贵！

灯笼沙地区属于典型的河口冲积地，珠江的干流西江在此流向大海，丰富的水资源让这里河网交错，田园风光优美，具有良好的生态环境。

灯笼沙南面频海，风景秀丽，是典型的水上人家居住地，有典型的水乡文化特色，堪称水乡桃源。这里河涌纵横，水网密布，渔舟如织。河岸边，一个个用石块垒成的埗头延伸到河水中，浣纱少女风姿绰约，为这优美景观平添亮丽风景线。岸上柳烟茵茵，芳草萋萋，风光旖旎，有红男绿女，情歌互答，真是"芦花摇曳鱼戏水，游人如入画中来"。游览灯笼沙，可欣赏水乡桃源般的旖旎风光，领略其独特的水乡民俗风情，感受其神奇迷人的神话传说，品味其鲜美诱人的水乡美食。

点评人：江芳　顺德职业技术学院　园林景观教研室主任　高级工程师

点　评：在设计作品中，学生工作组对珠海这个地方城市背景进行大量的分析，对场地现状也进行优劣分析与评价，包括对场地及其周边地区的自然、社会、经济、历史文化等要素进行综合分析与评价，把握和理解珠海灯笼水乡地方性设计条件，针对现状存在的问题、挑战和机遇提出解决问题的原则与战略，表现出较强的场所精神。在规划布局上景观空间构成合理有效，尺度感强，景观要素的运用符合对人和自然关怀的基本原则，方案建立在深入的场地理解的基础之上，针对性强；作品关爱自然和环境，大胆采用生态设计和生态技术手段以及生态工程方法。

学校：顺德职业技术学院设计学院　指导老师：江芳　学生：周志杰　张金富　刘惠英　吴嘉煜　林嘉华

02 珠海斗门灯笼水乡设计

zhu hai dou men deng long shui xiang

2010中国环境艺术设计

DENG LONG SHUI XIANG

岸河共融，以水兴城。根据原由区域分布，灯笼沙市一个不多得的河道水资源充足的地区。最主要的是山水贯通和“见山、临水通海”整个设计架构的最重要物资载体都在其中，加上它本身的传统文化，开阔出一河两岸的景色。人本身的亮点在锦上添花，大肆的利用它本身的乡土文化，成立文化大街，让原本文化基奠薄弱的珠海市添加特色。

鸟瞰图

源尾一体，空间呼应，以水谋特。从形态空间特征出发，结合城市功能布局，即考虑源尾一体的河道景观，也考虑区内空间随河道的呼应、连续和渗透，从河道与建筑空间的整体关系上谋求岸河一体化得水乡品牌特色。

环境乃兴旅之本，卓越的水系生态环境是本设计地区在农业生产和旅游开发中最重要的优势资源、把环境与生态视为景区的生命线，严格保护，十分重视岛岸水域、植被等资源的保护，统一收集垃圾和污水，并作无害化处理，加强绿化美化工作。根据水乡休闲生态的特点和要求，合理配置绿化与耕作品种，将观赏美化与生产性种植结合起来，创法造出优化旅游区生态环境景观。

学校：广东轻工职业技术学院环境艺术系　指导老师：黄幗虹　学生：蒋任　梁劲

艺术设计学院 ART & DESIGN BRANCH

渗透·重建

——探索城郊下古村落的发展途径

中國鄉村正处于傳統鄉村景觀向現代鄉村景觀转变的过渡階段。自20世纪90年代以来，城市化的快速發展对鄉村景觀產生了巨大冲击，深刻的影響和改變着中國鄉村的面貌。"三農"問題鄉村生態環境問題严重制约着鄉村景觀的發展。特别是城郊下的古村落，乡村人口的快速增长与城市的用地扩张产生了严重的人地矛盾。加上人们盲目的向往城市，导致人口向外流失，鄉村生活生產、經濟文化和生态也势必受到了影响。

基于以上的問題的思考，我们所要做的不是抗拒外力所带来的冲击，而是怎样去顺应城市的发展，使乡村与城市、古文化与新生活相融合。

如何在保證農满足人类生存需求的的前提下，充分利用鄉村豐富的景觀資源与靠近城市的地理优势，發展鄉村多种經濟形式，促进農业转型以及提高農民收入，也是鄉村景觀規劃必须面对的一个重要問題。

作者：蒋任　梁劲　指导老师：黄幗虹

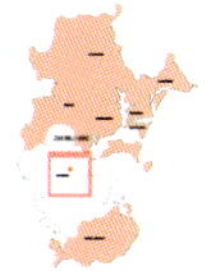

聚落演变

Change History

邦塘村古称石巷村，坐落在全国历史文化名城雷州市西郊三公里处。全村为李氏家族的八孙属住，早在400多年前的明朝中叶，李氏始祖李唐童从惠洲岛（现湛江东山镇东山头）迁居此地，人口约3000多，至今二十三世，历经四百多年，分为南北两个群落，南区建筑主要是清代的，北区则明清兼而有之。

聚落以宗祠为中心向外发展，建筑风格和建筑材料有明显的时代区分。聚落主要分为明清时期、民国时期和新中国三个阶段。

新中国时期随着建设增多，修建起了房产屋舍，产生了众多有价值的建筑。然而民国时期社会的不稳定和经济的低迷，村民为了满足居住方面的需要，建造了少量的建筑。随着新中国的发展，人们建设了新的建筑，邦塘随着人口增长而不断向外扩张。

生产景观

production landscape

因热带的气候与得天独厚的雷水资源形成了丰富的农业景观

地形地貌

村落坡度平缓，至高点为南村的风水山与农田的高差为10m。

景观资源

邦塘村风光秀丽，绿色的林带拥抱着村庄，南北村之间是一片呈"Y"字型的几百亩葱郁田野，中间小桥流水，一派恬静的田园风光。

建筑特色

Architectural features

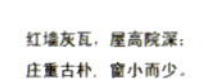

按照主人的地位而定，邦塘古民居建筑特点各栋各有不同，建筑多为汉族四合院式或回形式布局，每幢均设正厅、偏房、大门、天井、影壁等。每座古民居的影壁上都雕刻有各种各样的图案，或龙、或凤、或狮、或鹤、或蝠、或武将……色彩艳丽，形象逼真。

建筑主要材料红砖、绿色琉璃花窗、条石、木材，还有少量当地的红砂岩及贝壳。

全村有古民居100多座，错落有致，布局大方，飞檐翘角，建筑精巧。古民居的浮雕彩绘线条流畅优美，形神皆俱，栩栩如生。最大的一座古民居有天井24个，房间72间，85个门口，中和和谦让两条巷道最具清代特色。

红墙灰瓦，屋高院深；
庄重古朴，窗小而少。

水网系统

村落无大面积的地表水面，由于丰富的点状泉眼和水井构成了狭小细长的水网特征。

地貌及气候特征

Geomorphological and climatic features

半岛地势平缓，西北高，东南低，海拔多在100米以下，南部为玄武岩台地，略呈龟背状，台地上多分布有孤立的火山锥，其中石卯岭最高，海拔259米，中西部和北部多为海成阶地，海拔在25米以下，中东部为冲积和海积平原。地形平缓，属于火山爆发形成的地质地貌，土壤含铁量高，因而形成特殊的红色。

雷州半岛属热带海洋性季风气候，光照充足，热量丰富，年平均气温23℃，年平均降水量1400~1700毫米，5~10月为雨季，9月为暴雨鼎盛期，有明显的干、湿季之分，常年多风，冬季盛行西北风，夏季盛行东南风，夏秋季多台风，半岛地势平坦，半岛地表水缺乏，河流短少，地下水资源较丰富。

村落古迹

Industry landscape

基础设施

村前广场、居由轩、南坡别业（清朝翰林李晋熙客厅）、李晋熙家屋、李森藩故居、邦塘古井、邦塘村文化楼、（君会公祠）、天后宫、李氏宗祠、邦塘庙、古碉楼、余力轩、邦塘小学、邦塘水塔。

交通系统

邦塘村距二0七国道仅百米，东距雷州古城不足5公里，南距粤海铁路雷州火车站2.5公里，位于拟建中的雷州新汽车总站斜对面，交通便捷。

地域文化

Change History

雷州半岛地处祖国大陆的南端的边陲之地，乃是百越族、俚、僚、傜、诞聚落聚居之地，但由于历史的渊源地缘关系，成为历史上楚越文化、土著文化、闽南移民文化、洋文化和中原文化的交汇地，进而逐渐形成独特的雷州文化。因雷州半岛土地的红颜色，也称红土地文化。冯梦龙《警世通言》第二十三卷，雷州先民的崇雷、拜雷、敬雷、雷活动，是最具代表性、地域性、历史性、人文性、地理、气象概念及意义。

雷州半岛至今保留节日举行人龙舞、飘色、傩舞、醒狮、舞鲲蛇、鲤花舞、赛龙舟、唱雷剧等许多的习俗。

雷州人民把狗做为崇拜图腾，所以用石头雕刻狗的形象，摆放在村口、路边、巷头、门旁、水口、坟前，以驱邪治属，保境安民。

聚落空间研究

Space Settlement

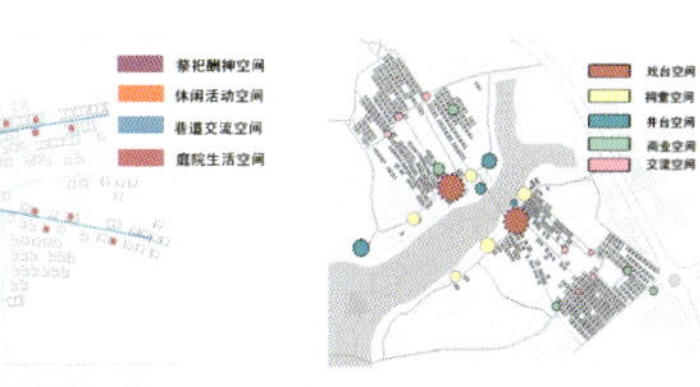

受到宗族制度的影响，聚落以组团的构成方式聚族而居，居民从庭院生活空间通过巷道空间的连接，把人们的居住环境的扩展了延伸并与公共空间交融。

古民居是一进院落为饮食空间，二进院落为居空间，有的民居还带有庭院绿化性交谈空间三大生活空间体系，其中门楼空间活动最为活跃。

现代建筑的生活相对简单化，建筑内部由天井所连接，缺少庭院绿化，外部为了机动车停靠的需要，使生活空间匀质化。

用地结构

古村落为了保护古民居的和农田，使整个村落形成用地结构明显而缺少联系。

绿化系统

在热带气候的影响下，植物种群多样但由于村民缺少生态的意识，为了追求片面的利益而侵蚀生态林和农田。

中国环境艺术设计学年奖

学校：广东轻工职业技术学院环境艺术系　指导老师：黄帼虹　学生：蒋任　梁劲

学校：南京交通职业技术学院建筑工程系　指导老师：孙薇　学生：李肖龙

规划方案

总平面图

功能分区

A. 玫瑰园婚庆广场
B. 建筑艺术表现区及专家研发区
C. 花灌木培养基地
D. 休闲垂钓区
E. 原生态植物观光旅游区
F. 植物新品种研发及展览基地
G. 园区停车场
H. 人造山水欣赏区
I. 现代水上游乐场区
J. 自然水上观赏区

瑞凯亚太植物研究观光园项目规划设计

PLANNING AND DESIGN OF RUIKAI PAN-ASIAN BOTANIC GARDEN

点评人：孙薇　南京交通职业技术学院建筑工程系　高级讲师

点　评：该毕业设计从三个层面由面及点、循序渐进。首先对整个园区资源进行有效整合，进行功能分区，开发多种使用功能，以期吸引更多的游客；在此基础上对各个分区进行景观规划，并注重对原有生态环境的保护利用以突出该区的人文及生态特色；进而再对重点景观及道路系统进行整合及详细规划设计，努力打造出具有当地特色、舒适、时尚的多功能、高品位、可持续发展的休闲度假环境。

学校：南京交通职业技术学院建筑工程系　指导老师：孙薇　学生：李肖龙

瑞凯亚太植物研究观光园项目规划设计

景观设计

婚庆广场景观设计

局部效果图

圆梦摄影广场

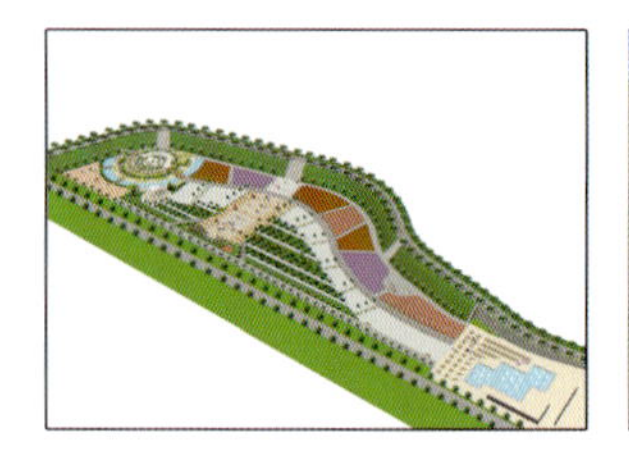

鸟瞰效果图

局部效果二

局部效果三

局部效果四

PLANNING AND DESIGN OF RUIKAI PAN-ASIAN BOTANIC GARDEN

建筑空间景观设计奖

学校：重庆工商职业学院传媒艺术系　指导老师：刘更　徐江　陈一颖　学生：李俊佚　向汉　杨舜宇

[IMITATE.LINK.COMMUNICATION]

[模仿.链接.交流]

——重庆永川动物世界野生动物区改建工程

DESIGN FOR WILD ANIMAL ZOO,YONGCHUAN CHONGQING

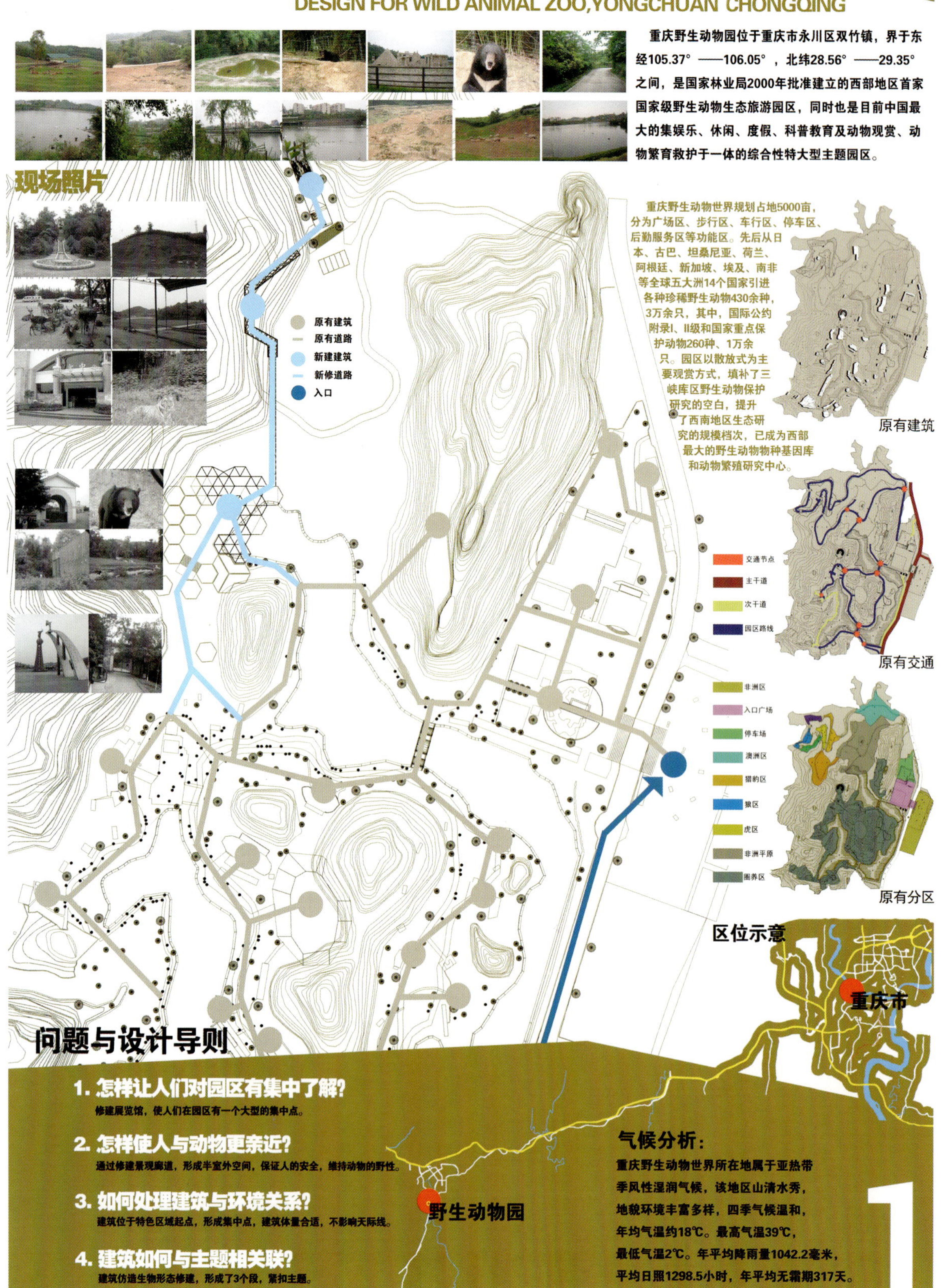

重庆野生动物园位于重庆市永川区双竹镇，界于东经105.37° ——106.05° ，北纬28.56° ——29.35° 之间，是国家林业局2000年批准建立的西部地区首家国家级野生动物生态旅游园区，同时也是目前中国最大的集娱乐、休闲、度假、科普教育及动物观赏、动物繁育救护于一体的综合性特大型主题园区。
现场照片
原有建筑
原有道路
新建建筑
新修道路
入口
重庆野生动物世界规划占地5000亩，分为广场区、步行区、车行区、停车区、后勤服务区等功能区。先后从日本、古巴、坦桑尼亚、荷兰、阿根廷、新加坡、埃及、南非等全球五大洲14个国家引进各种珍稀野生动物430余种，3万余只，其中，国际公约附录Ⅰ、Ⅱ级和国家重点保护动物260种、1万余只。园区以散放式为主要观赏方式，填补了三峡库区野生动物保护研究的空白，提升了西南地区生态研究的规模档次，已成为西部最大的野生动物物种基因库和动物繁殖研究中心。
原有建筑
交通节点
主干道
次干道
园区路线
原有交通
非洲区
入口广场
停车场
澳洲区
猎豹区
狼区
虎区
非洲平原
圈养区
原有分区
区位示意
重庆市
野生动物园
问题与设计导则
1. 怎样让人们对园区有集中了解?
修建展览馆，使人们在园区有一个大型的集中点。
2. 怎样使人与动物更亲近?
通过修建景观廊道，形成半室外空间，保证人的安全，维持动物的野性。
3. 如何处理建筑与环境关系?
建筑位于特色区域起点，形成集中点，建筑体量合适，不影响天际线。
4. 建筑如何与主题相关联?
建筑仿造生物形态修建，形成了3个段，紧扣主题。
气候分析：
重庆野生动物世界所在地属于亚热带季风性湿润气候，该地区山清水秀，地貌环境丰富多样，四季气候温和，年均气温约18℃。最高气温39℃，最低气温2℃。年平均降雨量1042.2毫米，平均日照1298.5小时，年平均无霜期317天。
1

学校：重庆工商职业学院传媒艺术系　指导老师：刘更　徐江　陈一颖　学生：李俊佚　向汉　杨舜宇

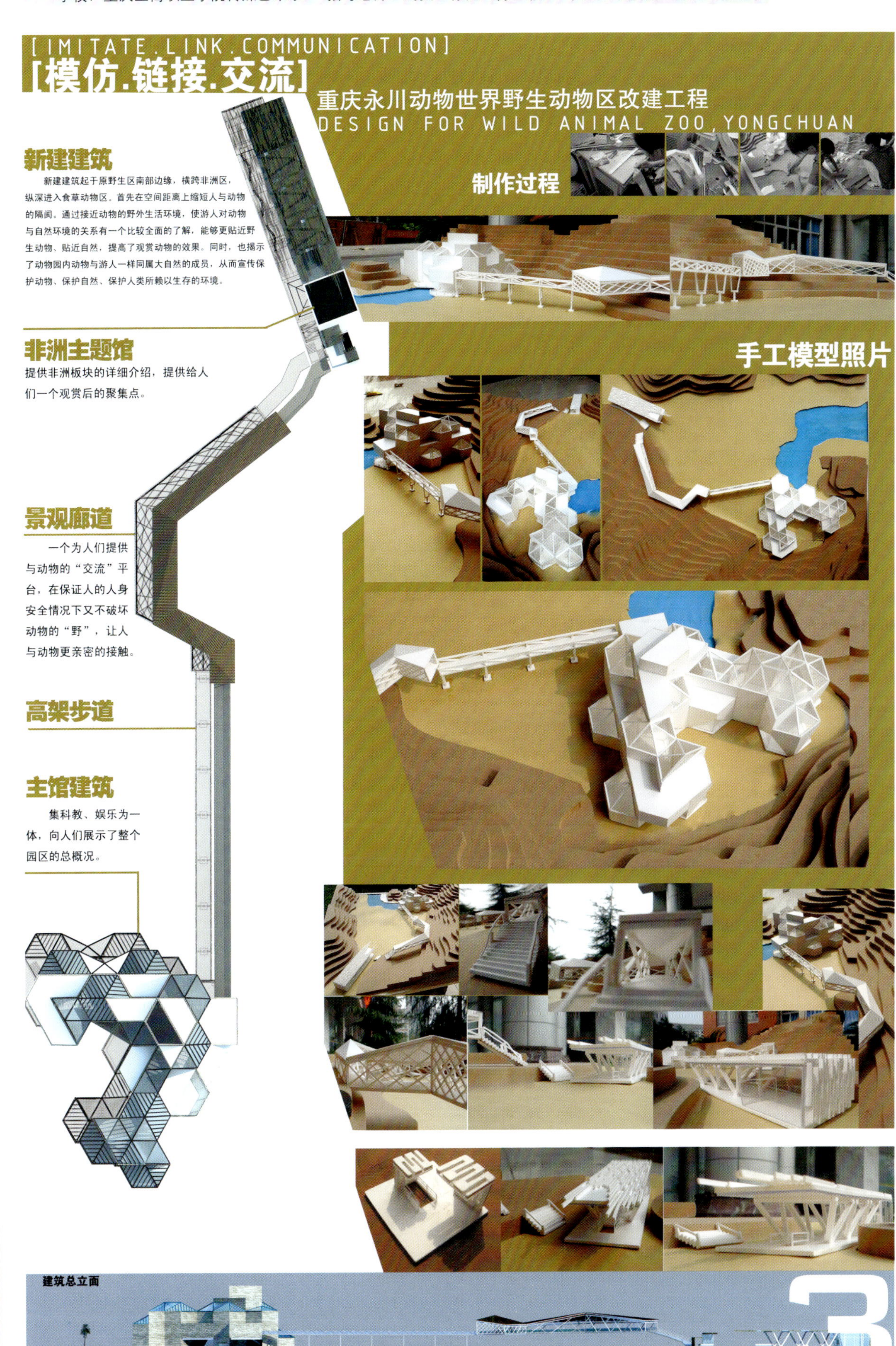

[IMITATE.LINK.COMMUNICATION]
[模仿.链接.交流]
重庆永川动物世界野生动物区改建工程
DESIGN FOR WILD ANIMAL ZOO,YONGCHUAN
制作过程
手工模型照片
新建建筑
新建建筑起于原野生区南部边缘，横跨非洲区，纵深进入食草动物区。首先在空间距离上缩短人与动物的隔阂。通过接近动物的野外生活环境，使游人对动物与自然环境的关系有一个比较全面的了解，能够更贴近野生动物、贴近自然，提高了观赏动物的效果。同时，也揭示了动物园内动物与游人一样同属大自然的成员，从而宣传保护动物、保护自然、保护人类所赖以生存的环境。
非洲主题馆
提供非洲板块的详细介绍，提供给人们一个观赏后的聚集点。
景观廊道
一个为人们提供与动物的“交流”平台，在保证人的人身安全情况下又不破坏动物的“野”，让人与动物更亲密的接触。
高架步道
主馆建筑
集科教、娱乐为一体，向人们展示了整个园区的总概况。
建筑总立面
3

学校：重庆工商职业学院传媒艺术系　指导老师：刘更　徐江　陈一颖　学生：李俊佚　向汉　杨舜宇

[IMITATE.LINK.COMMUNICATION]

[模仿.链接.交流]

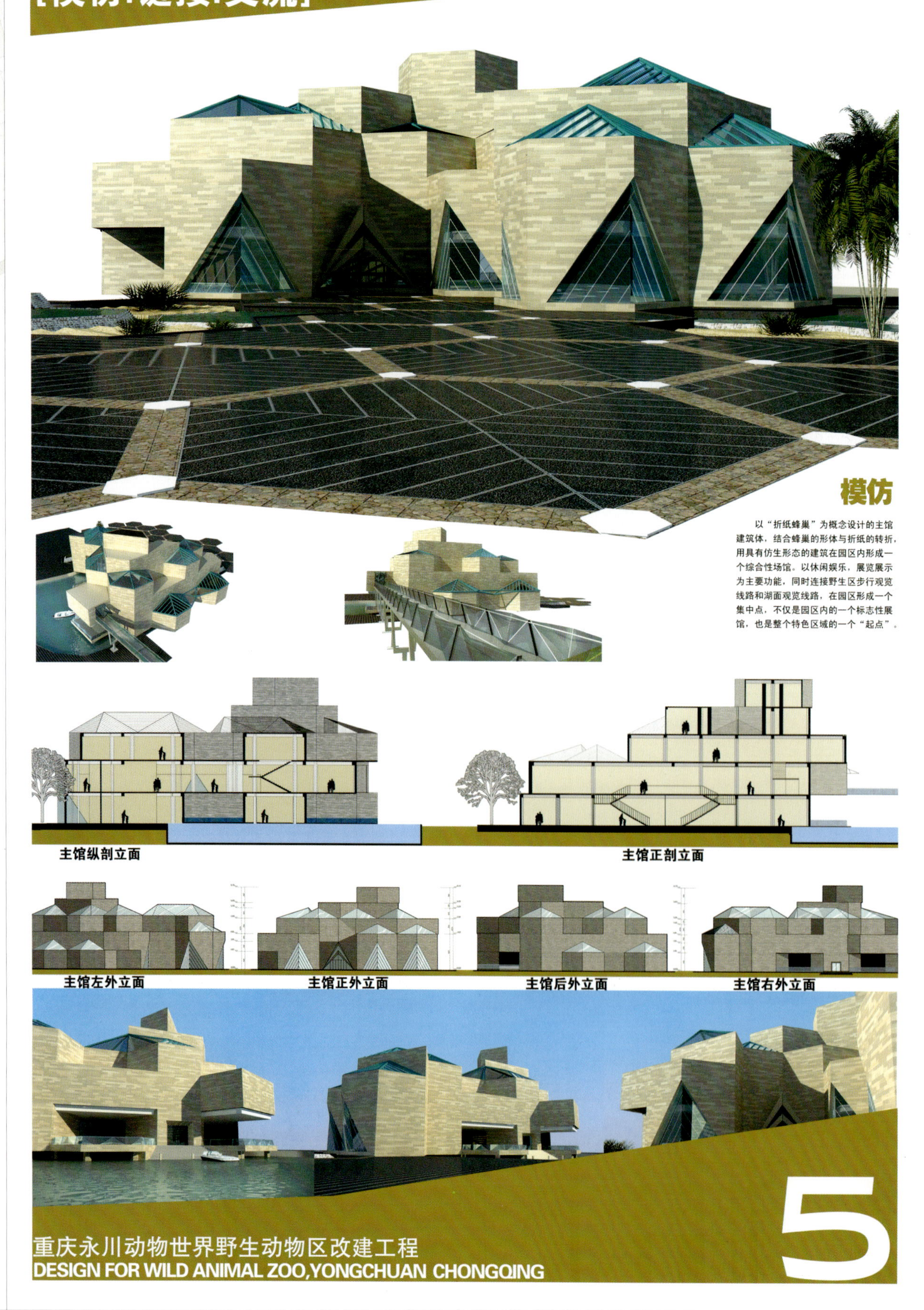

模仿

以“折纸蜂巢”为概念设计的主馆建筑体，结合蜂巢的形体与折纸的转折，用具有仿生形态的建筑在园区内形成一个综合性场馆。以休闲娱乐，展览展示为主要功能，同时连接野生区步行观览线路和湖面观览线路，在园区形成一个集中点，不仅是园区内的一个标志性展馆，也是整个特色区域的一个“起点”。

重庆永川动物世界野生动物区改建工程

DESIGN FOR WILD ANIMAL ZOO,YONGCHUAN CHONGQING

学校：中国美术学院艺术设计职业技术学院　指导老师：黄晓菲　学生：林晨辰 方泓 郭辰 金俊丹 陈威韬 顾旭建

点评人：黄晓菲　中国美术学院艺术设计职业技术学院　专业教师

点　评：城市可持续发展是当下景观设计的关注点。对于杭州城东20世纪城市发展过程中工业遗存的大量厂房来说，如何对其进行可持续性再生改造，对厂房内、外的城市空间重新利用开发成为设计的关注焦点。在此次景观设计与建筑改造过程中，设计者希望通过设计语言的合理表达，保留城市的重工业文化痕迹，延续工业文脉。

城市有机更新的过程中，这块工业遗存区块将被改造成为杭州创新创业新天地首期开发项目。设计者将杭重机械厂视为入水的墨，曾一度扮演着重要角色的墨，随时间荡涤，入水则散，那墨味般浓重的历史也慢慢散去，工业厂址有机更新成为新型城市综合体。

设计者通过贯穿场地始终的“桥”完成了现代与历史的跨越；利用“桥”丰富了空间序列，带给人们多样空间的穿越体验，节奏丰富，玩味有趣；人们在“桥”的引导下，延续地区记忆，体味全新的工业文化之旅。

材质所赋予的色彩能给观者带来视觉与触觉上的双重感官体验。设计者从杭州重型机械厂的历史传统中提取能够唤起人们历史记忆的浓重色彩，钢材、玻璃与石材的混合成为新天地与众不同的景观特色。

设计者以游戏的方式分割融合空间，在景观设计中植入生态概念。在“保存工业遗存、传承工业之魂”的前提下，通过对景观建筑的规划改造创造出可持续发展的新型城市空间。

学校：中国美术学院艺术设计职业技术学院 指导老师：黄晓菲 学生：林晨辰 方泓 郭辰 金俊丹 陈威韬 顾旭建

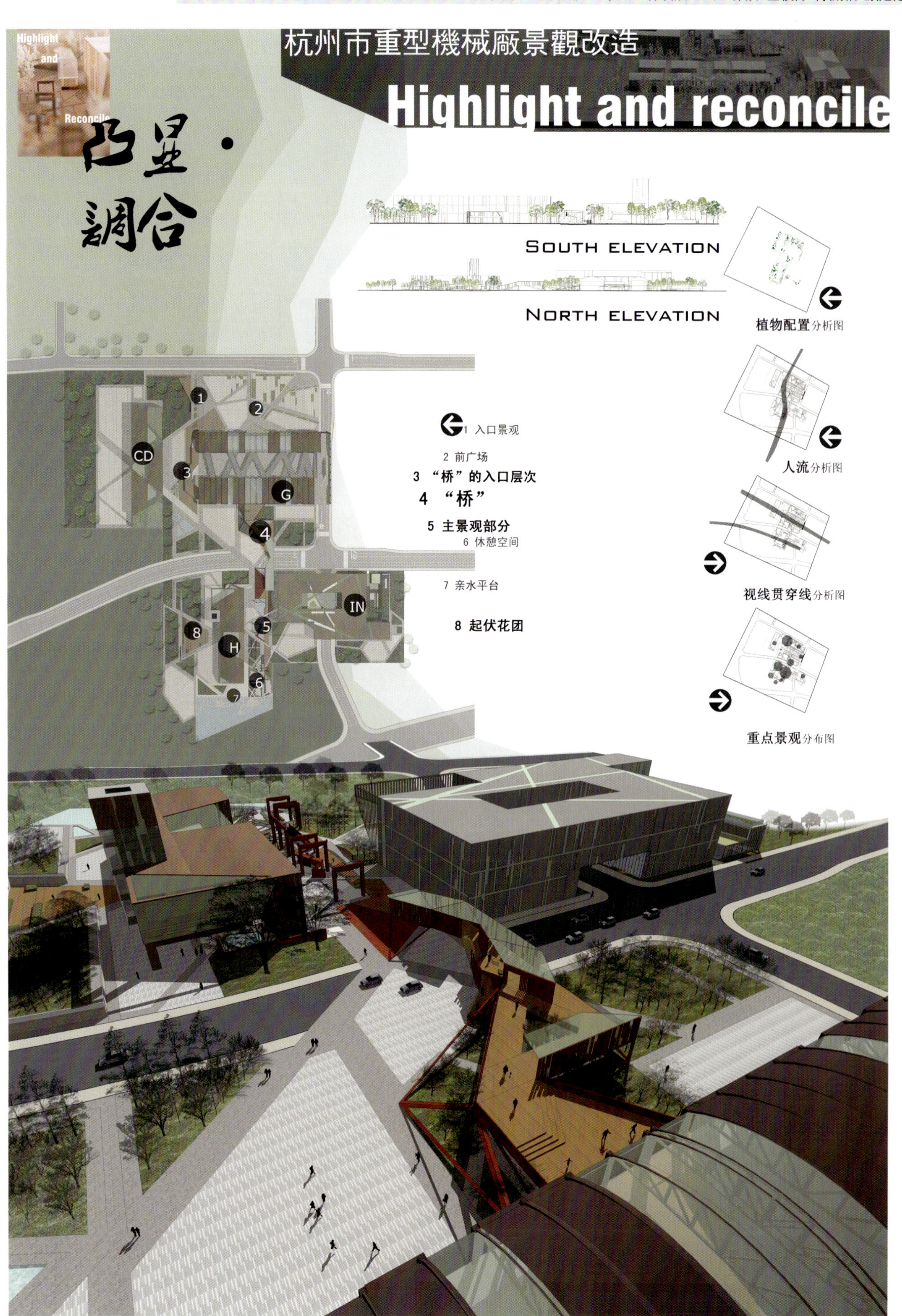

学校：中国美术学院艺术设计职业技术学院　指导老师：黄晓菲　学生：林晨辰 方泓 郭辰 金俊丹 陈威韬 顾旭建

Highlight
and
Reconcile
3cule
Landscape Design
围合式休闲空间
穿越式行走空间
关于景观
树林，桁架，亲水，这片区域是每年室外活动供给的很好来源，合理规划分布的绿化带在美化分流的同时带来了很好的围合感。在节假日也是儿童活动的主要场所。（清水，野草，童声）同时也能增加该区域的阴影，也有助于缓解城市的热岛效应。
贯穿式景观观赏空间
EAST SECTION

FLOW ANALUSIS

FLOW ANALVSIS

EAST SECTION

Line of sight analysis

学校：广东轻工职业技术学院环境艺术系　指导老师：赵飞乐　学生：王寅生

低碳行动
DI TAN XING DONG GAI NIAN GUAN
概念馆

设计亮点：
有生命的绿色建筑 天然采光 自然通风

设计切入点：
如何使建筑更低碳利用
更有效环保宣传

蜕变
每一个生命体的产生,它都需要一个被保护的过程
概念提出：蝴蝶蛹为设计元素

蝴蝶蛹蜕变成蝴蝶时：它需要蝴蝶的蛹承担这一神圣的职责,使得蝴蝶在蛹里安全的发育-成长,最后蜕变成美丽多姿的蝴蝶

当然,我们的地球家园也一样,它更需要我们的珍惜和保护,才能使我们和地球更健康和谐的发展

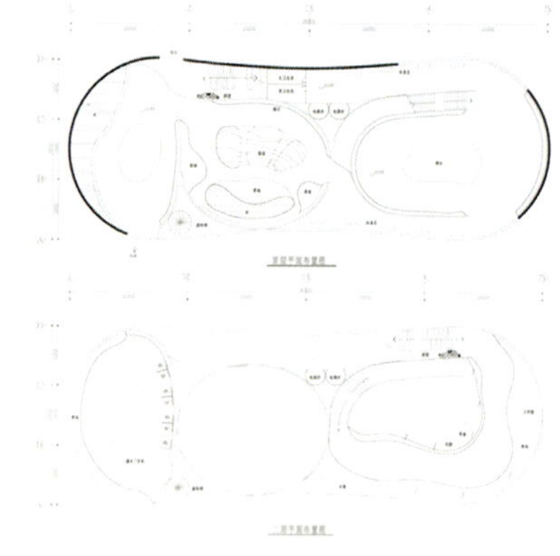

本次设计中,地球家园是一个大家,概念馆是一个小家,我们的家也被一个蛹安全保护着,当然：它也是脆弱的,我们也要保护这个家,相互依赖,能使得我们和谐的共生,挖空的圆形代表氧气,我们的生存环境也被氧气包围,寸步不离,互不分离,同时挖空的圆形更能使光线的进入和空气的流通：也表达室内环境与室外自然环境亲密无间

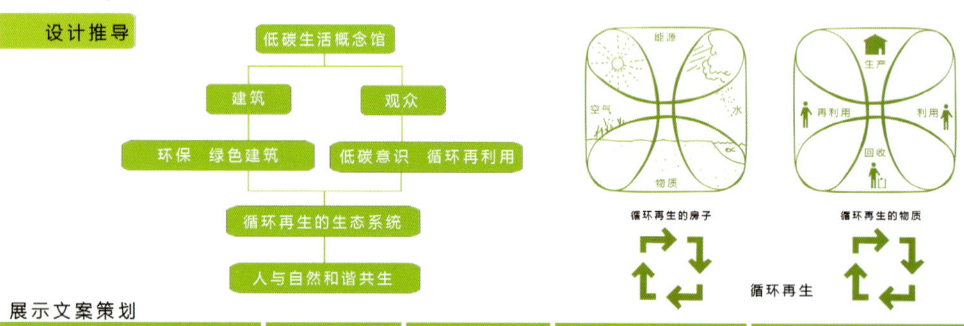

展示文案策划

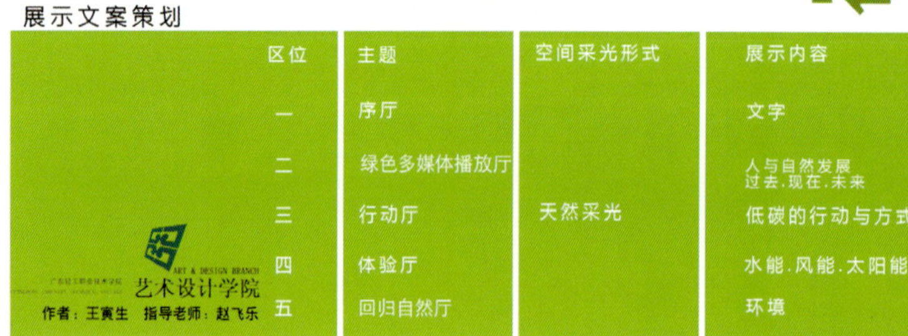

区位	主题	空间采光形式	展示内容	观众认知
一	序厅		文字	人与自然关系
二	绿色多媒体播放厅		人与自然发展 过去,现在,未来	人类与自然的现状
三	行动厅	天然采光	低碳的行动与方式	低碳是一种生活方式
四	体验厅		水能,风能,太阳能	节能就在我们身边
五	回归自然厅		环境	对环保有一份责任感

点评人：赵飞乐　广东轻工职业技术学院环境艺术设计系　专业教师

点　评：该设计立足环境现实，以低能耗作为设计出发点，提出了展览建筑的低碳利用的概念，借此发展出由低碳行为主导的造型方法和形式。设计的意念从微观的有机体世界扩展而来，"保护"的概念贯穿其中，并完全体现在作品的设计逻辑和表现上。简洁的造型，加上绿色能源的融会，使作品在立意上具有一定的高度。

学校：广东轻工职业技术学院环境艺术系　指导老师：赵飞乐　学生：王寅生

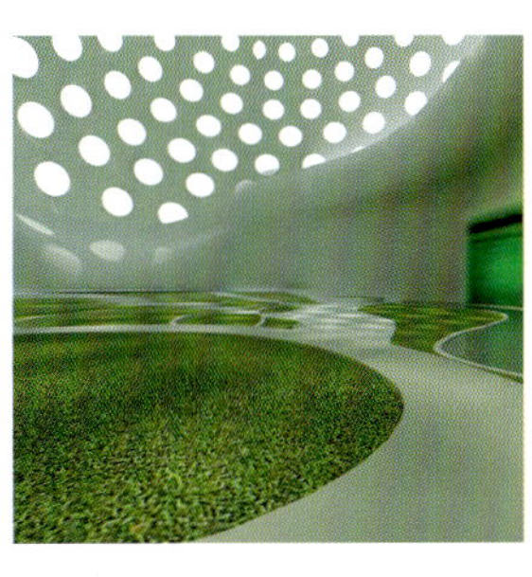

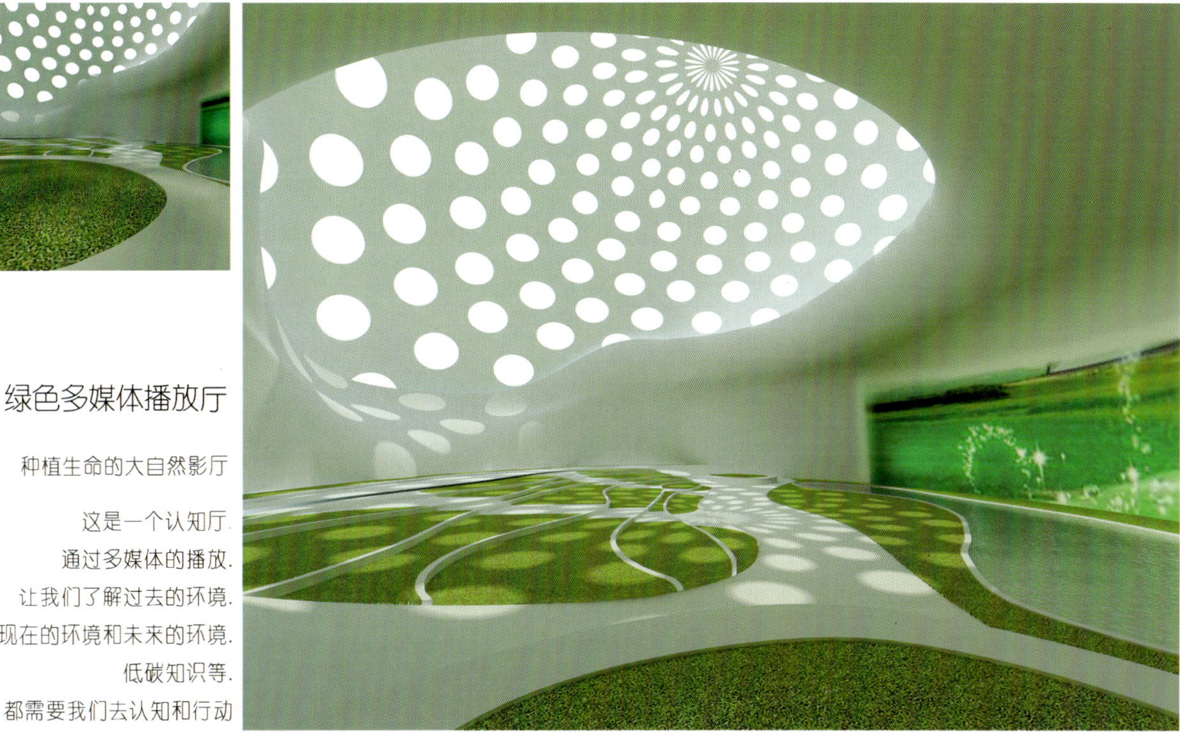

二. 绿色多媒体播放厅

种植生命的大自然影厅

这是一个认知厅.
通过多媒体的播放.
让我们了解过去的环境.
现在的环境和未来的环境.
低碳知识等.
都需要我们去认知和行动

观景长廊

三. 行动厅

利用图片和实物的展示
方式提醒我们
生活中的许多小事也可以
很低碳
只要我们行动起来

学校：广东轻工职业技术学院环境艺术系　指导老师：赵飞乐　学生：王寅生

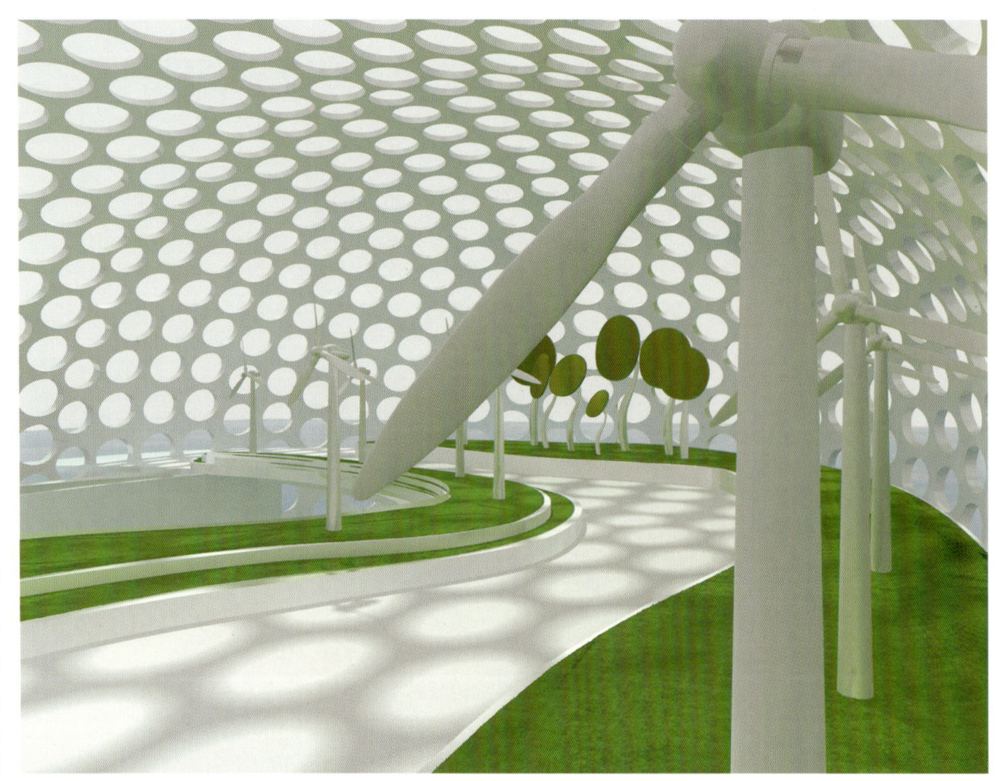

四. 体验厅

能源屋顶

太阳能+风能+屋顶花园

体验厅利用太阳能.风能等
可再生能源的利用.
实现给整个建筑供给利用能源

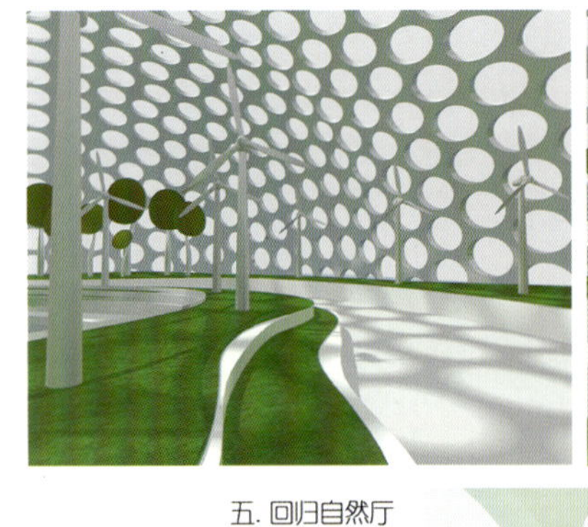

五. 回归自然厅

绿色立体建筑
墙上的绿色立体植物
更能体现了对未来绿色建
筑的发展利用
自然光和风能从圆形窗进出.
同时圆形窗使得建筑内部与
外环境更好融合.相互联系

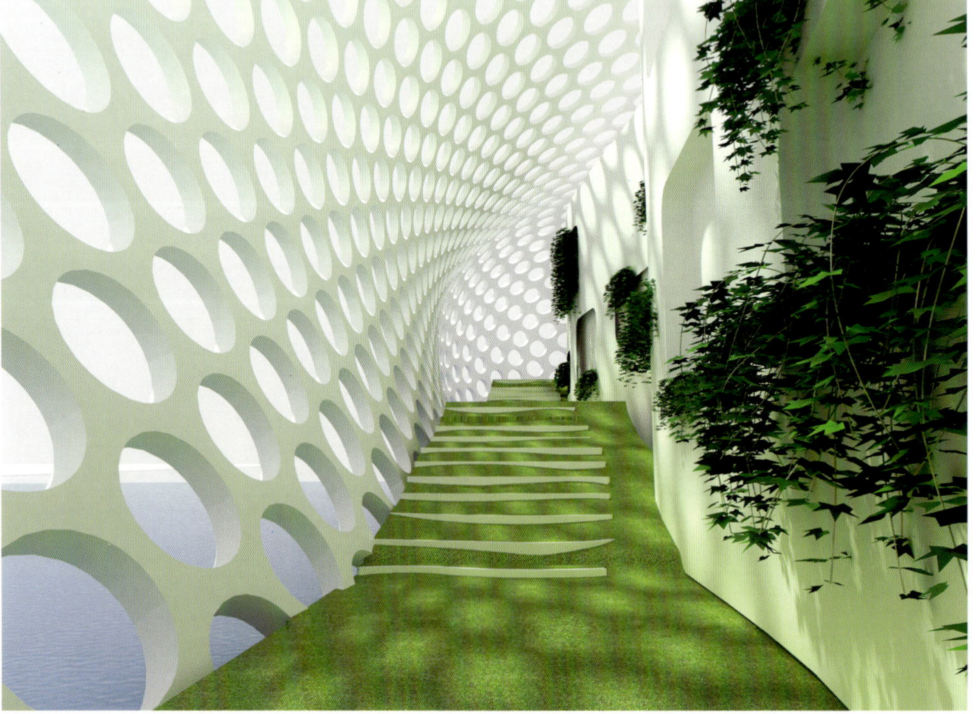

学校：广东轻工职业技术学院环境艺术系　指导老师：徐士福　学生：刘林生

点评人：徐士福　广东轻工职业技术学院环境艺术设计系　专业教师

点　评：本套设计方案从设计的理念阐述到局部设计元素的提取演变过程都比较完整、清晰，难能可贵之处是本设计方案根据南方气候融入节能环保的理念。建筑外观设计和室内空间设计简洁而不失细节变化，淡雅、明快的白色和活泼的曲线与化妆品行业的空间特征十分贴切，其室内造型设计也具有较强的可识别性，相信会给进入本空间的人留下深刻的印象。

学校：广东轻工职业技术学院环境艺术系　指导老师：徐士福　学生：刘林生

BOSS 化妆品办公楼方案

广州“泊诗·BOSS”化妆品有限公司 办公处

2

设计概括：

用有机建筑的设计手法让人对自然产生向往。“直线属于人类，曲线属于上帝”。希望带着梦想的曲线，让创意尽情飞翔……

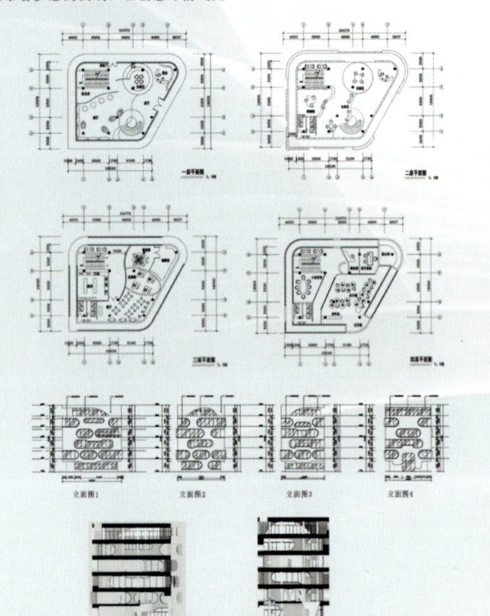

Elements of the source:

元素来源：

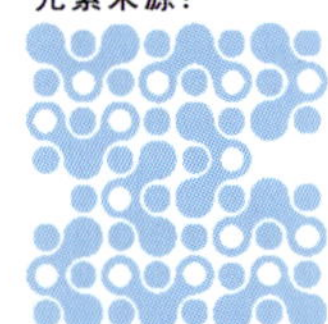

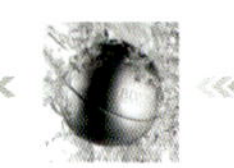

提取元素为“水”的自然形态，水分子细胞，生命来之于水，水酿造绿色生命。化妆产品离不开水份，美白润肤，元素与主题恰在此时。营造时尚工作办公空间。

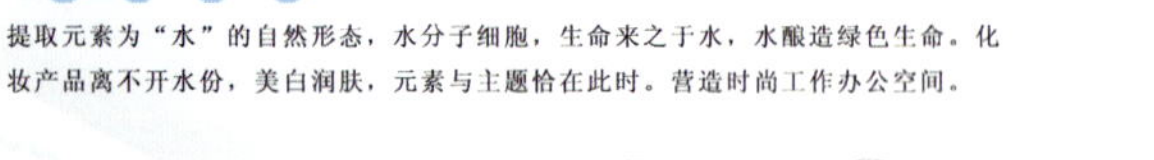

展台元素：

展台的设计也是提取本公司产品的外形设计演变过来的，更加让展厅品牌化，綷而不离题，而且还是专业品牌的印证。

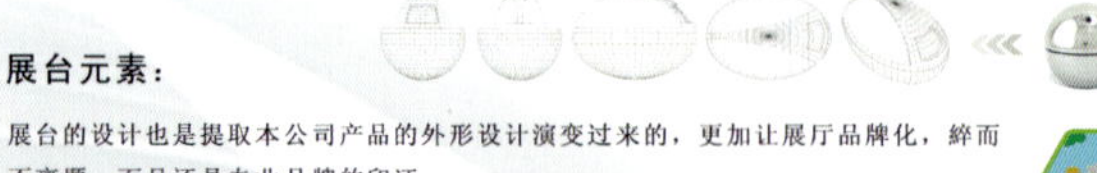

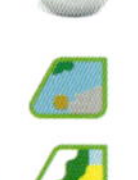
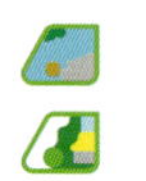

外观设计：

这是为法国化妆品牌子“泊诗·BOSS”在广州的小型办公楼方案设计，多功能集于一体化的智能办公楼，绿色环保建筑，适于南方气候，多窗双层缓冲气流设计，封闭与半封闭，凹与凸，凸之眼睛，瞻望远方。色彩纯结，柔如护肤品，刚如矗立地标建筑，自然采光为主。外窗的设计也是提取本公司产品的外形设计演变过来的，更加让展厅品牌化，而且还是专业品牌的印证。

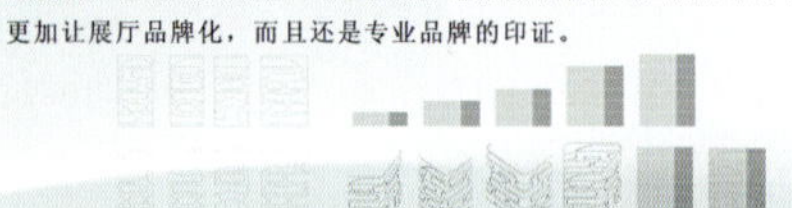

入口　办公大厅　外观

休闲区　办公大厅

小会议室

学校：中国美术学院艺术设计职业技术学院　指导老师：黄晓菲　学生：韦杰航　易瑾　陈岑　沈煜磊　沈燕华　王慧琳

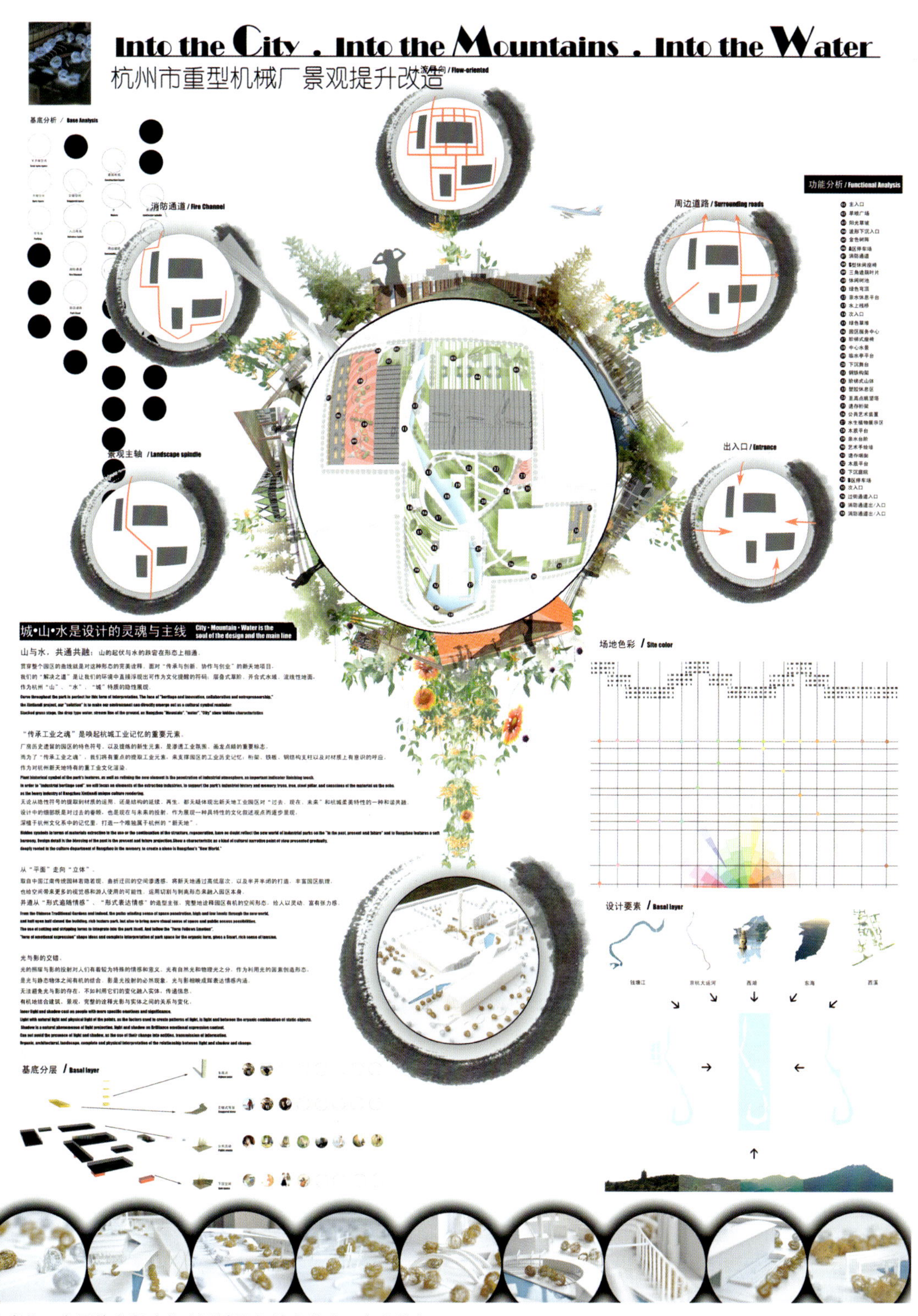

点评人： 黄晓菲　中国美术学院艺术设计职业技术学院　专业教师

点　评： 本案在将杭州城东工业遗存核心区打造成为杭州新型城市综合体的过程中，通过有机设计语言，使其成为具有建筑外形与生态环境交相辉映、工业遗存与现代建筑相互融合的独特生态景观，成为富有江南水乡韵味的创新城市综合体。

城 · 山 · 水是设计的灵魂与主线。山与水，共通共融；山的起伏与水的跌宕在形态上相通。

面对“传承与创新、协作与创业”的新天地项目，我们的“解决之道”是让我们的环境中直接浮现出可作为文化提醒的符码：层叠式草阶、开合式水域、流线形地面，作为杭州“山”、“水”、“城”特质的隐性展现。设计中的细部既是对过去的眷顾，也是现在与未来的投射，作为展现一种具特性的文化叙述观点而逐步呈现，深植于杭州文化的记忆里，打造一个独属于杭州的“新天地”。

新天地区内有两条河流蜿蜒穿过，北部是安桥港河、东部是安桥港河的支流石桥河，全长约 1 公里，河流向北利用该区独有的水系，设计过程中充分调动、呼应场地中的水元素，南北走向的人工河与东西走向的安桥港河连成一片，这条独有的景观水系，也使新天地成为一座具有独特江南水乡韵味的创意产业区。

学校：中国美术学院艺术设计职业技术学院　指导老师：黄晓菲　学生：韦杰航 易瑾 陈岑 沈煜磊 沈燕华 王慧琳

学校：重庆工商职业学院传媒艺术系　指导老师：徐江　陈一颖　刘更　学生：陈顺科　朱丹　罗强

UPDATE®ENERATION 更新.再生

DESIGN FOR CREATIVE INDUSTRY PARK JIULONG RENOVATION 重庆市九龙创意产业园改扩建工程 2009

项目来源

根据《重庆市国民经济和社会发展第十一个五年规划纲要》、《重庆高校西部教育高地行动计划》及《重庆市创意产业"十一五"发展规划》、《重庆市人民政府关于加快创意产业发展的意见》、为了进一步做好九龙坡区创意产业的发展，结合华岩二郎社会经济发展现状，特提出二郎创意产业基地建设方案。

以中梁山为界，将九龙坡区分为中梁山东区与中梁山西区。中梁山东区为"现代创意新城"，突出"九龙创意岛"的概念（范畴主要指九龙半岛，尤其是前述黄桷坪涂鸦街及其周边地区及沿江世界创意中心建筑群；中梁山西区为"巴文化新城"（涵盖9镇），以巴文化统领全部的文化建设，以走马镇及驿道遗址、慈云寺、高尔夫球场、走马万亩桃林、白市驿花卉苗木基地及贝迪颐园、天赐温泉、海兰云天等项目为支撑，西区规划创意产业基地，一些博物馆区，建设巴国王城旅游景区，国防教育基地（军事旅游区）等，要充满巴文化的元素。巴文化新城的教育文化休闲娱乐场所与设施应该先进，为生态宜居区。

九龙创意产业链总平面图

2 四川美术学院坐落在美丽的山城——重庆市西郊的长江之畔。学院自1940年建校以来，以完善的、独特的美术教育体系、活跃的学术氛围、卓越的艺术成就，驰誉国内外，成为"长江上游的一颗璀璨的艺术明珠。坦克仓库、501、102艺术中、涂鸦艺术街是四川美术学院代表性作品。

3 重庆市九龙坡区杨家坪面积5.5万平方米，基础设施投入2.5亿元，是九龙坡区历史上最大的市政项目。这是重庆至今档次最高、投资最大的步行街，同时也赋予了杨家坪竞逐重庆"第二商业中心"的底气。

4 重庆动物园，地处重庆西郊，始建于1955年，占地45公顷，是国内中型规模的动物园，园内山峦绵延起伏，自然风光清新绮丽，常有展出动物200余种，2000余只（头）。年接待中外游客100万人次。

5 巴国城是重庆创意产业重点项目。项目依托巴国城生态公园，以巴文化为特色，以仿古建筑为亮点，打造公益性主题公园、都市商业休闲中心和旅游景区。项目占地350亩，仿古建筑12万平方米，是西南最大规模的仿古建筑群。其中巴人博物馆是国内首个巴文化专题博物馆，是市内首批创意产业基地。

1 九龙半岛李家沱大桥沿江世界创意中心，位于重庆创意产业东线末端。大型沿江带状景观式水晶宫建筑群，以彩色玻璃外墙、通宵灯光装饰造景，空中俯瞰为不夜城。

区位

用地范围航拍图

现场照片

规划范围

中心点：二郎创意产业园；

东：重庆舞蹈学校、巴国城；

西：华岩风景区、重庆佛学院、龙门

南：重庆外国语学校、轻工业园区；

北：隆鑫、宗申、格力研发基地。

经济技术指标

地块编号	1	用地面积	77887.7 m²
E9-1/02	2	总建筑面积	103021.91 m²
		其中 地上面积	101252.84 m²
		地下面积	1769.07 m²
	3	建筑总占地面积	20453.26 m²
	4	覆盖率	26.26%
	5	容积率	1.3
	6	绿地率	40.5%
E9-4-2/02	1	用地面积	2848 m²
	2	总建筑面积	2848 m²
	3	建筑总占地面积	549.12 m²
	4	覆盖率	19.28%
	5	容积率	1.0
	6	绿地率	60.8%

设计目标

由区政府立项规划，校方参与合作。在该地块拟建一个高校与企业合众的 创意产业基地。

通过重建、改建、新建让其成为一个全新的创意产业基地。

1. 修建一栋起与外界沟通联系的桥梁的建筑，让园区融入新鲜血液。
2. 对其原有形式老旧，结构简单的建筑进行改建。使其材质统一，样式新颖，富有设计感。
3. 新建建筑，一个集合的工作室。形成一个自由，惬意的单独空间。

设计背景

校园背景

该大学是由重庆市政府举办，经教育部批准独立设置的高等学校，是全民所有制正厅局级事业单位。学校创办于1979年2月。学校总部位于重庆市国家级高新技术产业开发区九龙园区，校园占地面积166650㎡，建筑面积114210㎡。

城市背景

重庆市是一个历史悠久重工业城市，有"重钢"，东风船舶厂等老牌的重工业厂区，有很浓烈的工业气息，是一座重工业极强的城市，有一种粗犷的工业美。

在城市化进程当中有大量的工业建筑任然还遗留在城市当中，随着城市的发展工厂也以慢慢搬出了城市，但是其落后的建筑任然屹立在远处，形成了独特的风貌。但是其原建筑经过时间的洗礼以变的十分陈旧。

1

学校：重庆工商职业学院传媒艺术系　指导老师：徐江　陈一颖　刘更　学生：陈顺科　朱丹　罗强

UPDATE®ENERATION 更新.再生

DESIGN FOR CREATIVE INDUSTRY PARK JIULONG RENOVATION

重庆市九龙创意产业园改扩建工程 2009

新建篇

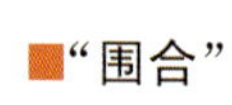

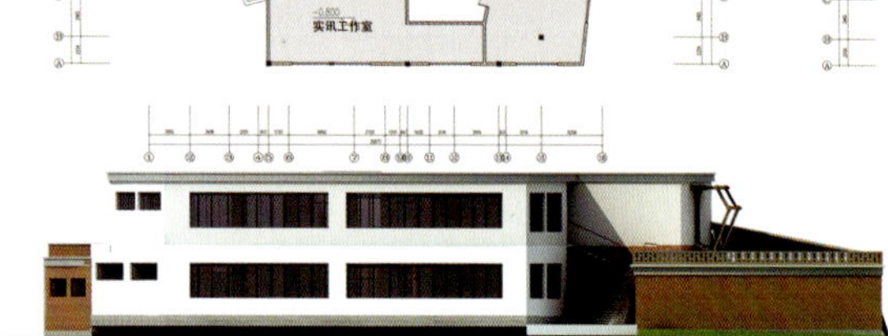

16-1建筑立面

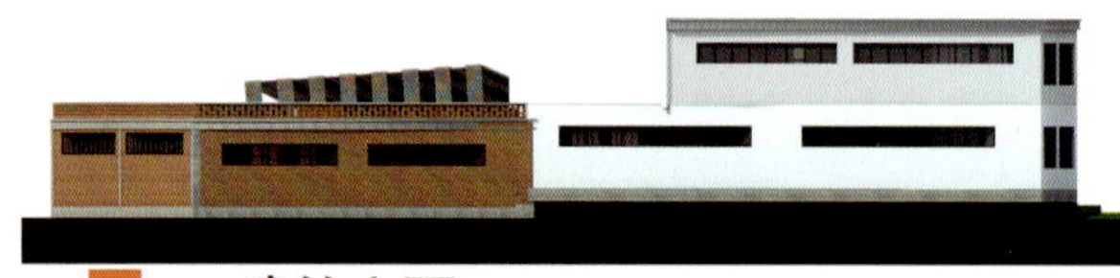

A-Y建筑立面

传统空间

一分为二

旋转

切割

成型

■"围合"

更多的是一种看似封闭实而开敞的空间，中国的庭院围合则是半封闭甚至大部分是全封闭的类型。现代住宅中的围合式布局表达的事物内部和统一为吉的宇宙观。所谓"围合式"住宅，就是建筑围绕中心环境而设计，与中国传统建筑布局有相类之处。

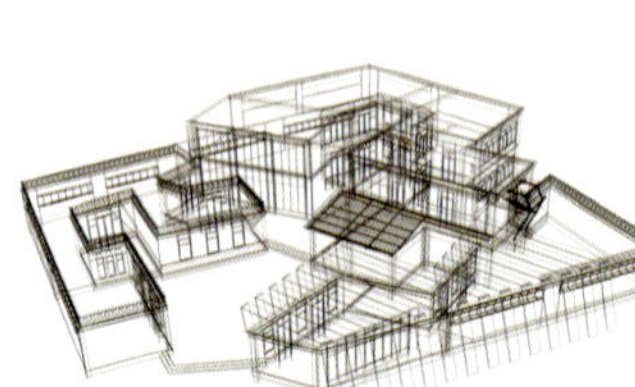

1-16建筑立面

Y-A建筑立面

艺术工作室效果图

7

学校：广东轻工职业技术学院环境艺术系　指导老师：叶炽坚　学生：敖水泳　黄城添　罗美仪

涸流之色 Color of Dry-up Stream

云南·曲靖市干旱创意概念园设计

指导老师：叶炽坚
组员：敖水泳 黄城添 罗美仪

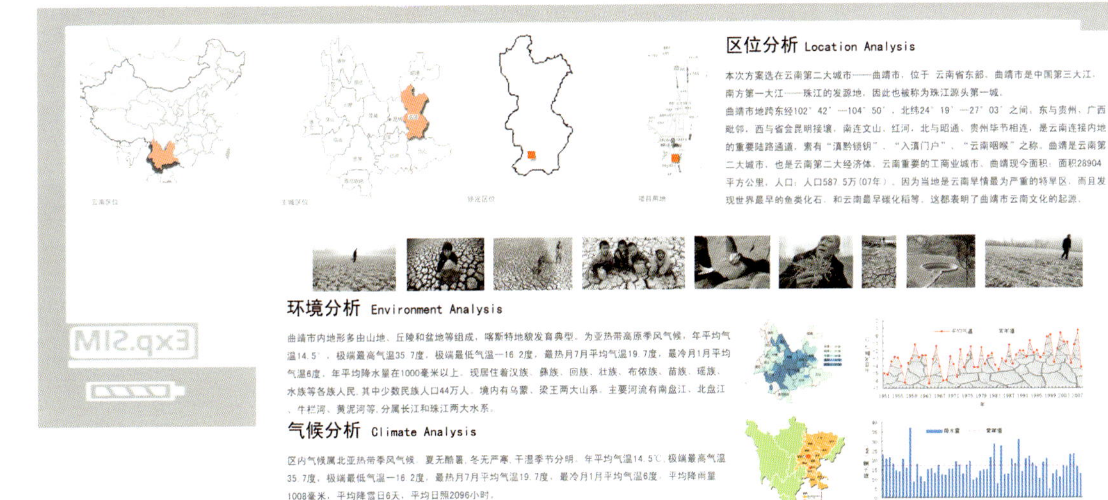

区位分析 Location Analysis
本次方案选在云南第二大城市——曲靖市，位于 云南省东部，曲靖市是中国第三大江，南方第一大江——珠江的发源地，因此也被称为珠江源头第一城。
曲靖市地跨东经102°42′—104°50′，北纬24°19′—27°03′之间，东与贵州、广西毗邻，西与省会昆明接壤，南连文山、红河，北与昭通、贵州毕节相连，是云南连接内地的重要陆路通道，素有"滇黔锁钥"、"入滇门户"、"云南咽喉"之称。曲靖是云南第二大城市，也是云南第二大经济体，云南重要的工商业城市。曲靖现今面积：面积28904平方公里，人口：人口587.5万（07年）。因为当地是云南旱情最为严重的特旱区，而且发现世界最早的鱼类化石，和云南最早碳化稻等，这都表明了曲靖市云南文化的起源。
环境分析 Environment Analysis
曲靖市内地形多由山地、丘陵和盆地等组成，喀斯特地貌发育典型。为亚热带高原季风气候，年平均气温14.5°，极端最高气温35.7度，极端最低气温—16.2度，最热月7月平均气温19.7度，最冷月1月平均气温6度。年平均降水量在1000毫米以上。现居住着汉族、彝族、回族、壮族、布依族、苗族、瑶族、水族等各族人民，其中少数民族人口44万人。境内有乌蒙、梁王两大山系。主要河流有南盘江、北盘江、牛栏河、黄泥河等，分属长江和珠江两大水系。
气候分析 Climate Analysis
区内气候属北亚热带季风气候，夏无酷暑，冬无严寒，干湿季节分明。年平均气温14.5℃，极端最高气温35.7度，极端最低气温—16.2度，最热月7月平均气温19.7度，最冷月1月平均气温6度，平均降雨量1008毫米，平均降雪日6天，平均日照2096小时。
近年来在全球变暖的背景下，云南干旱出现频率更加频繁，严重程度有所加剧。分析表明：云南20世纪80年代中后期以后出现增暖现象，以90年代后期增温最明显，1986年以来出现13年暖冬，大部分地区冬春季降雪日数减少，全省降雨日数逐渐减少，高温干旱事件频率增加，尤其进入21世纪以后，高温干旱事件由2—3年一遇变为1—2年一遇

场地分析

方案具体选址在云南曲靖市麒麟区长兴路中心地带，总占地面积1.9公顷。麒麟区是曲靖市政府所在地，曲靖市的政治、经济、文化中心，位于云南省东部，滇东高原中部，南盘江上游，东经103°29′-104°14′，北纬25°07′-26°06′之间，距省会昆明137公里，东邻富源、罗平县，南接陆良县，西与马龙县相连，北与沾益县接壤，辖国土面积1552.84平方公里，人口66.7万，地势呈东西高，南北低，山地、河谷、丘陵、相互交错。城区海拔1875米，区境地形东西高中部低，中部为平坝，东西两侧多为山地。最高点在沿江乡境内的瞿家大山，主峰海拔2452.2米，最低点在越州镇薛旗田南南盘江河缘处，海拔1845.1米。主要河流有纵贯南北的南盘江，为珠江上游，境内流长56.7公里；东部的龙潭河和转长河，境内流长分别为28.4公里、31公里；西部的白石江和潇湘江，境内流长分别为31公里、46.7公里。场地文化线环绕，从北面向南依次是曲靖南城门，南城门广场，珠江源大剧院，中共曲靖市麒麟政委党校，麒麟高级中学等，人文气氛浓郁。

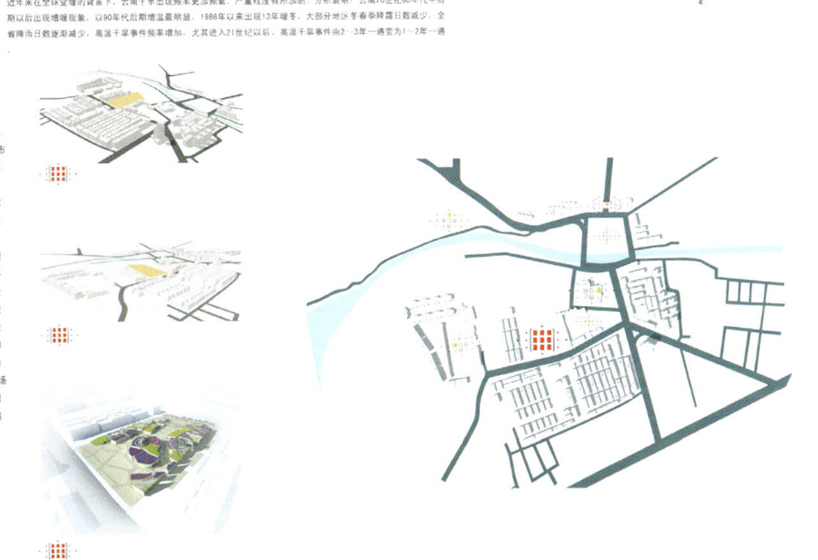

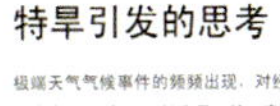

特旱引发的思考

极端天气气候事件的频频出现，对经济社会发展的影响日益加剧，其中气候变暖造成的天气异变对云南的旱情影响十分突出。百年一遇的干旱，给一直以自然资源丰富自诩的云南一个沉重的打击。或许不久的将来，雨水将回归这片干涸的土地，但是不管怎么样也冲淡不了这次干旱在云南人心中留下的烙印，由此引发出一连串对干旱的思考……

点评人： 叶炽坚　广东轻工职业技术学院　教授

点　评：《涸流之色——云南 · 曲靖市干旱创意概念园设计》是以旱地龟裂纹为设计元素的景观设计方案。在平面布局、场地的功能空间分布、立面的设计形式都是通过作者深思熟虑把它"裂"出来的。整个方案形式以最直接的方式去展示旱地的姿态，给人的感观产生了最大冲击视觉效果。作品"裂"出来的紧凑、灵活的布局有着大小不同的裂块之美，块面错落曲折的巧妙利用、梳密得体的分布产生坚硬而有节奏的裂纹之美，充分利用空间层次，使整个景观设计方案更增添张力。在给人们留下极其深刻的印象后，自然得到了对自然生态景观的另一种形式美的享受。从而"帮助我们重新审视对景观、城市、建筑的设计以及人们的日常生活方式和行为，实现人与自然的真正的合作与友爱的关系。"

学校：广东轻工职业技术学院环境艺术系　指导老师：叶炽坚　学生：敖水泳　黄城添　罗美仪

本土植物园

要重建文化归属感和人与土地的精神联系，我们就必须珍惜普通人的文化，每天都有物种从地球上消失的今天，乡土杂草比异国奇卉具有更为重要的生态价值。植物园里采取了最原始的种植方式，游客能亲身体验种植普洱茶等，园内还有品茶休息区。生态景观精神的诠释要依靠公众对于自然的参与，而不是在文字或是演讲中富丽堂皇地虚无包装。只有当公众在景观中享受生活时，那种场景才真正地诠释了平凡、真实而又生动的生态景观。

旱地展示区

生态绝非仅仅是自然的问题，也是人自身的问题，人既要保护自然生态，也应当解决好自身的精神生态，甚至可以说，人类只有发自内心地敬畏自然，解决好自身的精神生态问题，才会对整个世界，包括人与自然之间的关系，才能有一个正确健康的认识态度。旱地展示区里保留了最原始的旱地地貌，枯树形态，干瘪的河蚌，向人们展示了自然界最残忍的面貌。

科技学习空间

此馆展示了世界先进的环保，节能，水利等先进技术。干旱为主题的艺术品展览，和警示教育的科普资料免费派发，以及生活中节能小窍门宣传栏目。同时可以组织短期的农业节水技术培训班，教给村民一些可操作的节水灌溉窍门，并积极鼓励农民利用身边的材料来制作节水灌溉设备，提高城郊农民抵抗干旱的实际能力。

投影展示空间

无屏幕放映厅，360度投影展示空间，以立体的方式展示干旱地貌，和已消失植物物种形态。以及关于生态破坏的记录影片。

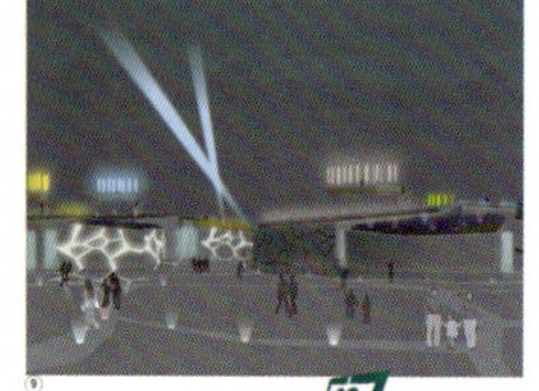

ART & DESIGN BRANCH
艺术设计学院

学校：广东轻工职业技术学院环境艺术系　指导老师：尹杨坚　学生：关玉英

低碳的呼唤 LO_2 “再生艺术”博物馆

The "Renewable art" museum

再生艺术 也称废品雕塑、环保雕塑，国际统称为JunkSculp－ture，是通过对废旧材料的选择创意，重新组合成雕塑作品的艺术形式。其原料为废旧材料，是指现代工业中的各种垃圾，如包装盒袋、各种瓶罐，竹、木、布、绳、碎玻璃、塑料的边角料及废五金材料、废机器零件等等 。除此之外，还包括各种废弃的轻工业产品、生活用品和现成品。

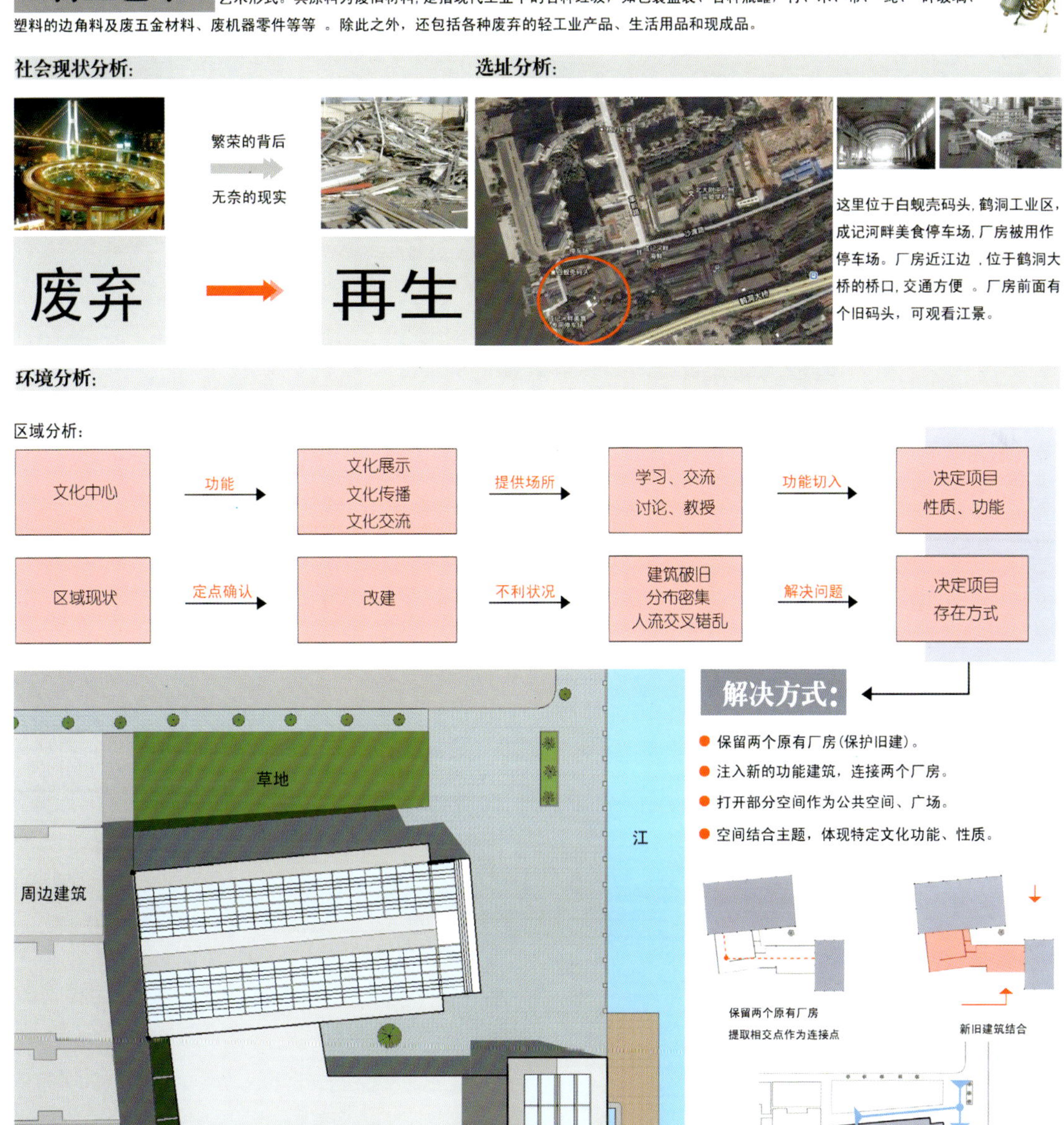

点评人：尹杨坚　广东轻工职业技术学院环境艺术系　专业教师

点　评：2008年6月5日联合国环境规划署首次提出个人“低碳生活方式”。从此，“低碳”成为设计界出现最频繁的名词之一。作者以《低碳的呼唤——“再生艺术”博物馆》为题，以达到两个目的：（1）通过废旧厂房的改造与再生，激活城市的废弃角落，探索旧建筑空间利用的低碳模式；（2）通过再生艺术品的展示，让人们能够在享受艺术美的同时，关注低碳生活。

设计较为大胆，逻辑条理性强，追求内涵与精神的表达，体现工业美和环境美的结合。手法运用较为成熟，空间设计深入细致，又不失整体性。

学校：广东轻工职业技术学院环境艺术系　指导老师：尹杨坚　学生：关玉英

生活废品艺术展厅 Hall waste of life

设计思路

收集了一些生活废品展品：

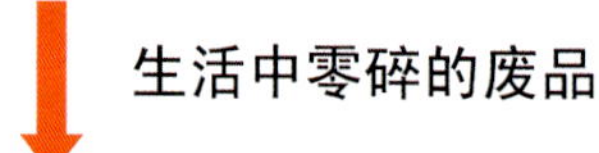

生活中零碎的废品

碎片

选用材料

生活展厅内部的材料，选用再生材料体现低碳理念；面材选用再生纸板，龙骨采用再生纸管。

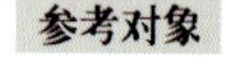

参考对象

坂茂的纸管结构建筑

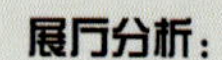

展厅分析：

生活废品展厅的内部空间，运用到碎片的设计元素，在墙面上做了些线的分割，营造破碎的气氛。整体用上大量的白墙，保留了旧建的红砖墙，两者色块形成强烈对比。考虑到展品的性质，来自生活的各样东西，展品本身的色彩较为丰富，整体空间应以简洁来衬托。

临时展厅 Temporary exhibition hall

临时展厅，提供一些艺术家进行展览作品，具有一定的灵活性，可根据不同的展示内容、形式不同，进行对空间的简单调整，自由性较强，这里主要采用红砖墙和白色的砖布满整个空间，保留了厂房原有的墙面。展厅较为空旷，没有太多的空间分割，只是利用单纯的一个厂房空间作为展厅 。顶部开了天窗 ，采光度充足，适合展示需要。加上简单的支架结构，相对地丰富了空间形式。空间整体上都是红白的两大色块对比，与外观有呼应。临时展厅主要以图片展示为主，其中，可按需要增添一些展柜提供一些实物展示。

天窗处理

室内的天窗+侧窗处理，采光强度大，适合用作展览 ，其中会按展览的需求在顶部的支架加上轨道灯来加强照明。

学校：顺德职业技术学院园林景观　指导老师：周峻岭　谢凌峰　学生：李翠芬　李聘菊

BOX.BOX

居住区空间研究
学生公寓景观规划设计

设计推演

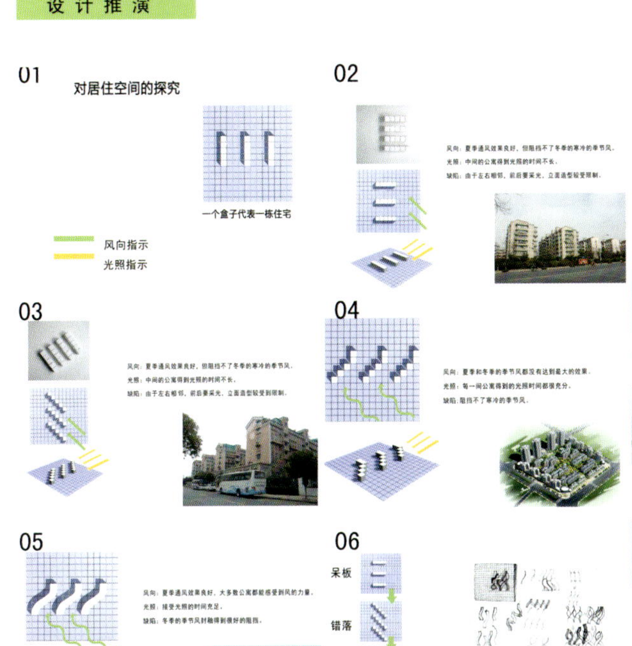

整体规划

设计说明：

探究学生公寓，用最基本的空间元素体块的位置变化寻求建筑内部变化，观察、探究其差异性，尝试从空间原型到地面，屋顶和环境各方面的组织试验去理解如何完全一个建筑，考虑其风向，光照，景观朝向等因素，生成建筑最终的形式。这是一个尝试试验的过程，是一个用逻辑推理出不同状态的建筑，从而寻求出建筑最合适的形态的过程。　在这次的居住空间景观研究当中，在建筑空间造型上，我们采用了新的设计概念以及简约主义的设计手法，建筑物内部设置了中庭，结合变化多样的架空层，既创造了良好的居住内环境，也丰富了内部空间及外立面。中庭同时也形成了绿色的小气候。营造了舒适的生活环境，最后，建筑实体与内部中庭营造出一种穿透感。使得居住空间与环境密切地融合在一起。

设计演进

点评人：周峻岭　顺德职业技术学院园林景观　高级设计工程师；谢凌峰　专业教师

点　评：设计从学生的视角来思考，针对熟悉的校园生活，对于日渐陈旧的学生宿舍所作的更关注节能、低碳的设计。

同学们采用简约主义的设计手法，建筑物内部设置了中庭，结合变化多样的架空层，既创造了良好的居住内环境，也丰富了内部空间及外立面。建筑实体与内部中庭营造出一种穿透感，使得居住空间与环境密切地融合在一起。

建筑形体轮廓简洁，平面多为弧形，中午阳光强烈时，能有效遮住强光的照射，在阳光角度较低的清晨和傍晚，又可以将阳光引入室内。在建筑材料运用上，充分满足了大体量单位建筑的隔热保温和采光需求，自然通风，减少了对空调的使用，达到了降低能耗的效果。

学校：顺德职业技术学院园林景观　指导老师：周峻岭　谢凌峰　学生：李翠芬　李聘菊

景观及节能分析

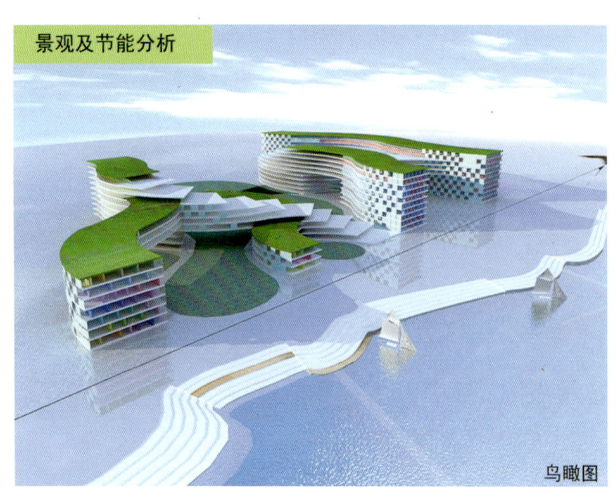
鸟瞰图

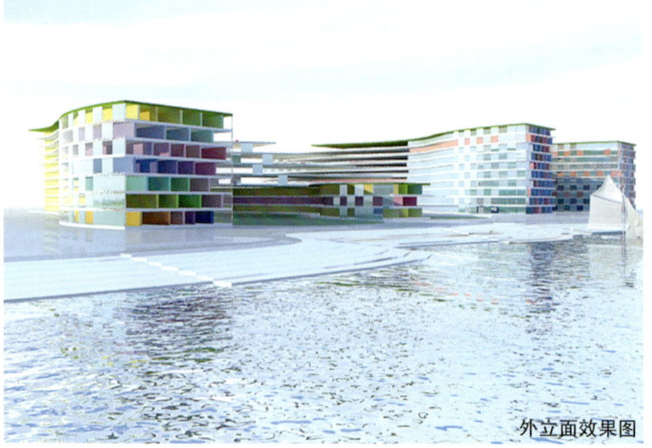
外立面效果图

光照分析

建筑形体轮廓简洁，平面多为弧形，中午阳光强烈时，能有效遮住强光的照射，在阳光角度较低的清晨和傍晚，又可以将阳光引入室内。

建筑结构上，相邻建筑的立面错开，立面大多可以在冬天接收充分的阳光。

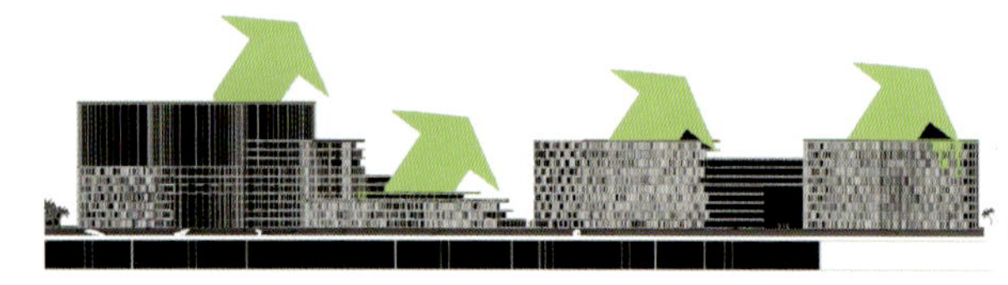

节能环保分析

在建筑材料运用上，充分满足了大体量单位建筑的隔热保温和采光需求，自然通风，减少了对空调的使用，达到了降低能耗的效果。

建筑屋面，种植了大量绿植，有效地改善隔热性能，同时，也能达到一定的绿化效果，楼顶平台设有太阳能板，有效地吸收光能，从而有效地转化成电能，进一步减少能源的消耗。

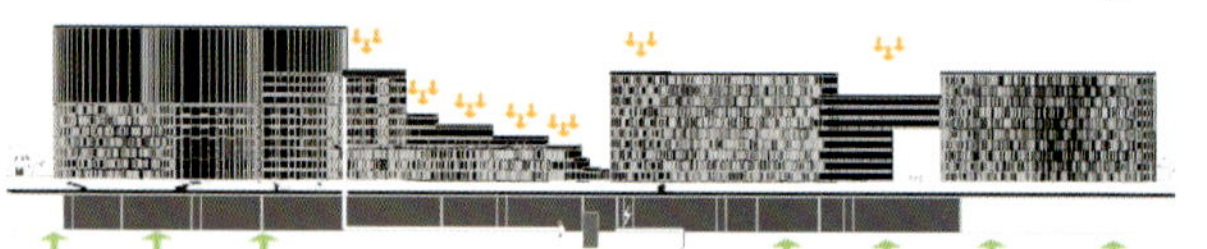

天台花园　校园景观　校园景观　连接廊道　参考图片　校园景观

公共建筑室内设计奖

学校：深圳技师学院应用设计系　指导老师：王辰劼　余婕　学生：黄韵诗

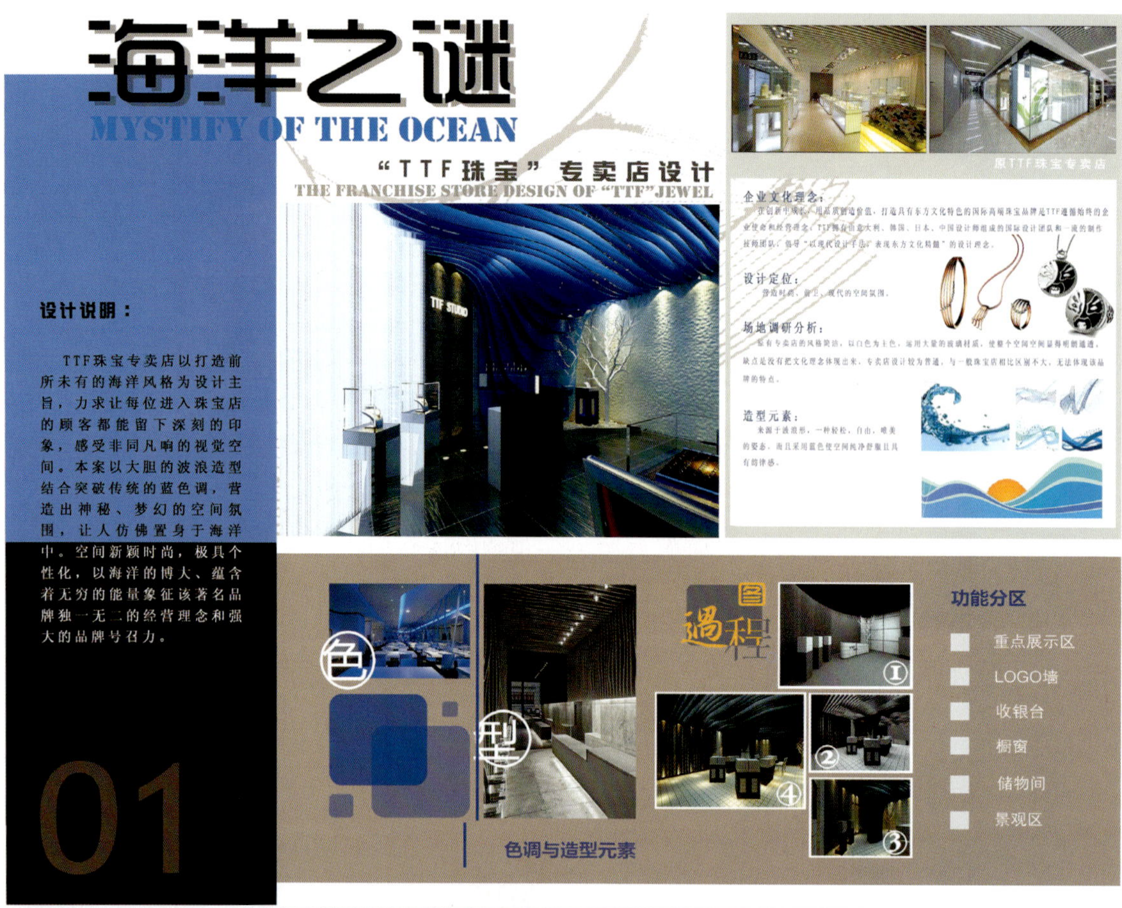
海洋之谜
MYSTIFY OF THE OCEAN
"TTF珠宝"专卖店设计
THE FRANCHISE STORE DESIGN OF "TTF"JEWEL
设计说明：
TTF珠宝专卖店以打造前所未有的海洋风格为设计主旨，力求让每位进入珠宝店的顾客都能留下深刻的印象，感受非同凡响的视觉空间。本案以大胆的波浪造型结合突破传统的蓝色调，营造出神秘、梦幻的空间氛围，让人仿佛置身于海洋中。空间新颖时尚，极具个性化，以海洋的博大、蕴含着无穷的能量象征该著名品牌独一无二的经营理念和强大的品牌号召力。
原TTF珠宝专卖店
企业文化理念：
设计定位：
营造时尚、前卫、现代的空间氛围。
场地调研分析：
原有专卖店的风格简洁，以白色为主色，运用大量的玻璃材质，使整个空间空间显得明朗通透。缺点是没有把文化理念体现出来，专卖店设计较为普通，与一般珠宝店相比区别不大，无法体现该品牌的特点。
造型元素：
来源于波浪形，一种轻松，自由，唯美的姿态，而且采用蓝色使空间纯净舒服且具有韵律感。
01
色
型
色调与造型元素
图
過程
①
②
③
④
功能分区
重点展示区
LOGO墙
收银台
橱窗
储物间
景观区

点评人： 余婕　深圳技师学院设计系展示工程专业　专业教师

点　评： 本案力求设计出海洋风格的 TTF 珠宝专卖店，以简洁利落的设计手法展现出一个颇具个性的形色空间。蓝色亚克力板材构成的层层叠叠的波浪造型使顶棚、墙柱面浑然一体，整体而大气。灯光虚虚实实掩映其间，光影摇曳，与冷静的蓝色调相呼应，整个专卖店空间呈现出大海般深邃神秘的氛围，在重点照明的衬托下柜内的珠宝显得愈加璀璨华美，商品的诱惑与魅力尽现其中。

学校：深圳技师学院应用设计系　指导老师：王辰劼　余婕　学生：黄韵诗

海洋之谜
MYSTIFY OF THE OCEAN

"TTF珠宝"专卖店设计
THE FRANCHISE STORE DESIGN OF "TTF"JEWEL

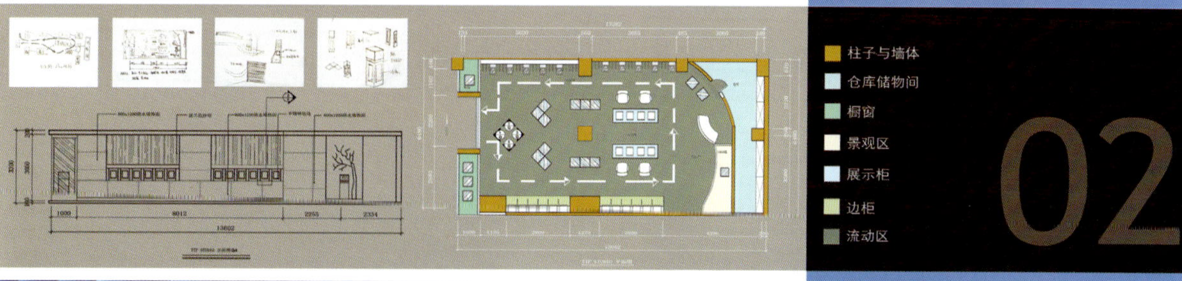

学校：深圳技师学院应用设计系　指导老师：王辰劼　余婕　学生：庄水旺

丝带间的心动

TIFFANY&CO.专卖店设计 A

关于TIFFANY&CO.

TIFFANY，美国设计的象征，以爱与美，浪漫和梦想为主题而风誉了近两个世纪。它以充满官能的美和柔软纤细的感性，满足了世界上所有女性的幻想和欲望。蒂芙尼珠宝能将恋人的心声娓娓道来，而其独创的银器、文具和餐桌用具更是令人心驰神往。

TIFFANY&CO.风格

TIFFANY的创作精髓和理念皆焕发出浓郁的美国特色：简约鲜明的线条诉说着冷静超然的明晰与令人心动神怡的优雅。和谐、比例与条理，在每一件Tiffany设计中自然地融合呈现。它能够随意从自然界万物中获取灵感，撇下繁琐和娇柔做作，只求简洁明朗，而且每件杰作均反映着美国人民与生俱来的直率、乐观和乍现的机智。

主要销售人群

对于生活品质有较高追求的城市精英。

场地条件分析

专卖店位于城市高档的商业中心，规模为100m² - 200m² 不等。

设计思路

浓郁的美国特色 + 简约鲜明的线条 + 冷静超然的明晰 + 心动神怡的优雅 = 简洁明朗的Tiffany。

设计灵感

设计巧妙而富于趣味。经典蓝色方盒和白色丝带蝴蝶结是人们对Tiffany最为经典的印象。设计将此形象抽象、重构，成为专卖店设计之中最巧妙的元素。整个空间仿佛是一个包装精美的巨大礼盒，当人们带着欣喜和期待走进其中，定将久久回味Tiffany珠宝带来的无限魅力。

平面布置及人流导向图

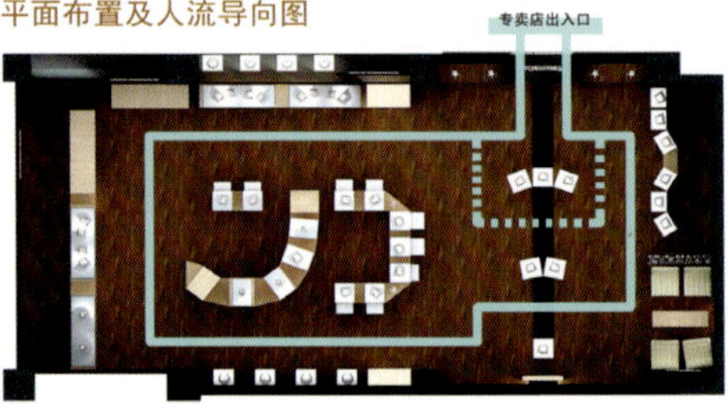

功能布局鸟瞰图

点评人：王辰劼　深圳技师学院设计系展示工程专业主任

点　评：方案的创意与定位源于对企业品牌的调研，以爱与美、浪漫和梦想为主题，用该品牌经典的系有白色丝带的蓝色盒子为元素，诠释“TIFFANY”这一著名珠宝品牌的感性和极致之美。方案以象征着白色丝带的折线造型合理地分隔空间，动静相宜，层次丰富。利用温润的木材和黑镜、艺术玻璃的搭配，彰显卖场的别致时尚和玲珑通透。璀璨钻石和绚丽宝石，在丝带间闪烁的灯光照耀下，格外光彩夺目、熠熠生辉。空间整体大气而时尚、简约而精致，演绎现代奢华之感，营造优雅迷人的购物环境。

学校：深圳技师学院应用设计系　指导老师：王辰劼　余婕　学生：庄水旺

丝带间的心动

TIFFANY&CO.专卖店设计 B

设计师意图利用木饰面板折叠出丝带般的造型，巧妙而合理的划分了各区域，让顾客在“丝带”的引导下顺畅、自然的浏览和选购商品。温婉的木板、典雅的黑镜、半透明的玻璃隔断、典雅的白色巴塞罗那椅，将材料与细节完美的结合。

通过外部自然光线的引入，结合室内的重点照明，利用对光线的反射与折射，创造出一个柔和、通透的展示空间。每个细节都体现品牌自身的品质、衬托珠宝本身的美妙，同时让顾客的视线始终被珠宝所捕获，为每一位顾客留下深刻而持久的印象。

重点照明布光手法，既丰富了空间的层次，也充分表现出每一件饰品的个性，室内展示区变成了一场光与色的表演，释放出Tiffany的灵魂。

中国环境艺术设计学年奖

学校：深圳技师学院应用设计系　指导老师：王辰劼　余婕　学生：许俊敏

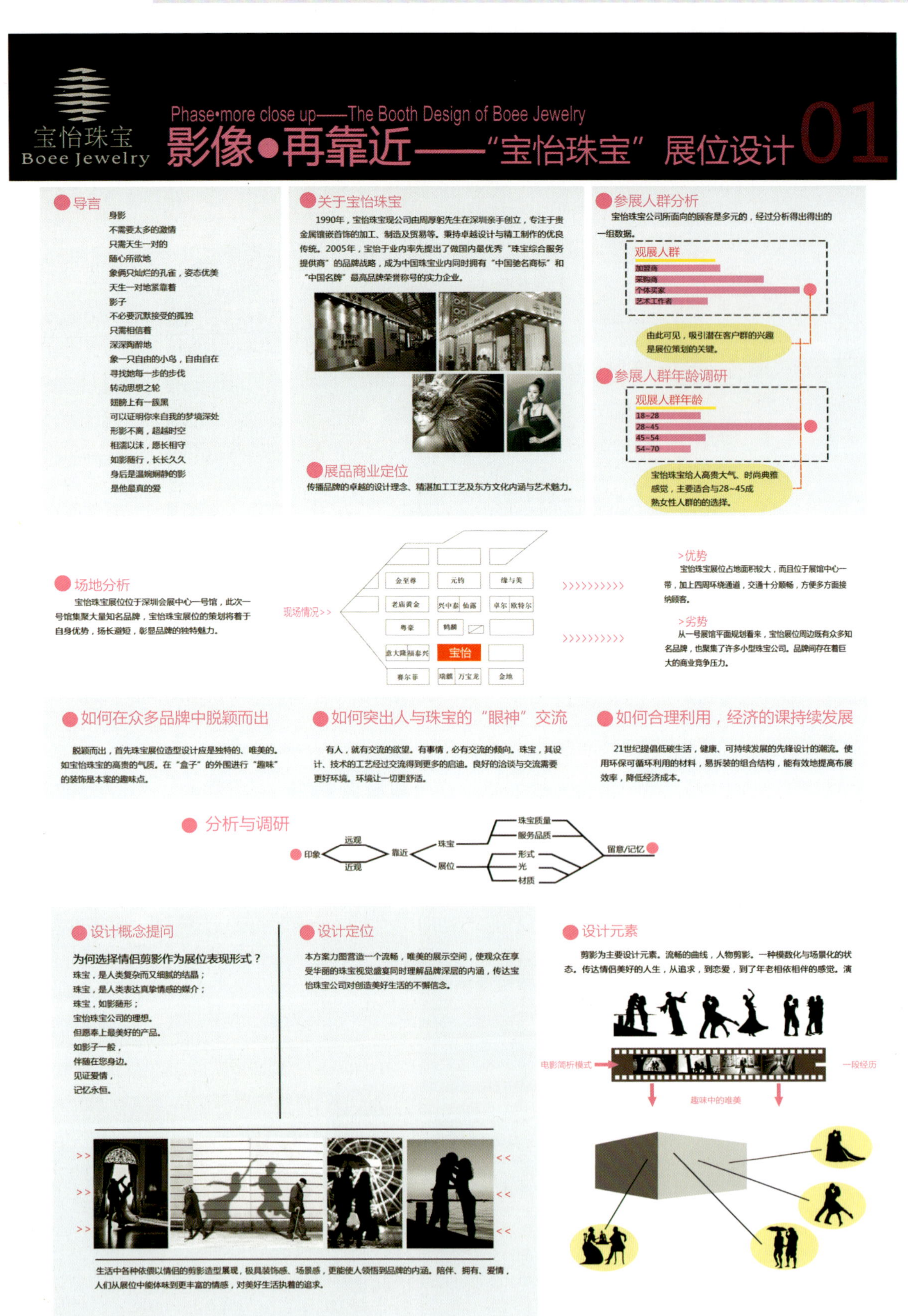

点评人：王辰劼　深圳技师学院设计系展示工程专业主任

点　评：本方案是受深圳本地著名的宝怡珠宝公司委托所作的项目。空间以叙事的独特手法，通过装饰化的剪影将人在一生中的幸福时刻进行展现，巧妙地表达了珠宝与人的关系，拉近与观展人的心理距离。空间主题明确、布局流畅、造型生动。装饰夸张丰富，光影交相辉映，使观众在观展的过程中享受一场精致华美的视觉盛宴。该同学通过模型制作对方案的尺度、比例、细节等方面进行了深入的研究和推敲，使方案更具合理性和可实现性。本案已被宝怡珠宝公司选为明年深圳国际珠宝展的展位方案。

学校：深圳技师学院应用设计系　指导老师：王辰劼　余婕　学生：许俊敏

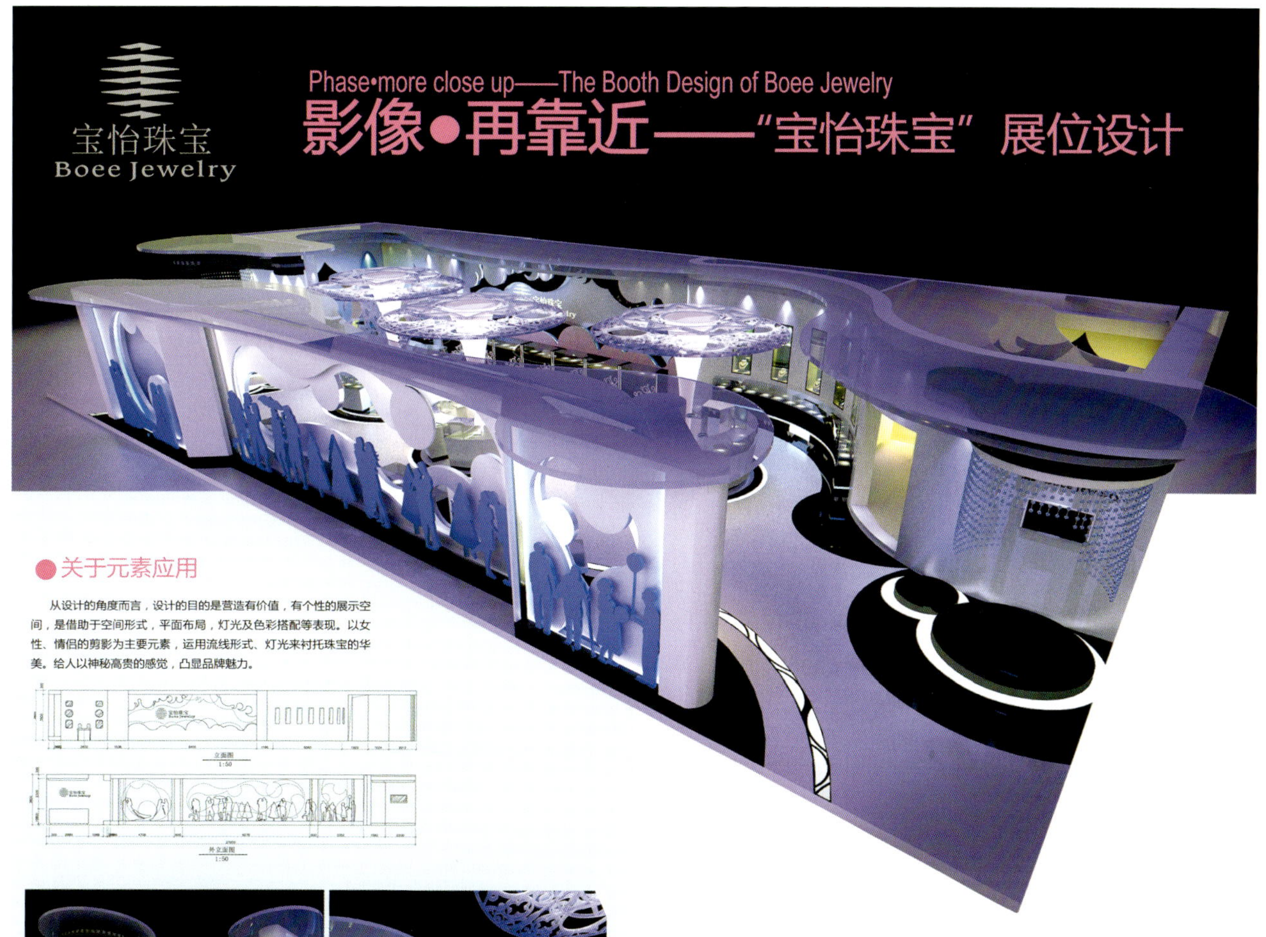

关于元素应用

从设计的角度而言，设计的目的是营造有价值，有个性的展示空间，是借助于空间形式，平面布局，灯光及色彩搭配等表现。以女性、情侣的剪影为主要元素，运用流线形式、灯光来衬托珠宝的华美。给人以神秘高贵的感觉，凸显品牌魅力。

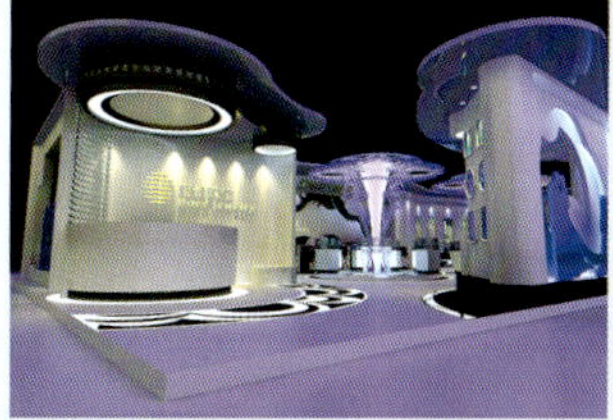

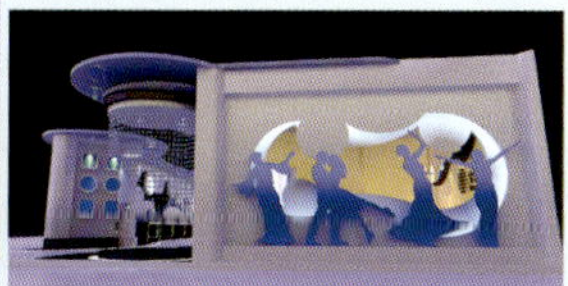

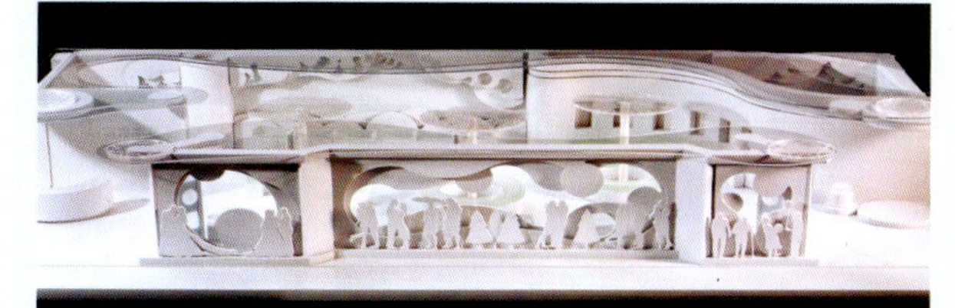

展位模型

模型的真实感非常直观的再现出场景的情况。从模型来看，在"盒子"空间中合理的运用剪影的的形式是非常出效果的。把原本平淡的外围穿上了新的嫁衣。趣味生动的剪影模式体现出宝怡公司对生活之美的追求。空间里面运用的剪影雕花也强化了此主题。地面与顶棚上下呼应的流线，让空间更为呼应。

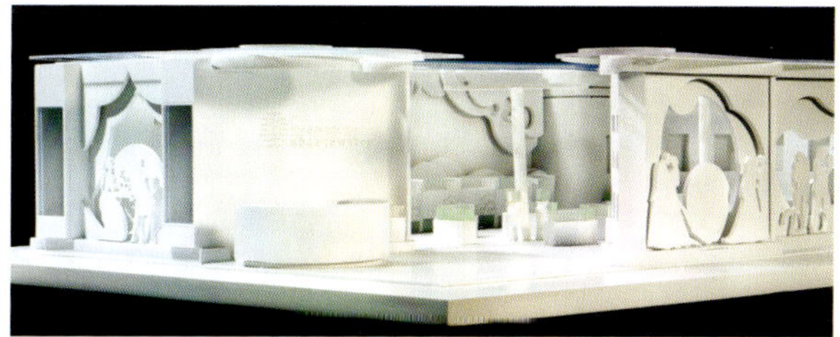

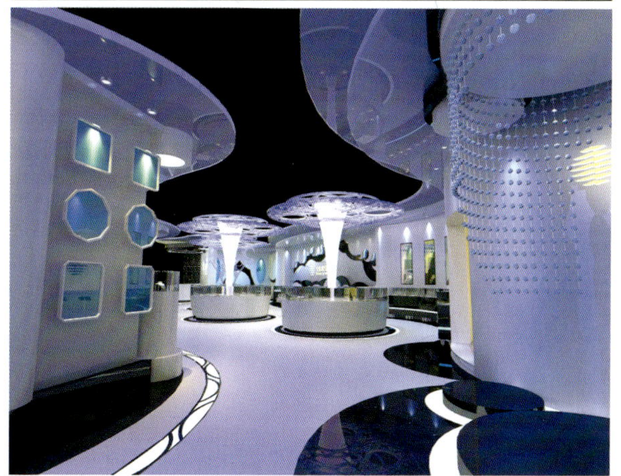

03

学校：顺德职业技术学院设计学院　指导老师：张俊竹　汤强　学生：刘小龙　姚永辉

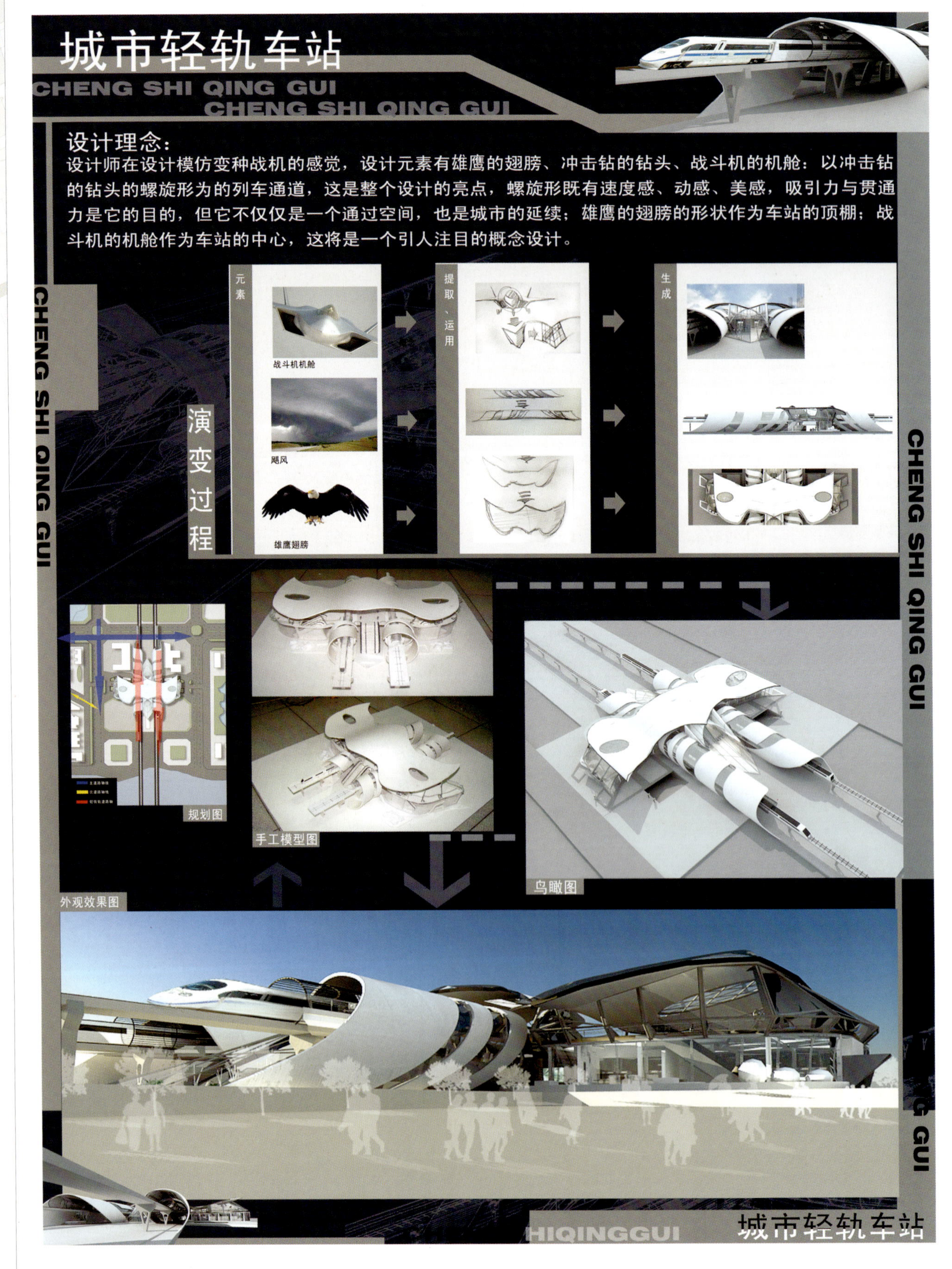

学校：顺德职业技术学院设计学院　指导老师：张俊竹　汤强　学生：刘小龙　姚永辉

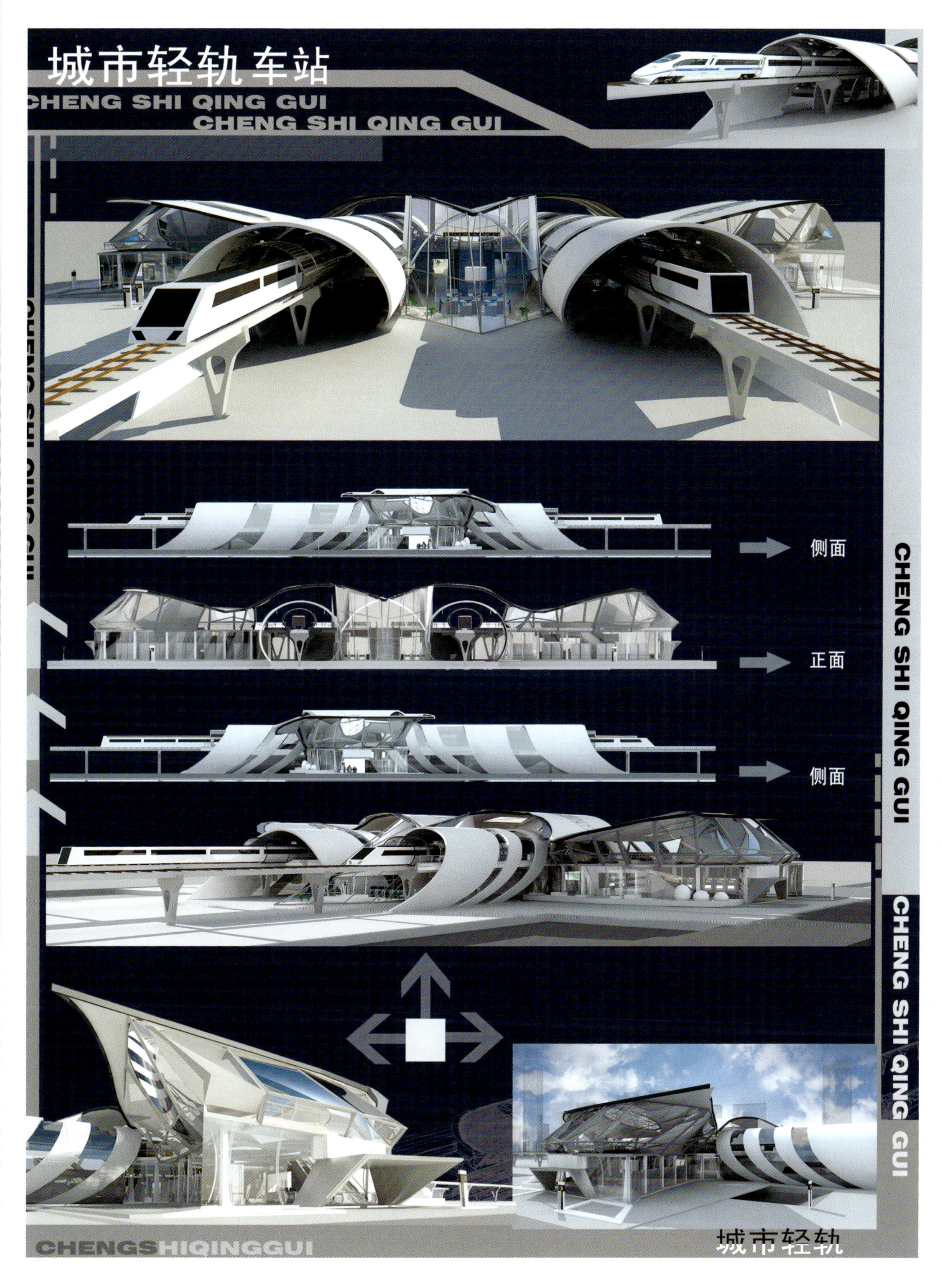

学校：中国美术学院艺术设计职业技术学院　指导老师：孙洪涛　学生：项建福　刘荣倡　罗照辉　余巧利

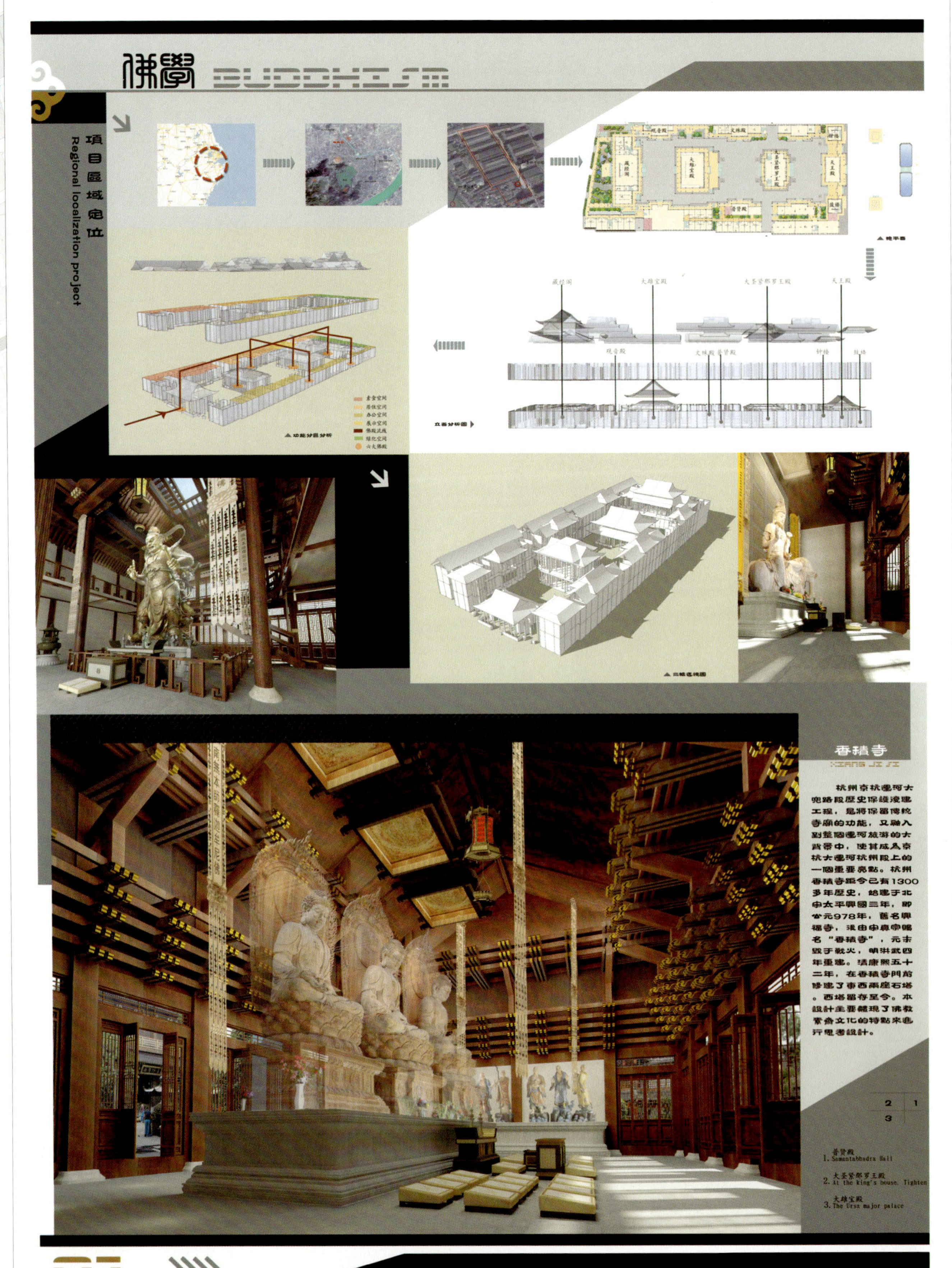

学校：中国美术学院艺术设计职业技术学院　指导老师：孙洪涛　学生：项建福　刘荣倡　罗照辉　余巧利

学校：深圳技师学院应用设计系　指导老师：王辰劼　余婕　学生：王国鸿

Swan Castle
Since1869
天鹅堡珠宝展位设计 01
The Booth Design of "Swan's Castle" Jewel

记忆的沙漏

The Hour—glass of Impression

关于天鹅堡珠宝：

"Swan Castle" Royal K-Gold & Silver jewelry— 欧洲皇家珠宝"天鹅堡"作为欧洲高端珠宝首饰品牌的代表，以巧夺天工的设计及出类拔萃的工艺，成为欧洲年轻一代争相追逐的焦点，是时尚与品位的代言。

公元2007年，"Swan Castle"满载异国情调登陆了中国这块古老而神秘的土地，同时也带来了经典的品质。

参展商：

这次的国际珠宝展汇集了世界各大知名珠宝品牌，加上一些新崛起的珠宝商共计500多家，场面之雄伟可想而知。观展人群也汇集了世界各地的珠宝爱好者、鉴赏家与各界新闻媒体。

场地分析：

由2号展馆的平面布局来看，展馆分为了A、B、C三个区域。我们为天鹅堡选定了A区。虽然A区不如B区正对展馆正中间入口，但是考虑到B区的场地没有A区的宽敞，而A区为参观者提供了更多的入口，并且靠近地铁与公交站，人流集聚处，交通更便捷，同时也符合了"Swan Castle"期望的开阔感。

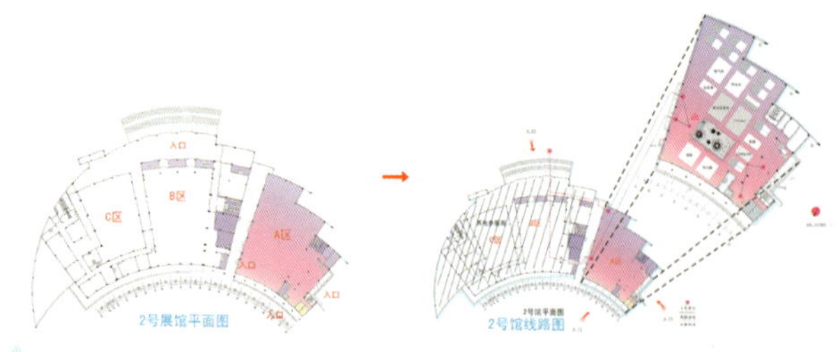

方案构思：

此次参展对于进军中国两年多的"Swan Castle"无疑是一次挑战！是一次在中国人群中树立品牌形象的机会，让更多的中国人认识它。所以"Swan Castle" 若想在众多的珠宝商中成为一个亮点，是非常需要一个能展现其企业文化与形象的展位，必须在这次国际珠宝展览会上脱颖而出！在这次的展览会上成为各界媒体的焦点让更多人能对"Swan Castle"有新的认识！

"Swan Castle"是经典、时尚与浪漫的代表。时间是融化的，它没有固定的形态、也不被束缚；就如流沙，当你想握紧它时，它却从你的指缝悄悄流去。再美丽的东西都会有期限，"Swan Castle"一直在想尽办法把经典传承下去。时间虽然在流逝，但美好的东西永远会保留在人们的记忆里，就像"Swan Castle"设计的珠宝就是如此，它不会随着时间的流逝而被人们遗忘，因为永恒与经典会永存于人们的记忆。

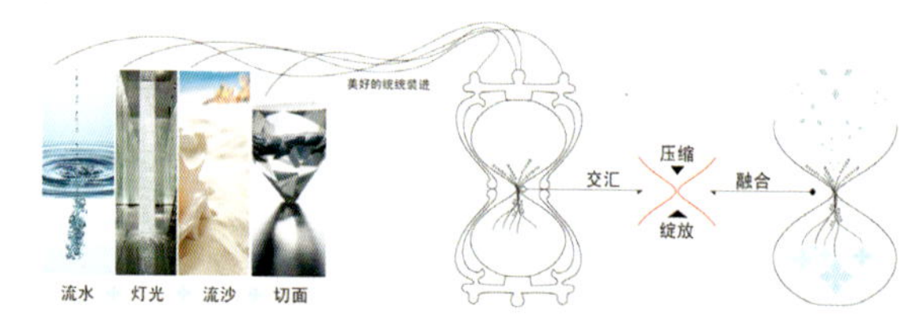

元素：

各种记忆、各种元素都聚在时光沙漏的瓶颈处，经过挑选、汇集、浓缩、沉淀，最终以全新的方式像流沙般洒落绽放！

元素提取：

顶棚与照明：

光照

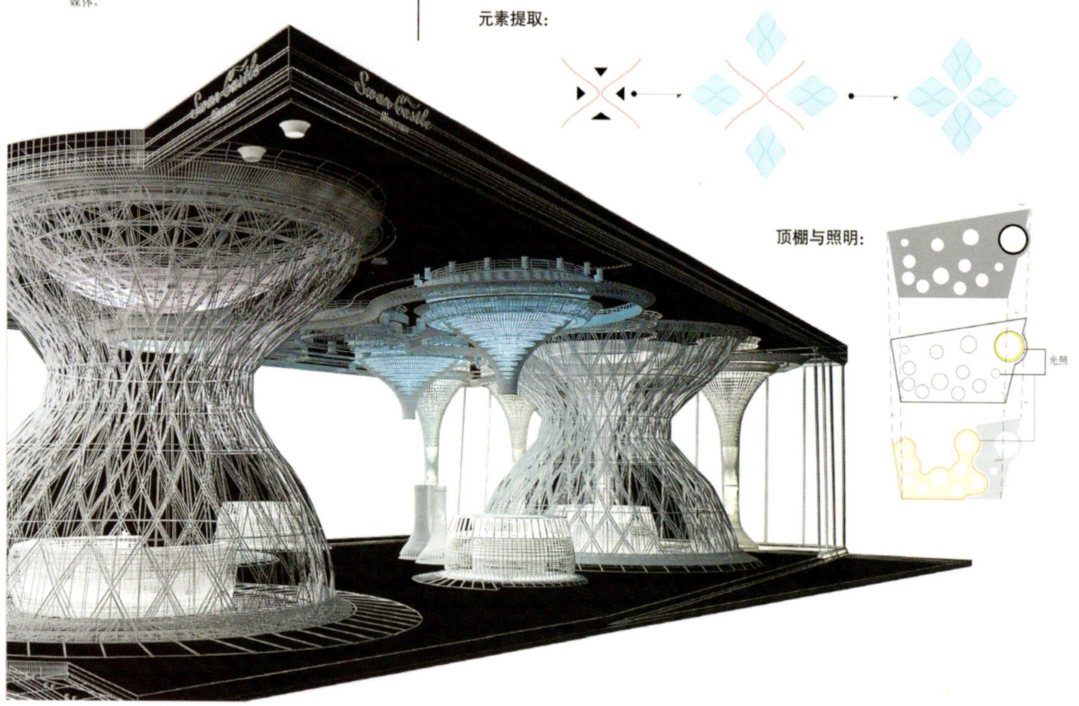

点评人：余婕　深圳技师学院设计系展示工程专业

点　评：珠宝历来是人类传递爱的情感的最佳信物，亦是美好生活品质的折射。作为一个高端珠宝品牌的展位，本方案设计充分展现了"Swan　Castle"珠宝的经典、时尚、浪漫的特质。该方案借沙漏这个古老的计时工具为设计立意的切入点，喻义纵使时光流逝，而永恒与经典永存的深刻内涵。展位造型带给观众一种强烈的设计感与存在感，对形式与语言的把握因为有理念的注入而显得更具张力。虚与实的材质对比，紫与浅灰华美的色彩搭配，从高处洒落流沙般造型的水晶吊灯，一切都在强化主题和丰富展位的视觉效应，触碰每个观众内心最柔软的角落，从而与珠宝品牌倡导的主题精神产生强烈共鸣。而拆装组合的构造形式则对展位的循环利用作了有效的探索。

学校：深圳技师学院应用设计系　指导老师：王辰劼　余婕　学生：王国鸿

展位大厅

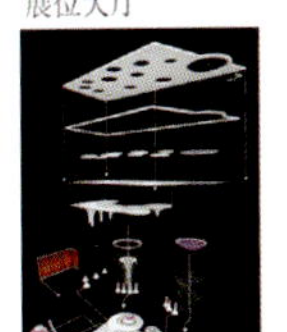

分解图

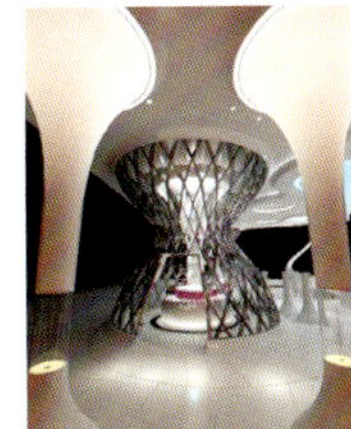

03 天鹅堡珠宝展位设计

The Booth Design of "Swan' s Castle" Jewel

记忆的沙漏

The Hour—glass of Impression

效果图展示：

时光流动，美永恒

给你一个安静的洽谈室

仿佛在流动的展区

贵宾洽谈区

像流沙般的水晶吊灯洒落在人间，形成璀璨夺目的视觉效果。水晶吊灯从顶层一直流淌到地上。

吊灯
展柜
玻璃

沙漏展区剖面

学校：顺德职业技术学院设计学院　指导老师：梁耀明　学生：李康第

GongXianNv museum 红线女艺术馆

Master plan 规划平面图：

演变过程：

With a red paper, through the different length of evolution,
And then all put into range and position,
Have different, no matter from which Angle to see,
All different shapes.

用一条红纸来演变，通过不同的长短，分成不等份然后四面摆放，放的位置，有高低不同，无论从哪个角度去看，都不一样的形状。

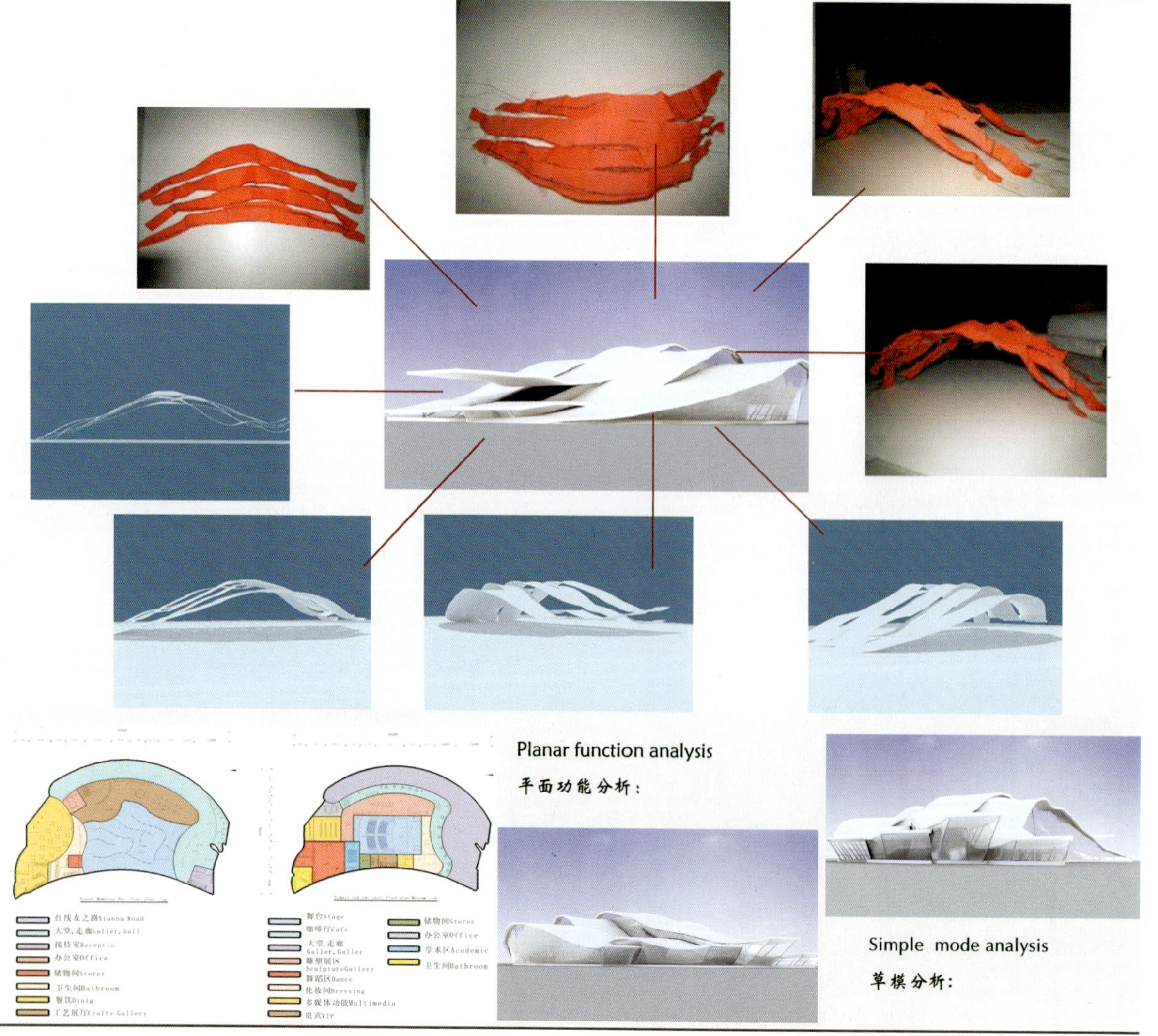

点评人：梁耀明　顺德职业技术学院设计学院　讲师

点　评：红线女艺术馆设计方案以“红线女”在粤剧中“一瞬间”的“挥袖”动态为概念展开整体的设计。设计整体感强，飘逸优美。

学校：顺德职业技术学院设计学院　指导老师：梁耀明　学生：李康第

GongXianNv museum 红线女艺术馆

Architectural appearance: 建筑外观：

2

Indoor space 室内空间：

Art design concept:

GongXianNv museum in GongXianNv on stage

The capture of the instantaneous sleeve for design, architecture volatile

As the novel form unique structure, GongXianNv in Art circles, send out a brilliant achievements

Beauty and light.

艺术馆设计理念：

红线女艺术馆以红线女在舞台上的捕捉瞬间衣袖挥发为设计，建筑形式新颖，结构独特如同红线女在艺术圈成就的辉煌，散发出独特的美丽和光芒。

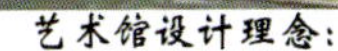

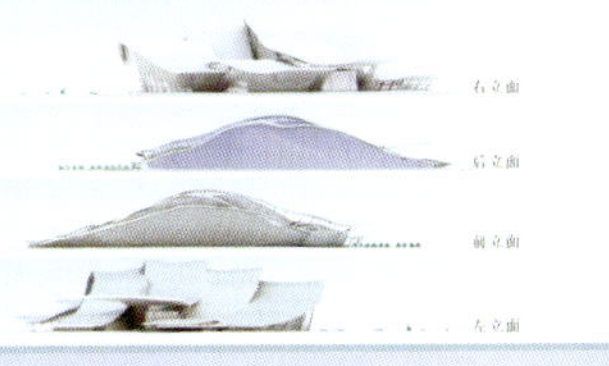

居住建筑室内设计奖

学校：江西环境工程职业学院艺术设计　指导老师：唐石琪　欧俊锋　黄金峰　学生：郭宋林

客厅

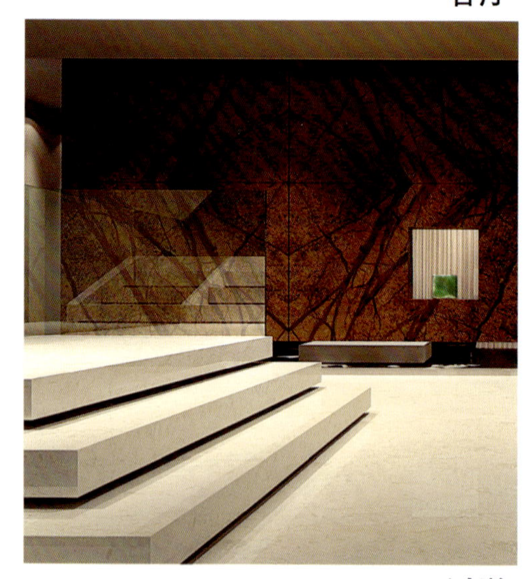

过道

学校：江西环境工程职业学院艺术设计　指导老师：唐石琪　欧俊锋　黄金峰　学生：郭宋林

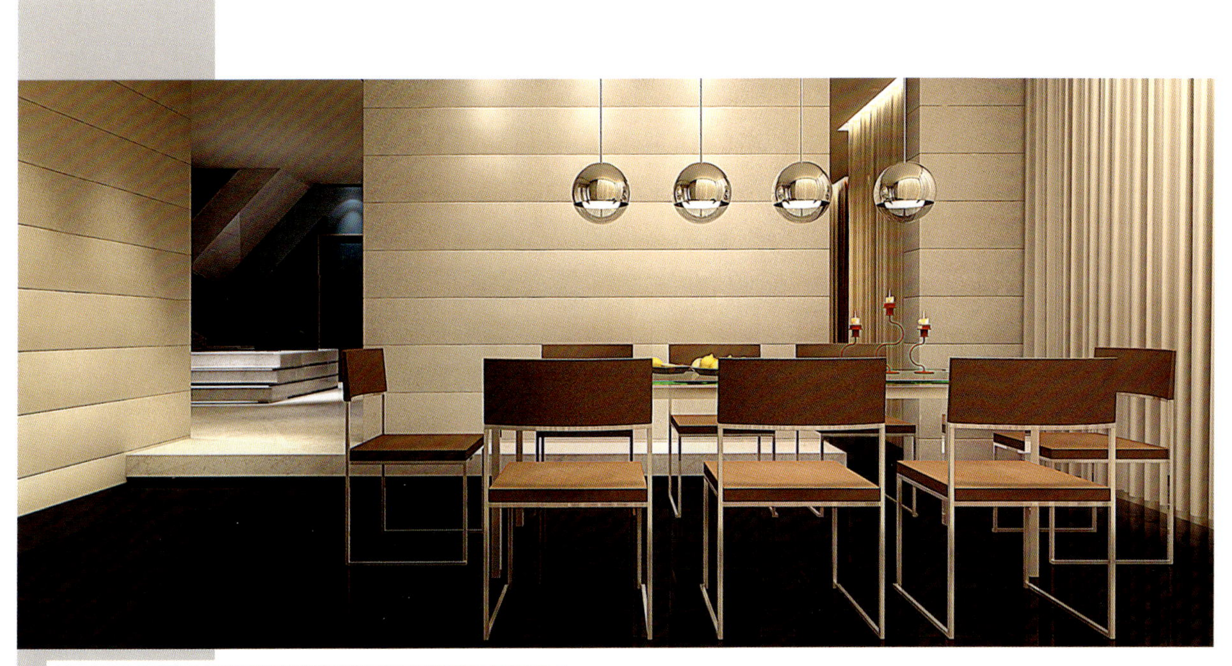

餐厅

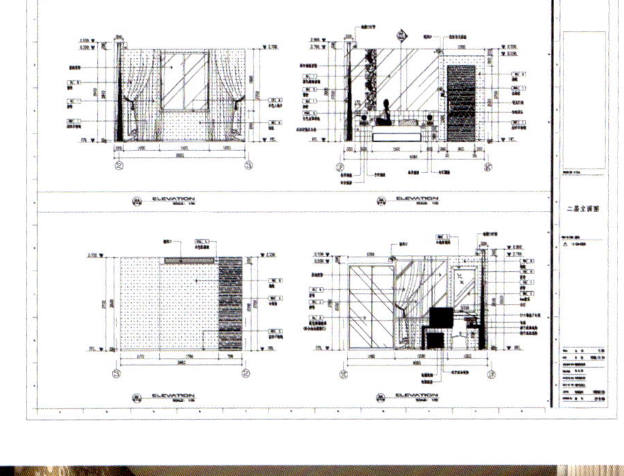

卧室

学校：江西环境工程职业学院艺术设计　指导老师：欧俊锋　唐石琪　黄金峰　学生：刘胜

京基苑设计方案

设计说明：

现代人的工作越来越快，压力越来越大，家则成为人们最好的休息港湾。家居设计合理与否，对业主产生直接的影响。

本案是以欧式风格为主题，以简洁明快为主调设计的一个居室。在总体布局上尽量满足业主的需求，以木质装修和软装修为主，目的就是为了营造一个舒适、健康的家庭氛围。整体色调以米白色为主色调，能够更好的烘托出家的温馨的气氛。在家具的选择上力求简洁与时尚，满足人最基本的使用功能。在整体的装饰上，去繁就简，点到为止。整个设计既简洁明快，又时尚稳重。

点评人：欧俊锋

点　评：在设计本方案前，同学花了大量的时间查阅资料，最终确定整个设计的风格为西方的奢华与中国传统相结合，在奢华中体现含蓄。

户型的每个空间相对较大，因此采用了大量的装饰，这样可以避免“空”的感觉。在整体的装饰设计上，同学以几何图形为基础，在客厅，餐厅，卧室等空间运用了方形、圆形、线型等装饰，整体效果统一，协调。在局部处理上更是匠心独特，如屏风，采用的是中国传统的“回”字纹，简洁而不突兀，能够很好地融到整个设计中。

学校：江西环境工程职业学院艺术设计　指导老师：欧俊锋　唐石琪　黄金峰　学生：刘胜

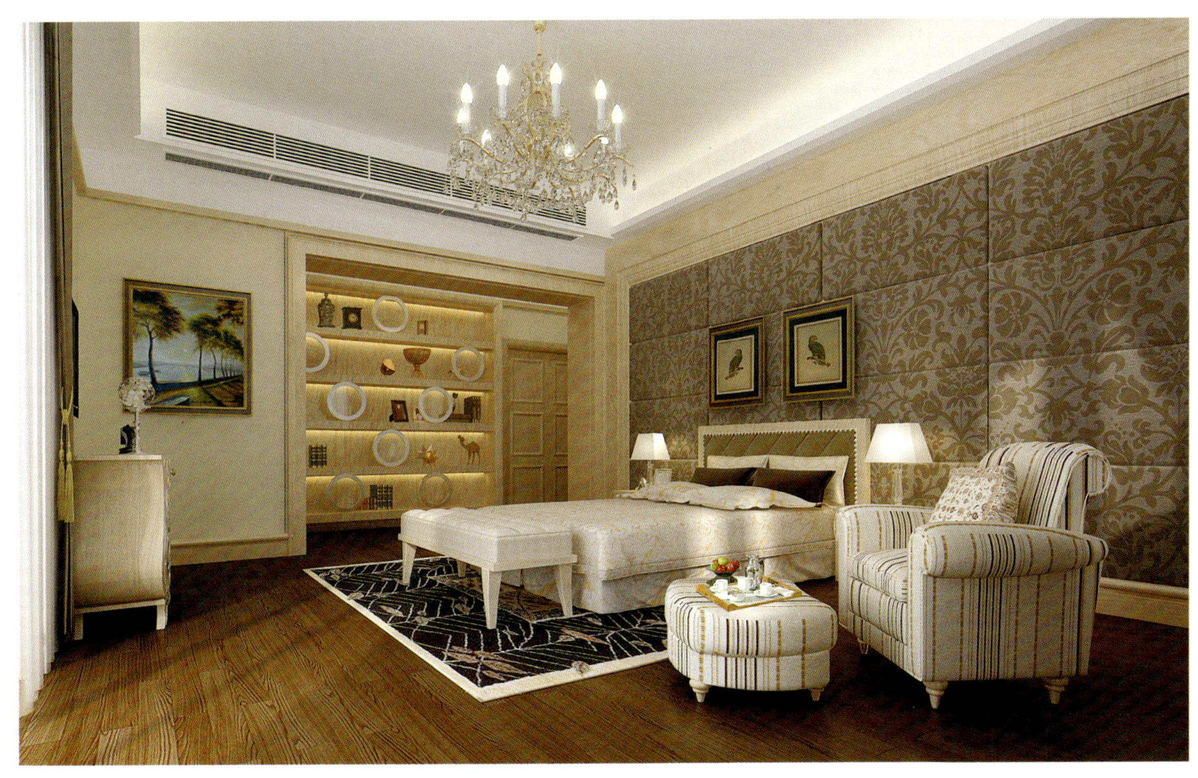

学校：重庆工商职业学院传媒艺术系　指导老师：陈一颖　徐江　刘更　学生：陈龙坤

学校：重庆工商职业学院传媒艺术系　指导老师：陈一颖　徐江　刘更　学生：陈龙坤

学校：无锡工艺职业技术学院环境艺术系　指导老师：李兴振　学生：闻君

无锡工艺职业技术学院　闻君

雅居 无锡蠡湖别墅小区详细规划

Wuxi Li Lake Villa Area of detailed planning

Natural Environment Analysis 自然环境分析

B

背景

①深厚的文化底蕴丰富的水体环境

②游憩文化资源

③丰富的可利用资源

④位于锡惠公园板块，近临城市内环核心，距离市中心仅五分钟车程，宁静与繁华自由穿梭。 即向西至钱荣路，可达太湖风景区；北接凤翔路直抵惠山新城；南绕惠山，可到河埒商业区。

⑤将开通的惠山隧道和金城立交，快速连通繁华中心，交通网络四通八达，延惠铁路东至人民路直达市中心

⑥直面城市中心的繁华，又能享受到郊区才有的清净生活和大面积景观园林，且不需要为住在市中心花费高昂的代价，雅居?江南名苑，让名门府邸终于有了完美演绎。

L

理念：---------传承世纪经典，感受江南名苑 本规划设计旨在面向未来、面向大众，创造一个布局合理、配套齐全、环境优美的新型居住小区，将社会效益、经济效益、环境效益充分结合起来。

Y

原则 1. 本着“以人为本 崇尚自然　因地制宜 创造幽雅舒适”的自然环境，以精致的水景园林构筑一个形态完整功能完善的城市生态系统，最大限度的形成江南之都的魅力景观特色，保护城市文化与生态安全，创造以“人 自然　地域”为主题的现代生态家园。

确定主轴线→　布局区域→　滨海景观区域→

主要景观 区域　集成次要景点区域　总平面布置

Basic scheme-concept Development 基础规划——理念开发

美景 Good View　设计理念 Design concept　享受空间 Enjoy place

Good View ← 倾向于景观造境 — 4 — 倾向于人文化 → Come Together

立面分析

总平面

传承世纪经典　感受海派风情……

点评人： 李兴振　无锡工艺职业技术学院环境艺术系

点　评： 该设计在前期做了大量工作，充分考虑了基地的自然条件和无锡地区文化特点，本着以人为本、崇尚自然、因地制宜的原则，创造优雅舒适的自然环境，利用周边原有水景，改造保护完整的生态水环境，创造良好的居住环境，将建筑群尽可能的融入自然环境中。

学校：无锡工艺职业技术学院环境艺术系　指导老师：李兴振　学生：闻君

无锡工艺职业技术学院　闻君

雅居 无锡蠡湖别墅小区详细规划
Wuxi Li Lake Villa Area of detailed planning

●设计思路分析（二）
灯光布置分析图
景点分析图
交通分析图
绿化分析图
功能分析图
空间分析图
节点立面图
Basic Scheme--Concept Realization 基础规划——理念实施
1、充分利用基地的自然条件和资源，强调创造良好的居住环境，将自然环境充分地融入建筑群中；同时，注重对生态环境的保护，以创造园林式的生态型小区
2、通过设计丰富的住宅类型，合理的规划布局，现代气息的建筑造型，创造现代化风格的居住小区。
3、设计流畅而经济实用的道路系统，体现“人车分流”的基本原则。
4、结合基地的自然环境，进行总体的景观规划和设计，为总体规划锦上添花
.蠡湖区域现状分析与设想
蠡湖历史悠久　历史文化遗产丰富，大量的历史文化景观沿河成池，地形分布具有可造的价值，对于无锡这样一个工商业发达，旅游开放的城市，是十分具有现实意义和城市可持续发展的价值。随着蠡湖带动旅游业的发展，同样看重的是随着人民生活水平的提高，物质文明的提高，精神文明显而易见，对周围环境要求有所提高，需要这样的软环境来达到精神上的升华。在经济上探讨着中的是蠡湖资源所带来的商源。但可以从新的一面来看待，反规划思想，处理好规划自然的过程　生物过程　遗产保护　游憩过程　紧密相关的预设的，这样形成具有永久价值的网络了
鸟瞰效果图
周边环境构成
小区整体规划
整体规划布置

传承世纪经典　感受海派风情……

学校：中国美术学院艺术设计职业技术学院　指导老师：陈琦　学生：徐雪薇　虞凯彬　林涛

纯·低碳住宅

基地分析示意图

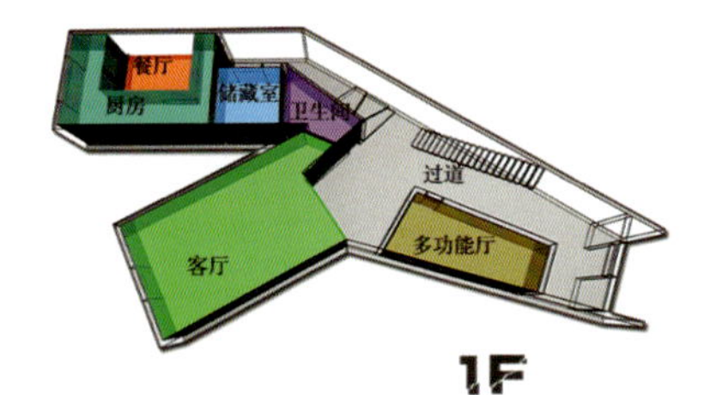

当CO_2太多，氧气需求量太大，绿色植物不再接受无止尽的加班加点。那时，我们需要回归原始，回归最纯洁的天空。

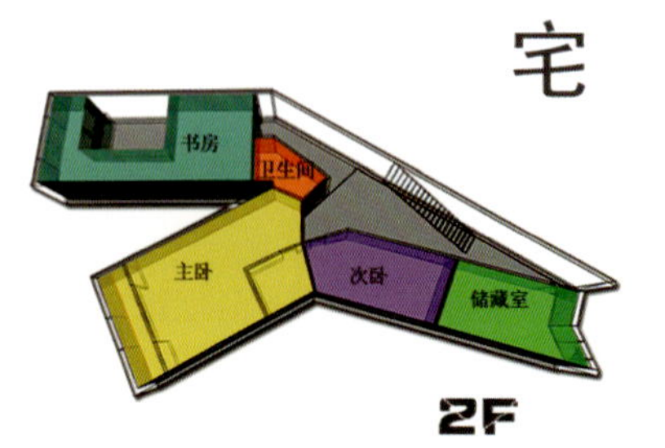

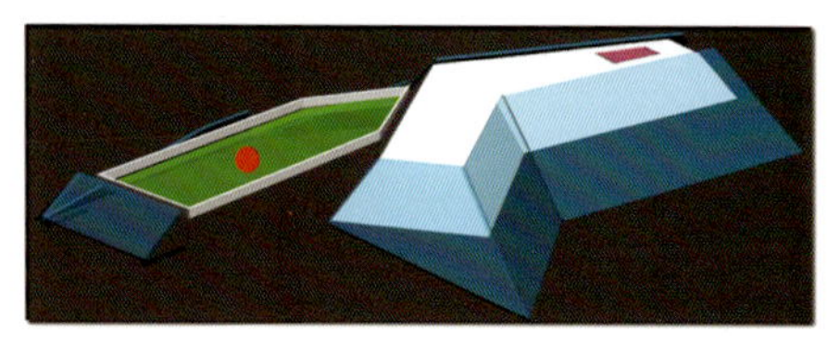
生态屋顶指示图

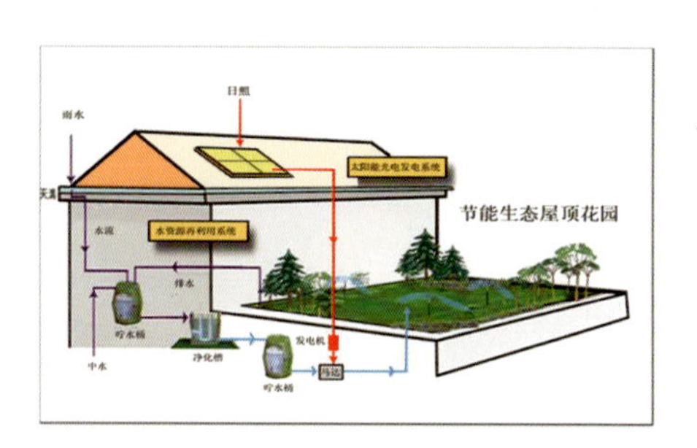

生态屋顶技术示意图

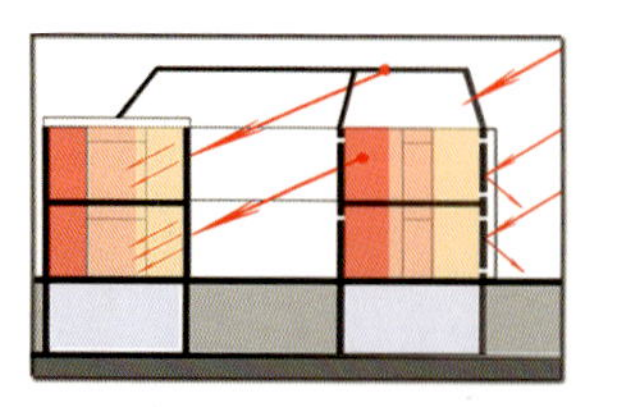
冬季日照示意图

夏季日照示意图

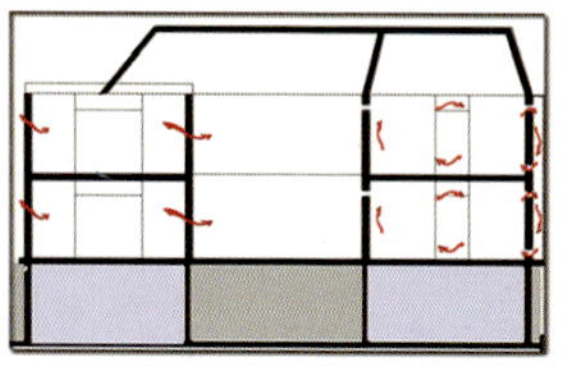
冬季风向示意图

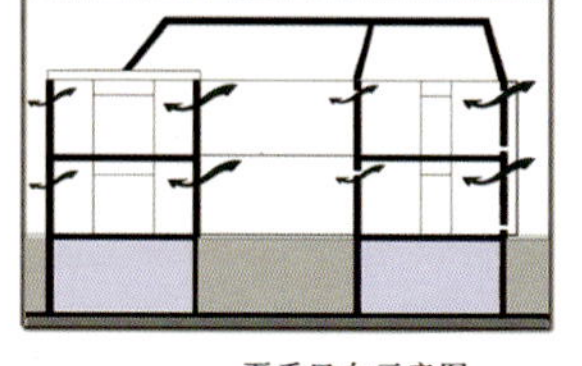
夏季风向示意图

学校：中国美术学院艺术设计职业技术学院　指导老师：陈琦　学生：徐雪薇　虞凯彬　林涛

主卧

室内运用大量几何形体，简洁不失庄重．环保节能的设计，透射出乐活族的生活主张，体现出“纯”的生活状态；各种不规则的形体所获得的不同性质的光，形成独特的光的造型，体现了光的纯粹性；晶莹剔透的蓝调从色彩的角度诠释了“纯”的感觉，这些设计语言所营造出的是一种回归自然的氛围，感受真实的状态。

——纯

纯·低碳住宅

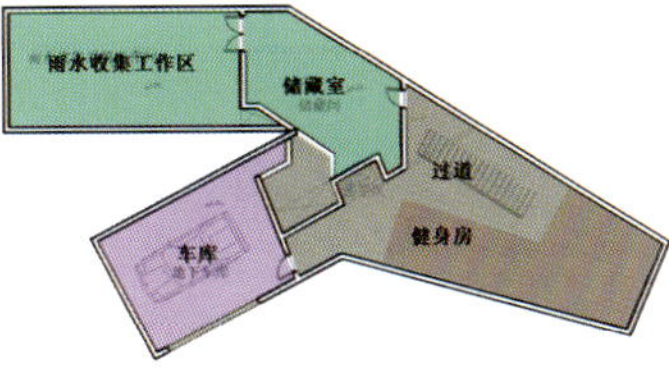

地下室平面图

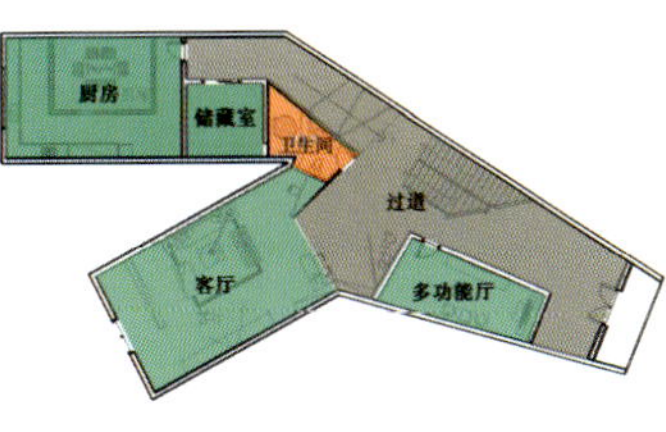

一层平面图

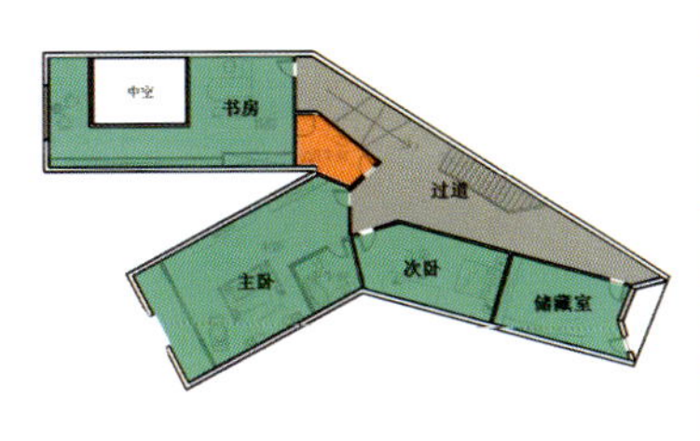

二层平面图

多功能厅

楼梯

学校：广东文艺职业学院艺术设计系　指导老师：尹杨平　学生：姚嘉明　江帆

点评人：尹杨平　广东文艺职业学院艺术设计系　讲师

点　评：本案始于郭兰英艺术分院的改造项目，作者认识到郭兰英女士工作空间的不合理性，基于使用者的实际使用要求，结合校园环境所赋予的氛围为其重新打造一个办公居住一体化的空间。在设计上，作者认真推敲空间功能组合的合理性，艺术地营造了各功能空间独特的个性，符合使用者及使用环境的艺术要求。

学校：广东文艺职业学院艺术设计系　指导老师：尹杨平　学生：姚嘉明　江帆

休閑區

recreational areas

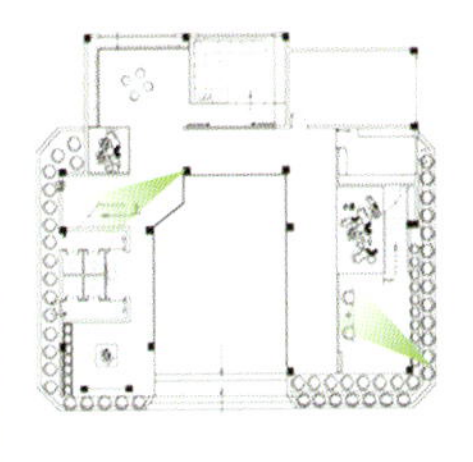

在建筑的公共空间部分，设计者并不希望只是一个过道的空间，在私人通道的区域，用上上下分别镂空的水泥板作隔断，黑色地砖沉稳庄重，摆上现代感十足的钢材料大师椅休闲欣赏两不误，这是每天来回的最好享受。

办公区

office area

位于二层得办公室是使用率最高的工作空间，色调上偏沉稳，高于地面的区域是办公区域，，会谈区的矮柜也是设计上的用心之处，玻璃可以相对产生私人空间的感觉，整体设计大方和谐。

同样是二层的会议室设计却大胆前卫，富有动感的木结构构建使会议轻松有效率，置身其中就像在森林的怀抱当中。

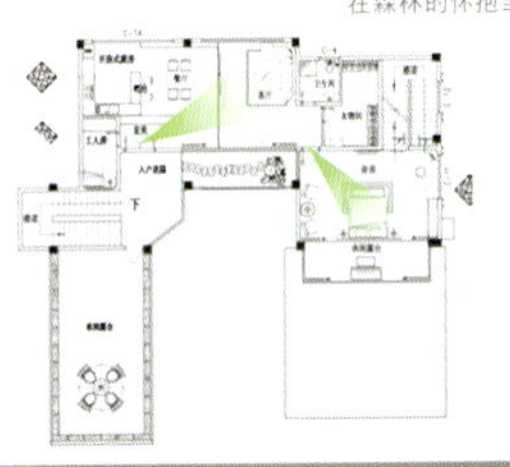

顶层的客厅是使用者日常生活的重要场所，这里是最私密最休闲的区域，简洁的设计带来清雅的感觉，开放式厨房更能够带来烹饪的乐趣。

位于三层的主人房，地板用黑色大理石，让使用者安稳舒适，床板呼应天花让空间更加协调舒适，背墙实用清水混凝土非常有艺术特色，增加的区域用作瑜伽运动和休闲场所，使工作疲惫的身心能够得到最大的放松。

学校：广西生态工程职业技术学院艺术设计系　指导老师：肖亮　韦春义　学生：周晟

点评人：肖亮　韦春义　广西生态工程职业技术学院艺术设计系　讲师；副教授

点　评："水天一色"设计方案本着以人为本、自然、简洁的设计理念，设计风格统一、空间划分合理、设计个性突出、设计元素丰富。在设计中大量运用玻璃、镜子、不锈钢等材料来增强空间的简洁和光泽度。整个空间在色彩设计中运用白色、绿色和蓝色，给人一种清爽感。

在现代感极强的装饰设计中大胆运用一些中式的设计元素，使空间带有一种淡淡的古色古香。

学校：桂林旅游高等专科学校视觉艺术系　指导老师：李勇成　学生：陈铖

创新·简约·生活·家

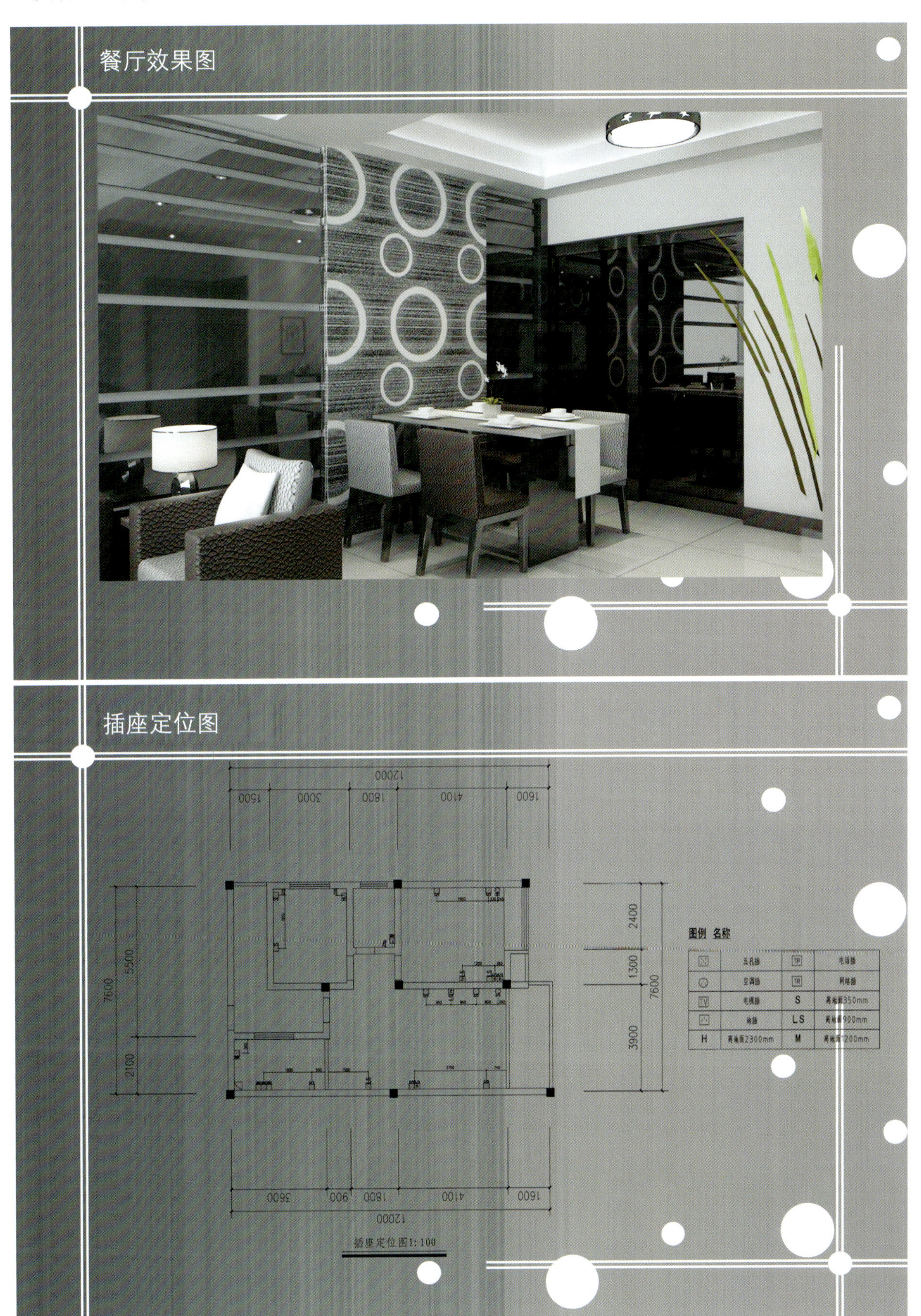

学校：桂林旅游高等专科学校视觉艺术系　指导老师：李勇成　学生：陈铖

大厅（电视背景墙）效果图

大厅（沙发背景墙）效果图

学校：广东轻工职业技术学院环境艺术系　指导老师：彭洁　学生：刁勇明　关关

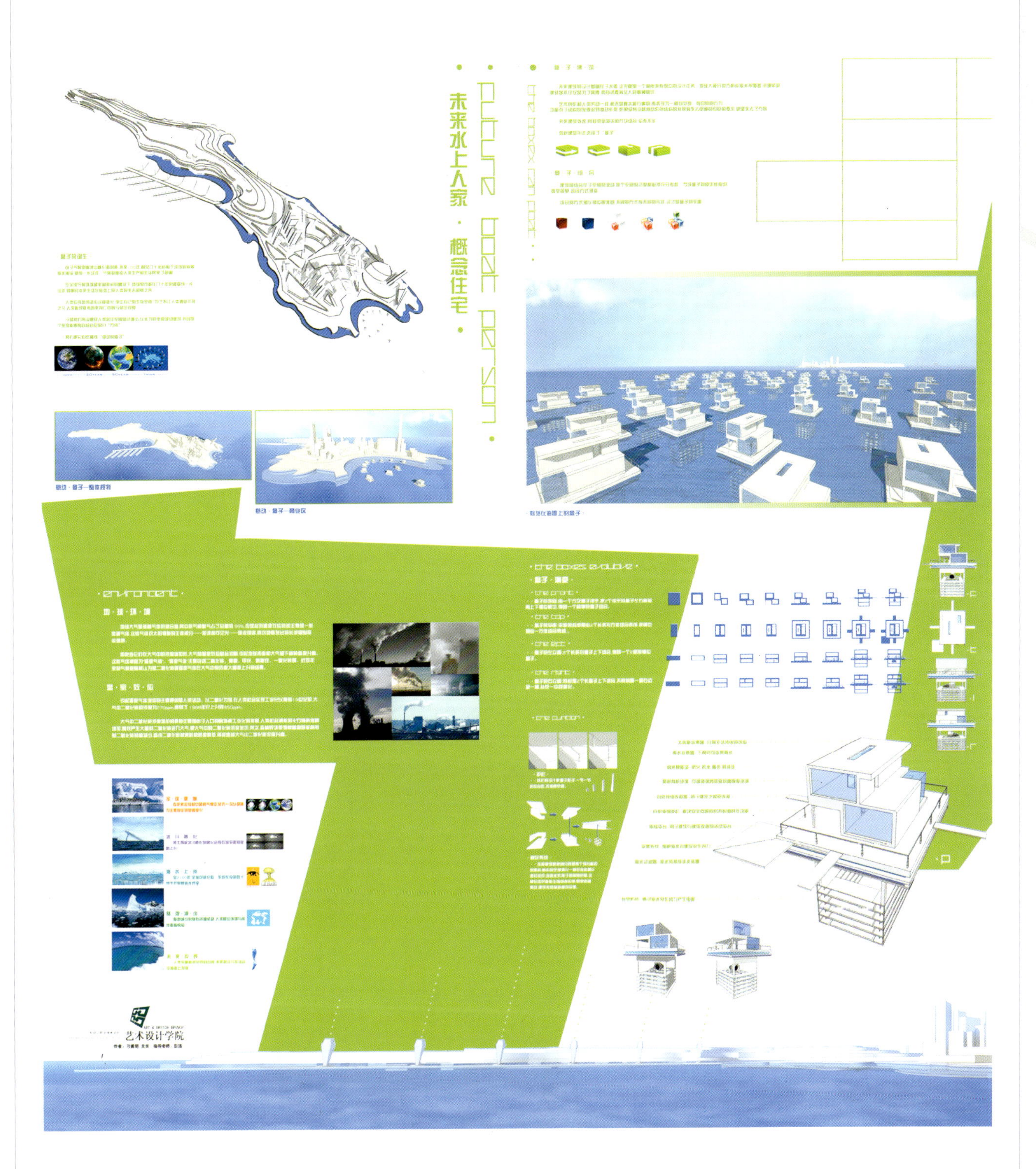

点评人：彭洁　广东轻工职业技术学院环境艺术设计系主任

点　评：该作品提出了在因全球气候变化影响产生的环境危机下对人类居住模式如何改进的思考方案。方案中，集合了作者对以低碳出发的水上居住方式的全面思考，其中尤以各种海洋环境因素和各项能源综合利用作为探讨之重。在前瞻意识下，立足利用现阶段已有的技术，并大胆设想可发展的未来技术，进行对居住环境和居住空间形式的系统化设计。更为难能可贵的是，方案在此基础上再次引申出对人类与环境依存关系的反省，以及人与人之间生存状态和行为模式的深思。

学校：广东轻工职业技术学院环境艺术系　指导老师：彭洁　学生：刁勇明　关关